趣味科学丛书

趣味物理全集

下

［俄］别莱利曼⊙著

余　杰⊙编译

天津出版传媒集团

天津人民出版社

趣味物理学
问答

第一章

力　学

1. 比米还大的长度单位

【题目】哪些标准长度单位比米大呢?

【题解】我们知道的,比米要大的标准长度单位一般是千米（km）。因为法定计量单位之中并没有十米、百米等单位。

2. 升和立方分米

【题目】1 L大还是1 dm^{3}大?

【题解】大部分人的印象里,升和立方分米是同一个概念,然而这是不正确的。升和立方分米容量并不完全相同,只是非常接近而已。按照度量制标准,1 L=1 kg,并非1 dm^3。1 kg纯水在4 ℃时密度最大,规定此时的1 kg纯水体积为1 L,比1 dm^{3}要大27 mm^3。

所以1 L显然更大一些。

3. 最小的长度计量单位

【题目】最小的长度计量单位是哪个?

【题解】埃（千万分之一毫米）在停止使用前是比纳米还要小的长度计量单位。当它停止使用后,纳米（百万分之一毫米）则成为最小长度计量单位,微米[1]（千分之一毫米）还远不是最小的长度计量单位。

自然,纳米是现在最小的长度计量单位。之前,曾经用过单位“未知数X”作为最小长度计量单位:X=1.002 06 × 10^{-13} m≈0.000 1 nm,也已经取消。不过,某些自然中存在的物体的长度对于X来说还是太小了。电子[2]的直径只有几百分之一X,质子的直径只有两千分之一X。

那么,以上这些计量单位的对比如下:

---

[1] 微米已经算是现代科技之中很大的长度计量单位了,精确到数十分之一微米的仪器已经在某些领域使用,以便使零件可互换性提高,方便复杂精确机械的大批量生产。

[2] 电子的直径严格说来是不存在的。汤姆森曾这样写:“假设电子遵循带电金属球的那一套原理,便能够推测电子的‘直径’,差不多是3.7 × 10^{-13} cm。但是,这的确只是假设,没法得到证实。”

微米　　10^{-6}米

纳米　　10^{-9}米

埃　　　10^{-10}米（已取消）

X　　　10^{-13}米（已取消）

参照国际单位制，可以使用诸如皮米（10^{-12} m）、飞米（10^{-15} m）、阿米（10^{-18} m）等用"米"生成的单位。但是纳米以下的米制单位早已不在实际中使用。

4. 最大的长度计量单位

【题目】最大的长度计量单位是什么？

【题解】不久前，"光年"（光在1年之中走过的路程，即9.5×10^{12} km）还是科学界普遍认为的最大长度计量单位。然而目前的一些科学方面的著作之中，"光年"已经逐渐被一个新词"秒差距（图1）"（由"秒"及"视差"两个词缩写而成）所取代，它的大小是光年的3倍多，为31×10^{12} km。然而，宇宙的大小和秒差距根本不是一个数量级，相比而言，秒差距还是太渺小。于是，科学家再次引入"千秒差距"（1 000个秒差距）及"百万秒差距"（1 000 000个秒差距）两个单位。如此，百万秒差距自然也就是现在有记录的最大长度计量单位。被天文学家称作"单位A"的含有100万个光年的大单位，也不过是百万秒差距的三分之一。目前的螺旋星系间距都是使用百万秒差距来进行测量。

那么，以上计量单位的对比如下：

图1 什么是"秒差距"

秒差距	31×10^{12} km	光年	9.5×10^{12} km
千秒差距	31×10^{15} km		
百万秒差距	31×10^{18} km	单位A	9.5×10^{18} km

那么，最大长度计量单位和最小长度计量单位的中间值是多少？当然这里所说为几何平均值而非算术平均值。那么，将X换算成千米：

$$X=10^{-10}\text{mm}=10^{-16}\text{km}$$

由此得出百万秒差距和X的几何平均值：

$$\sqrt{31\times10^{18}\times10^{-16}}\approx56\text{ km}$$

于是，最小长度单位是56 km的多少分之一，最大长度计量单位就是56 km的多少倍。

5. 比水密度小的金属

【题目】有没有比水密度小的金属？它是什么？

【题解】轻金属中，铝是我们最先想到的一种。然而铝并不是密度最小的金属，还有比铝密度小的金属。下文即部分轻金属的密度：

铝　　2.7

钙　　1.55

锶　　2.6

钠　　0.97

铍　　1.9

钾　　0.86

镁　　1.7

锂　　0.53

有三种金属的密度小于水的密度。

从上面得知，密度最小的金属是锂[1]，它比很多树木的密度还要小，放在煤油中的锂会有一半飘浮在油面上。密度最大的金属是锇，它的密度是锂的40倍。

法国的工程师们对生产质量超高的轻合金（密度小于3的合金）最为擅长，他们在现代工业中应用的轻合金如下（图2）：

---

[1] 锂被应用于红色信号火箭制造工业、玻璃制造工业、硬化和紧密金属工业等。

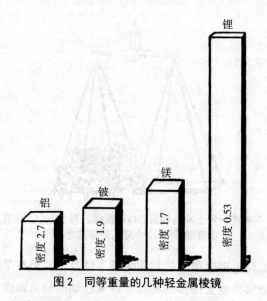

图2 同等重量的几种轻金属棱镜

（1）硬铝和软铝合金

这类合金含有少量铜镁，密度为2.6。其在与铁同体积的情况下质量仅为铁的$\frac{1}{3}$，但刚度是铁的1.5倍。

（2）硬铍

这种合金之中含铜镍，同体积质量比硬铝小$\frac{1}{4}$，刚度比硬铝大$\frac{2}{5}$。

（3）轻质镁基合金[1]

此种合金为镁铝等其他金属的合金，密度1.84，同体积质量比硬铝小$\frac{3}{10}$，刚度持平。

除此三种之外，还有硅铝合金、斯克列隆铝锌合金、马格纳里合金（轻质镁基合金的前身）等轻铝合金。

6. 密度最大的物质是什么

【题目】世界上密度最大的物质是什么？（图3）

---

[1] 此合金名字来源于这种合金的最初制造商。苏联"谢尔戈·奥尔荣尼克杰"飞机全部采用这种合金制造。

图3　范梅南行星上某些物质的体积虽然只有1/4个火柴盒大，
重量却等于30个成人的体重之和

【题解】 地球上密度最大的物质为锇、铱及铂。但在某些行星上，存在着比这三种金属密度大得多的物质。目前已知的最大密度物质存在于黄道十二宫双鱼星座范梅南（van manen）星之上。该星在1 cm³上的平均质量为400 kg，密度是水的40万倍，是铂的2万倍。该行星物质标本"标本"12号直径仅1.25 mm，质量却有400 g。并且，"标本"12号在范梅南星表面的重量更是达到了惊人的30 t。

7. 荒岛

【题目】 爱迪生测验中有过这么一道题："若你此刻处在太平洋上的一座热带小岛上，那么你如何在不用工具的前提下挪动100英尺（约30米）长、15英尺（约5米）高的岩石？"

【题解】 曾经有一本研究爱迪生测验的书籍问过"岛屿上是否生长着树木"这个问题，然而这个问题并没什么实际意义，这块山岩并不需要借助树木，仅仅需要轻轻地推它一下即可。为了解答这一问题，现在就来计算一下。

假设岩石密度为3，它的质量为3 t，那么体积就是1 m³。100英尺换算后约为30 m，15英尺换算后约为5 m，得出此块岩石的厚度仅为：

$$\frac{1}{30 \times 5} \approx 0.007 \text{ m}$$

即7 mm。也就是说，在这岛上有一块7 mm厚的薄岩石。

　　若此岩石没有埋在土里很深的地面，稍微用力去
推或者用肩膀顶一下，都会使这面薄岩石倒下。如图
4，设此力大小为x，则此力向量为A_x，力的作用点为肩
膀高度1.5 m。若此力x令岩石绕O翻转，则其力矩：

$$M_x=1.5x$$

　　岩石重力P施加在岩石重心C，其作用在O点的力
矩为：

$$M_P=P \times m=3\,000 \times 0.0035=10.5$$

　　取刚好可以推动掩饰的那个时刻：

$$1.5x=10.5$$

　　解得：

$$x=7 \text{ kg}$$

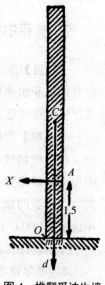

　　当一个人施加的力超过7 kg时，此岩石便会被推
倒。

图4　推翻爱迪生墙

　　这种岩石根本无法在自然中垂直立起，一个很微弱的外力就足以使它
倾倒：压强为1.5 kg/m²的风即可。更加微弱的（压强1 kg/m²）风施加的压
力也有150 kg。

8. 称重蜘蛛丝

　　【题目】能够连接地球和月球的一根蜘蛛丝（其直径0.02 mm，密度
约为1）质量是多少？可不可以用手托起它？卡车可不可以运走它？

　　【题解】没有运算，试图猜测此问题答案有些困难，于是便可计算
一下：

　　若蛛丝直径0.002 cm，密度为1 g/cm²，此时1 km蛛丝质量为

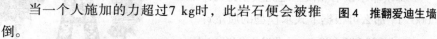

$$\frac{3.14 \times 0.002^2}{4} \times 100\,000 \approx 0.314 \text{ g}$$

　　那么，400 000 km的蛛丝质量即为

$$0.314 \times 400\,000 = 124.6 \text{ kg}$$

　　手掌想要托起它是不可能的，但是，卡车还是能拉走它的。

9. 埃菲尔铁塔模型

【题目】法国的埃菲尔铁塔高约1 000 ft（300 m），质量约9 000 t。现在有一埃菲尔铁塔模型，高1 ft（30 cm），那么这模型质量是多少？

【题解】严格来说这是一道几何学问题，但是现在的物理学也会进行研究。在物理学之中很多时候都要对相似几何体进行质量比对。现在，真正的埃菲尔铁塔和模型之间的线性大小比例为1 000∶1，然而，其质量比并不是1 000∶1。几何形状相似的物体其质量比为线性比的立方，真埃菲尔铁塔和模型之间质量比为1 000 000 000∶1。那么可根据下式求模型的质量x：

$$9\ 000\ 000\ 000∶x=1\ 000\ 000\ 000∶1$$

$$x=9\ g$$

由此可见，这只30 cm长的模型质量很小，钢架是真实厚度的千分之一，非常薄，所以模型必须特别精细才行，就如同用最细的丝线[1]制成的纺织品。

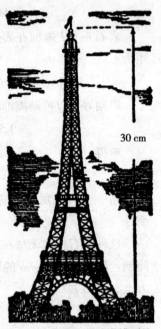

30 cm

图5　这个埃菲尔铁塔模型的重量是多少

10. 1 000 个大气压

【题目】手指施加的压强有没有可能达到1 000个大气压？

【题解】当用手将针穿进衣物时，施加了1 000 at[2]的大气压。可以计算一下，写字时，手对笔的压力约0.3 kg，则施加在直径为0.000 1 m的笔尖上时其压强约为（为计算简便设π=3）：

$$0.3∶（0.000\ 05^2×3）=40\ 000\ 000\ kg/m^2$$

即4 000 kg/cm²。

---

[1] 真的埃菲尔铁塔上，70 t 的钢架按比例制作模型则仅有 0.07 g。

[2] 工业大气压的单位记为 at，1 at=1 kg/cm²=98.07 kPa。

工业大气压等于$1\ kg/cm^2$，则作用在笔尖的压强为$4\ 000$个工业大气压，是水蒸汽机水蒸气做功的400倍。

一般来说，裁缝们绝不会想到自己的手施加了$1\ 000$个大气压。

同样的，理发师用剃刀修理头发时也不会意识到这一点。现在假设剃刀施加在头发上的力为$1\ g$。现已知剃刀的厚度为$0.000\ 1\ cm$，头发直径$0.01\ cm$，则这个$1\ g$的力受力面积为：

$$S=0.000\ 1\times0.01=0.000\ 001\ cm^2$$

$1\ g$的力在面积S上的压强为：

$$1:0.000\ 001=1\ 000\ 000\ g/cm^2=1\ 000\ kg/cm^2$$

同样为$1\ 000\ at$。当然，施加在剃刀上的力可并不止$1\ g$，所以发丝受到的压力就是好几千个大气压了。

11. 10 000个大气压

【题目】昆虫能否产生10 000个大气压？

【题解】昆虫能产生的力并不大，然而其所能产生的压强却极有可能可能非常大。比如黄蜂，它的毒刺刺尖半径仅为$0.00001\ mm$，锋利程度更甚于目前的微型外科仪器，在最大倍数的显微镜下它也仍然锋利，只有在超显微镜下才会看出一些不同，但仍然会类似山峰，如图6。相比较而言，刀刃经过这种程度的放大会变得如同山脉或锯刃，如图7。

图6　放大后的刺尖如同山峰

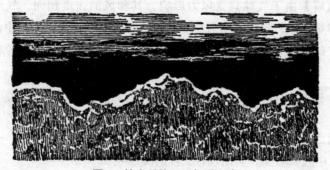

图7　放大后的刀刃如同山脉

它在刺入猎物身体时用的力约为1 mg，即0.001 g。此时近似认为
π=3，那么黄蜂毒刺刺尖面积为：

$$S=3 \times 0.000\,000\,1^2\,cm^2=0.000\,000\,000\,003\,cm^2$$

由于0.001 g=0.000 001 kg，则压强为：

$$P=0.000\,001 : 0.000\,000\,000\,003=330\,000\,at$$

现实之中，黄蜂施加的力未到1 mg时猎物基本已经濒死，所以它并不
需要施加1 mg的力。当然，猎物的密度也是取决因素之一。

12. 船夫

【题目】在河水中，一艘船的旁边飘着一块木板。此时船夫是超过木
板10 m更容易些还是落后木板10 m更容易些？

【题解】某些水上工作者在处理这个问题时也会犯错，他们会认为划
到它前边要比落后它更容易些。

当然，以河岸作为参照物自然是逆流更难，但是由于木板同样在水
里，和河水相对静止。此时，小船对于河水，对于木板也都静止，那么船夫
超过木板10 m和落后木板10 m其实是一样的，都相当于在静水之中划行。

因此，船夫超过木板也好，落后木板也好，其实是同样容易的。

13. 气球上的旗子

【题目】热气球被风吹向北边的过程中，热气球上的旗子会向哪个方
向飘？

【题解】由于气球只受风力影响，其和风的速度相同，气球和其周
围空气相对静止，旗子也相对静止。所以，旗子和在无风天气中的状态一
致，应是自然垂下。就算外界风再大，气球吊篮内的人也不会感觉到。

14. 波纹的形状

【题目】向静水中投入石头，会激起一圈一圈的圆形波纹。若是向流
动的河水中投掷石头，会出现什么样的波纹呢？

图8　将石子掷入流水中，激起的波纹是什么形状的

【题解】如果没有办法实践一下，在经过复杂的推理后将得出一个结论：无论水流流速多大，将石头投入流水，水面的波纹依旧是圆形。

这是必然情况：将涟漪分解成两个运动，其中一个是水的正常流动（传递），另一个是由中心向外扩散（辐射）。涟漪不管是先传递再辐射，还是一同进行这两个运动，得出的结果是一致的。与静水涟漪相比，流水中的涟漪仅相当于静水涟漪进行了平移而已。

15. 船和瓶子

【题目】有两艘船以不同的速度相向而行，在它们并排的时刻同时从各船上扔下瓶子。经过15 min，两艘船一同调头，按原来的速度去寻找瓶子。那么：

（1）是速度快的那艘先寻回瓶子还是速度慢的那艘先寻回瓶子？

（2）若两艘船在并排时是相背而行，那么结果将会怎样？

【题解】这两个问题的答案相同，两艘船同时寻回瓶子。

由于轮船和瓶子相对静止，所以水流并不会改变其相对位置。此时的水流速度相当于0，这种情况下，轮船掉头并经过15 min之后就能同时寻回各自的瓶子。

16. 惯性定律的适用性

【题目】生物是否遵循惯性定律？

【题解】似乎看起来，生物能够在没有外力的情况下进行位移。而惯性定律表明，若无外界因素影响物体会保持静止或者保持匀速直线运动状态。这似乎就有些矛盾了。

　　然而，惯性定律中的"外界"一词是多余的。牛顿的《物理的数学起源》中并无这个词："每个物体都处于静止或匀速运动状态，因该物体的作用力没有使它改变。"

　　也就是说，牛顿的原话里并没有提到"外界"，所以惯性定律同样适用于生物。当然，"生物在没有外力的情况下也能发生位移"这一说法在下文中有所解释。

17. 内力能否使物体运动

　　【题目】内力能否使物体运动？

　　【题解】一般看来，内力无法使物体运动。然而，这种看法比较片面，比如火箭就正是依靠内力进行运动，它的运作过程便可以清楚证明。

　　其中只有一点可以确定，那就是物体并不能依靠内力来使整个物体处于同一运动之中，仅能使一部分向某一方向运动，另一部分向相反方向运动。火箭运行时即是如此。

　　除了火箭，更加常见的便是猫。不管猫是以怎样的姿势摔落，它总是会四爪着地，因为它会依靠翻转自己的脚爪来让自己的躯干反向翻转，并且它的脚爪时而摆起时而抓物，甚至利用了面积定律。于是，猫仅仅依靠内力就完成了躯干的翻转。

　　很多涉及某种定律的书中曾提到，物体的内力无法掌握运动趋势，此定律认为内力无法改变物体重心。然而，这定律其实并不存在。

18. 摩擦力

　　【题目】为何不能使物体运动，并始终与物体运动方向相反的"摩擦"会被称作力？

　　【题解】静止物体的摩擦可能是运动的原因，却只能是运动的障碍。牛顿定义的力是这样的："力是施加在物体上的，能够改变物体静止或匀速运动状态的作用。"地面的摩擦能够改变物体匀速运动，使它变慢停止，所以摩擦确实是一种力。

　　为了区分，我们将其他能够产生运动的力叫作"积极"力，摩擦力叫作"消极"力。

19. 摩擦力对动物运动的影响

【题目】在动物的运动过程中，摩擦力起了怎样的作用？

【题解】现在就以人走路来进行分析。很多书中都曾提到：行走中，摩擦力是唯一一个参与其中的外力，也是使人运动的力。那么，既然地面摩擦力只能阻碍运动，那么它究竟可不可以使物体产生运动？

行走的实质如同火箭的运作，人向前走，有一部分也在后退。若是地面没有摩擦，此时就会看得很清楚这一状况。然而，由于摩擦的作用阻碍了这个"某一部分"的后退，所以人才能够使重心向前，向前走动。

此时，身体的内力即肌肉收缩使得身体重心向前，摩擦力的作用是平衡其中一个让身体后退的内力。于是，向前的内力就体现了出来。

于是，不管是在动物其他形式的位移还是船只等的运动中，摩擦力所起到的作用仅仅是如此，是摩擦产生势能的两个内力其中一个令物体运动的。

20. 绳索受到的拉力

【题目】如果在一根绳索的两端各自施加10 kg的力，绳索便会断掉。将绳索一头固定，对另一头施加20 kg的力也可将绳索弄断。

第二种情况绳索受的力会比第一种情况大一些吗？

【题解】答案是：第二种情况下绳索受到的拉力是第一种的2倍。

一般情况下，人们会认为这两种情况下绳索受到的力是一样的：第一种情况下两端各自受到10 kg的拉力，加起来就是20 kg；第二种情况下没有固定的一段受到的拉力同样为20 kg。

这种分析看起来没有什么错误，然而这两种情况下绳索拉力完全不等。第一种，绳子两端各受拉力10 kg；第二种，由于手的拉力引发了墙的反作用力，导致绳索两端各自受拉力20 kg。

然而，若是确定了绳索的拉力，还可能犯其他的错误。若在绳索拉断后将任意两端分别绑在弹簧秤的环和钩，那么现在读数是多少？若是说第一次20 kg，第二次40 kg，那就错了。固定在两端的均为10 kg的反方向力只有10 kg，并非20 kg。因为两条拉断绳索的所谓"10 kg的反方向力"就只是"10 kg的力"而已，因为这个力有两端，所以并不存在别的10 kg力。

当然，如果有一个力摆在我们面前，我们通常会认为它只有一端，另一端由于太难发现而通常被忽略。比如物体的坠落，此时力的一端在物体重心，另一端则是地球的中心[1]。

如此，若绳索受不同方向上两个10 kg牵引，它的总受力就是10 kg；而若绳索受某个方向上20 kg的拉力，则它的总受力为20 kg，若方向相反，它受到的反作用力也为20 kg。

21. 马德堡半球

【题目】"马德堡半球"试验中，奥特·盖里克设置了两个半球，使其真空，并且在每个半球都安排了8匹马。那么，如果把此真空球固定在墙壁上并在没有固定的一边安排16匹马。这么做会不会更合适？拉力会不会大一些？

【题解】看过20小节就会知道，盖里克安排的16匹马中有8匹是多余的，他完全可以将半球的另一半固定在墙壁上或是紧缚在树干上（图8，图9）。此时，墙壁或树干带来的反作用力完全可以代替那另外8匹马带来的拉力，然后将这8匹换下来的马安排到另一边。由于力不完全对等，这16匹马带来的拉力并非8匹马带来拉力的2倍，而是介于单倍与双倍之间。

图8　测力器显示的是马的拉力或树木的拉力，而不是这两个力的总和

图9　此时，墙的反作用力替代了弯曲树木的拉力（如图8所示）

***

[1] 详情请看《趣味力学》第一章。

这种新方法很省力，并且由于力的不对等情况减小，需要的马数量也少了一半。墙体或树干带来的反作用很明显，但并非马匹的反作用。

22. 弹簧秤问题

【题目】若一个成年人能够使用10 kg的力，而小孩子只能使用3 kg的力。若两人同时反方向拉弹簧秤会怎样？

【题解】看起来，此题解法似乎是：有一成年人能够使用10 kg拉力，小孩子能用3 kg拉力，则当二人同时拉动弹簧秤，读数为13 kg。

这个答案不准确，因为若是没有相反的反作用力，拉动弹簧秤的力根本无法达到10 kg，成年人的拉力的反作用力只能来自小孩子，也即3 kg。所以，成年人使出的拉力并不会超过3 kg，则弹簧秤的读数自然为3 kg。

不理解这一答案的人认为小孩子如果并未用力去拉弹簧秤，那成年人就连哪怕1 g的力都用不出来。

然而，我们发现，不管是什么条件下，作用力和反作用力从来都是平衡的，并不会被破坏。

其实，"作用力和反作用力由于作用在不同物体上所以根本无法平衡"这一解释混淆了力相等和力平衡这两个概念，让人对牛顿第三定律或多或少产生了一些误解。

23. 蹲在秤盘上

【题目】有个人站在十进位秤盘上。若他突然下蹲，那么指针会朝上还是朝下波动？

【题解】蹲下时，人的体重并不会变，但是并不代表秤的读数不会变。突然下蹲时的力是躯干向下，自然会托住双脚，所以读数会变小，指针向上波动。

24. 爬气球

【题目】如果，某个人正顺着垂下的梯子爬上一个静止在半空的气球

（图10），那么气球会向下沉还是向上升？

【题解】由于作用力与反作用力的效果，气球不会静止，而是会向下沉。气球对人施加向上的力，同时人对气球施加向下的力，气球则下沉。同理，在从停泊在岸边的小船上岸也是一样，小船对人的双脚施加了力，人的双脚同样对小船施加了力，于是小船会向着与岸边相反的方向后退。

并且，气球的位移和人的位移之比等于人的质量和气球质量之比。

图 10　气球朝哪个方向运动

25. 瓶中的苍蝇

【题目】在一个非常灵敏的天平上，放着一个装有一只苍蝇的密闭罐子（图11）。如果苍蝇开始飞行，天平的刻度会不会改变？

【题解】一本科学杂志曾经介绍过这个问题，当时有6名工程师参与到了对这个问题的讨论。他们提出了一系列论据，各持己见。然而由于解决方法有些矛盾，这场争论并没有得出能够让众人都信服的答案。

图 11　关于在瓶罐中飞行的苍蝇的问题

其实，这个问题并不需要运用方程来分析。苍蝇在同一水平面上飞行时，它为了飞起来就会给空气向下的力，然后传递到瓶底。此时的天平应该还是平衡的。

若苍蝇不停留在一个水平面，而是加速向上或向下飞行，那么压力就会变化。苍蝇向上加速飞时，它对空气施加了向下的压力，这个力会使瓶子向下，秤盘下沉；反之，则瓶子向上，秤盘上升。

26. 麦克斯韦滚摆

【题目】有一种玩具名叫"悠悠球"，它由线轴和活动的带子组成。

当"悠悠球"落下后会再次返回。这并非
什么新鲜事，很久以前，《荷马史诗》中
的名人们就曾尝试过。

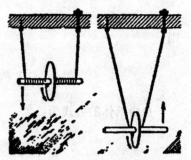

图12 麦克斯韦滚摆

按照力学的角度，"悠悠球"只不过
是麦克斯韦滚摆的变体（图12）。飞轮下
落，带动着连接它的线，获得了一个比较
大的旋转力。当飞轮到底时，连接线还会
继续旋转，将飞轮再次带上去。飞轮上升
时动能转化为重力势能，飞轮的速度慢慢
放缓，之后为0，继续下落。由于连接线
和飞轮的摩擦，导致一部分能量转化成了
热能而消散，所以这个上升下落的过程持
续几次后就会停止。

现在提出一个问题：

若将麦克斯韦滚摆的轴线挂在弹簧秤
上，当小飞轮运动时，弹簧秤的示数怎样
变化？

图13 弹簧秤会如何显示

【题解】计算而得的结果让人惊讶：
飞轮向下时，连接线并未全部承受飞轮重
力，弹簧秤示数不会上升，仅仅是稍微有
一点翘起。这一过程将持续到飞轮到达最
高点。当然，在飞轮位于最低点时，那一
瞬间弹簧秤示数减小，但之后便恢复。

飞轮向下为匀加速运动，其受到的加速度恒定（由于摩擦力的关系
其加速度小于重力加速度）现在根据能量守恒定律推论一下。设飞轮质量
m，重力加速度g，飞轮下落高度h。渐进运动速度v，旋转运动角速度ω，
飞轮惯性力矩K。此时重力势能将转化为转动动能以及平动动能：

$$mgh = \frac{mv^2}{2} + \frac{K\omega^2}{2}$$

因转动动能是平动动能的几分之一，我们可将等式右边用qmv^2表示。
q由惯性力矩K决定，不会在飞轮的运动中改变。如此：

$$mgh = qmv^2$$

则：

$$v = \sqrt{\frac{gh}{q}} = \frac{1}{\sqrt{q}} \cdot \sqrt{gh}$$

自由落体的公式为：

$$v_1 = \sqrt{2gh} = \sqrt{2} \cdot \sqrt{gh}$$

和上边的式子对比，发现飞轮在每个点的速度恒等于自由落体的一部分：

$$\frac{v}{v_1} = \frac{1}{\sqrt{q}} \cdot \sqrt{2}, \quad v = \frac{v_1}{\sqrt{2q}}$$

由于 $v_1 = gt$，那么 $v = \frac{gt}{\sqrt{2q}} = \frac{g}{\sqrt{2q}} t = at$。飞轮匀加速向下，其加速度

为 a，即 $\frac{g}{\sqrt{2q}}$。由于 $q > 1$，则 a 必然小于 g。同理，飞轮向上的匀减速运动中的加速度同样为 a，方向大小一致。

根据此加速度可以求得飞轮在上升、下落两个阶段所受的拉力。由于 $a < g$，那么此时 $F = mg - ma$，F 即为连接线对飞轮的拉力。

由于飞轮向上向下是加速度都为 a，则不论上升还是下降其受到的拉力均为 F，弹簧秤示数不变。$F = mg - ma$ 这个式子在飞轮上升到最高点时同样适用，只有在飞轮降到最低点时不适用。此时，连接线不仅支持着飞轮的重量，同样有飞轮轴的离心力。

27. 水平仪

【题目】木工的水平仪（内有气泡）能否在列车上正常运作测量地面的倾斜度？

【题解】水平仪内的气泡会随着列车的运行而不断左右移动，此时，并非所有的移动都是路面的倾斜导致，以至于作出判断时需非常小心。即使处于水平路面，列车的加速和减速都会导致气泡移动，只有在列车匀速时气泡的移动才能反映地面的状况。

　　观察图14。假设水平仪为AB，静止列车中水平仪的重量P。此时若列车沿MN方向加速行驶，水平仪基座同样向前滑行，此水平仪定然向后滑动。图中，令水平仪向后滑动的力矢量为OR，P和R两个力的合力Q将水平仪挤压，使其贴近基座。对液体来说，则相当于重力的作用。现在，若水平仪铅垂线指向OQ，则水平面移动的区间定是HH，此时气泡移向B：对于HH来说B这边处于高位。当然，这种情况只有路面平坦时才可能出现，如果路面倾斜，路面的倾斜度和列车的加速度都会影响水平仪对路面起伏变化的显示。

　　当然，列车的加速度方向和移动方向相反（减速运动）时，情况将如图15。此时基座平面相对水平仪向后，力R'作用在水平仪上并使其向前。此时，Q'同样为R'及P的合力，水平面变更为$H'H'$，那么气泡自然滑向A。

　　综上所述，列车有加速度的时候（不管加速度方向是向后还是向前），水平仪中的气泡都会偏移并且显示出加速度的变化。只有当列车没有加速度后，水平仪中的气泡才会在正中。

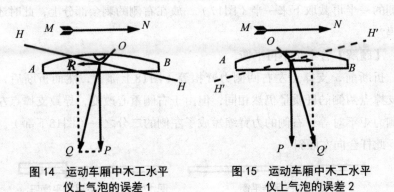

图14　运动车厢中木工水平　　　图15　运动车厢中木工水平
　　仪上气泡的误差1　　　　　　　仪上气泡的误差2

　　然而，路面的横向倾斜度并无法依靠水平仪，因为这时列车运动将产生向心加速度，导致水平仪读数不准（这一点在我《趣味力学》第三章中有过解释）。

28. 飘摇的烛火

　　【题目】将一只燃烧的蜡烛移动位置，其烛火会向后飘。

（1）那么，若将蜡烛放进灯笼，载着它移动位置，此时烛火向哪个方向飘？

（2）若提着灯笼匀速画圆，那么烛火又将向哪个方向飘？

【题解】（1）某些人认为烛火在灯笼之中不会偏移。

然而，由于烛火的密度远远小于空气，当施加给它们同样的力时，质量小的物体速度将更大些，所以烛火会向前飘。

（2）和上边同样的原因，灯笼做匀速圆周运动，火焰会向圆心偏移。

和这个现象相仿的离心机中水银和水的情况可以让这一试验变得更易理解。在离心机内旋转的球体中，水银会分布在距旋转轴更远的地方。若将从旋转轴心到圆周的方向视为"向下"，则水将浮在水银上。同理，密度小的烛火也将"浮"在空气上。

29. 两段杠杆

【题目】如图16，匀质杆由于中心的支撑而处于平衡状态。此时若将右侧的一半再截取下来一半（图17），放在右侧的剩余部分上，此时还平衡吗？

【题解】答案是不再平衡。

折断前，支撑点左右两侧力臂相等（图18上部），然而折断后，虽然支撑点两侧的杆质量仍然相同，但由于右侧重心改变，导致支撑点左右两侧力矩不对等，右侧的力臂缩短成了左侧的二分之一（图18下部）。于是，此杆会向左倾斜。

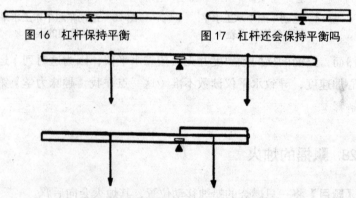

图 16 杠杆保持平衡　　　图 17 杠杆还会保持平衡吗

图 18 直杆部分保持平衡，折杆部分就会失衡

30. 两只弹簧秤

【题目】若CD杆处于图19中的状态并静止，那么这两只弹簧秤哪个示数更大？

【题解】答案是：两只弹簧秤示数一致。观察图20，将R的重量分别加在C、D两点的P、Q，因MC=MD，所以P=Q，两只弹簧秤示数自然一致。

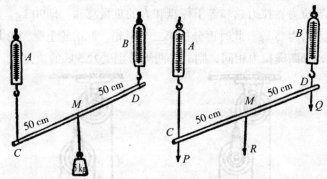

图19　哪根弹簧秤所受负荷更大　　图20　两根弹簧的拉力相同，因为 $P=Q=\dfrac{1}{2}R$

和这个题相似的，人们也总认为搬着重物上楼时在下边的人更累，因为重物肯定会向下倾斜。其实重力的作用方向垂直，两个人身上负荷一致。

31. 弯曲杠杆

【题目】将一个柄折成图21所示形状，并以B为支点。若想使摇动A点的力气最小，该怎么用力才能更容易地作用在C点？

【题解】如图22。力F力矩最大时应垂直于BC，此时只需要一个很小的力就能获得很大力矩。

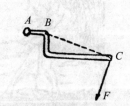

图21　弯曲杠杆的问题　　　　图22　解决弯曲杠杆的问题

32. 站在秤盘上

【题目】一个60 kg重的人站在了一个30 kg的秤盘上，秤盘吊在滑轮上，具体方式见图23。此刻，人需要用多少力去拉绳子才能保证秤盘不下坠？

【题解】如图24。此时先分析最高处的定滑轮。此处定滑轮受到c、d两绳的相等拉力，拉力总和等于秤盘和人的重量总和，即90 kg。那么c、d绳上的拉力均为45 kg。此时再分析第二个滑轮。此滑轮上受到总共45 kg的拉力，而a、b两绳拉力相同，则a、b两绳分别受22.5 kg的拉力。

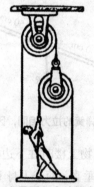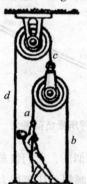

图23　人需要多大的拉力　　　图24　回答问题32
才能保证秤盘不下滑

那么，要使秤盘不至于下坠，则必须对a施加22.5 kg的拉力。

33. 彻底绷直

【题目】如图25，使绳子彻底绷直需要用多大的力？

图25　这样可以将绳子拉直吗

【题解】其实绳子不可能彻底绷直。绳子的重力垂直向下，如果绳子绷直后将失去与之平衡的向上拉力，于是为了和重力平衡，绳子只能垂下松弛。

若是并非垂直拉绳子，虽然能无限接近绷直状态，但无法把绳子彻底绷直。于是，每一根非垂直的绳子例如传送带之类，都应该是垂下松弛的（图26）。

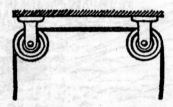

图 26 为了使绳子不垂弛，不能像这样拉绳子

这也是吊床（图27）无法真正水平的原因，况且人躺上去之后吊床会更加弯曲。

图 27 不能将吊床拉至水平状态

34. 拖拽汽车

【题目】若汽车不幸陷入坑内无法动弹，则可以用一根牢固的绳索将汽车和树干连接，之后试着从垂直绳索的方向拉动。这个过程中，汽车便会被挪出来。这里边有何依据？

【题解】若用题目中的方法去拉绳索，一个人的力气甚至可以拉动重型汽车，施加的力哪怕很小，都能将汽车拖动。这和无法紧绷的绳子同样的道理。

观察图28，人对绳子的拉力为*CF*，分解成沿绳子方向的两个力*CQ*、*CP*。这棵树如果足够结实，*CQ*便能和树桩的阻力抵消，剩下的分力*CP*则会拉动汽车。这个分力比*CF*本身大得多，甚至可以挪动汽车。当然，∠*ACB*越大，拉力的分力*CP*就越大，拉拽汽车的可能性就会增加。

图 28　如何将汽车从凹坑中拽出来

35. 润滑剂

【题目】众所周知，润滑剂能减少摩擦，然而能够减少多少并不太清楚。

【题解】若是使用润滑剂，摩擦力将减少约 $\dfrac{9}{10}$。

36. 扔冰块

【题目】观察图29。向远处扔冰块，是抛向空中扔得远一点还是让冰块在冰面上滑行更远一点？

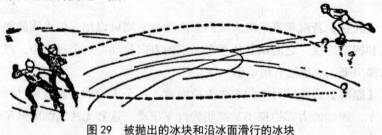

图 29　被抛出的冰块和沿冰面滑行的冰块

【题解】若从空气阻力小这个条件出发而去认为冰块在空中能飞得更远就大错特错了。重力作用之下，什么物体都不可能扔到很远的地方。

真空环境下，力学中有过这样一条结论：于和水平面呈45°角的方向抛掷物体，此时物体所能经过的便是这一方法的最远距离。设初速度v，重力加速度g，则其计算方法为：

$$L = \frac{v^2}{g}$$

若物体沿另一物体表面滑行，设其动摩擦因数k，其将受到来自另一物体表面的摩擦力影响。此过程中物体将仅受动摩擦力的作用而最终停止，所以此过程中能量守恒。设此时其在另一物体表面的移动距离为L'，则根据能量守恒定律：

$$kmgL' = \frac{1}{2}mv^2$$

计算得出

$$L' = \frac{v^2}{2kg}$$

由于冰和冰之间的动摩擦系数为0.02，则

$$L' = \frac{25v^2}{g}$$

其滑行距离是抛掷时最大距离（$\frac{v^2}{g}$）的25倍之多。

当然，如果被抛掷的冰块落到冰面上之后继续滑行，那二者之间的关系可就不是简单的25倍之间的关系了。然而不管怎么说，滑行的距离终归是要比抛掷远。

37. 自由落体问题

【题目】在怀表响一声的这段时间内，由静止开始自由落体的物体能够下降多少距离？

【题解】怀表响一声的时间并非1 s。实际上这个时间是0.4 s。所以在0.4 s时间内，物体下落了

$$\frac{9.8 \times 0.4^2}{2} = 0.784\,\text{m}$$

大约是80 cm。

38. 延迟跳伞

【题目】跳伞健将艾弗德基是1934年世界跳伞记录的保持者,他曾经给我写过几封质疑延迟开伞的信,说他曾在不开伞情况下,仅仅用了142 s就下降了7 900 m,这之后他才打开降落伞。然而,这种说法不符合自由落体定律,因为仅通过可简单计算就能得出下落7 900 m只需要40 s。如果真的下落了142 s,那么经过的路程也不难计算:约是100 km。

这是为何?

【题解】其实未打开降落伞之前空气对人也是有阻力的,现在设空气阻力为f,则有:

$$f = 0.03mv^2$$

当下降速度达到一定值时,其所受空气阻力将等于其所受重力,导致下落速度不再增加,下落也变为匀速运动。当然,这必须在跳伞运动员以及其装备的总重量等于$0.03v^2$时才会出现加速度最终为0的匀速运动情况。如果物体的总重量为90 kg,那么将$m=90$代入$f = 0.03mv^2$,得$v=55$ m/s。也就是说,当物体速度达到55 m/s时其加速度将为0,速度也将不再增加。

那么要达到这个速度需要多长时间呢?

设$g=9.8$ m/s^2,此时在运动开始时阻力很小忽略不计,之后计算得出平均加速度为4.9 m/s^2。于是达到速度从0达到55 m/s将需要11 s左右。那么,设11 s内物体走过路程S,平均加速度$a=4.9$ m/s^2,则得到:

$$S = \frac{at^2}{2} = \frac{4.9 \times 11^2}{2} \approx 300\,\text{m}$$

那么艾弗德基其实只在前11 s内加速下落了,当他速度达到55 m/s时将不再加速,此时他已经下落了大概300 m。之后他一直匀速下落。由于他没打开降落伞的下落距离总共为7 900 m,则其匀速下落所用时间约为:

$$\frac{7\,900 - 300}{55} \approx 138\,\text{s}$$

这个时间加上11 s，则为149 s，和信中所说142 s相差无几。

当然，最开始的数据只是一个大概，毕竟我们对情况作了很多的简化。不过也足以说明问题了。

试验得出，如果跳伞员总重82 kg，那么他在第12 s时将下落425 m~ 460 m，并且此时速度达到最大值。

39. 扔瓶子的方向

【题目】从列车车厢里扔出一个瓶子。若列车正在移动，那么如何扔瓶子才能保证瓶子最不容易破裂？再准确点说，是向哪个方向扔瓶子？

【题解】对于人来说，跳车时应当顺着列车的行驶方向，这样能将受到的伤害降到最小。

但是对于这个问题来说，还是应该向后扔瓶子，也即逆着列车的行驶方向扔瓶子。由于瓶子被扔出去后有惯性，其会保持和列车一致的速度。当我们向后扔瓶子时，速度可抵消一部分原有的速度，使落地的时候瓶子速度最小。

若是向前扔瓶子，其落地速度将更大，更易碎。

40. 落地更快

【题目】从两节相同车厢分别抛出两个相同物体。其中一个在车厢静止时抛出，另一个在车厢运动时抛出。那么两个物体哪个先落地？

【题解】物体下落时间的长短由重力和下落距离确定。在这两种情况下，这两个确定下落时间的因素都是相同的，因此这两个物体的下落时间也相同，不论列车静止与否，这两个物体都会同时落下。

41. 三发炮弹

【题目】现在在同一点以同一速度在不同的角度（30°，45°，60°）发射三发炮弹。无阻力情况下，炮弹的轨迹是否会如图30这样？

【题解】图30当然是错的，因为30° 和60° 时发射的炮弹飞行距离应一致（互补角发射的炮弹距离均一致）。然而，图30中30°和60°两发炮弹落地点不一致。当然，图30并非所有地方都错误，45°角发射的炮弹显示的是对的，这个角度发射炮弹飞得最远，距离约是炮弹最高点到地面距离的4倍。

图31是正确的图。

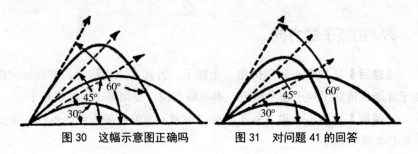

图30　这幅示意图正确吗　　　　图31　对问题41的回答

42. 抛物轨迹

【题目】若无空气阻力，与水平面成角度的抛出物体会划过怎样的曲线？

【题解】很多学者在著作中都提到真空中抛出的物体运动曲线为抛物线。但是事实上，抛物线只是物体运动的近似，这个没有什么人不认同。但是这种情况只局限于：物体初速度较小，距离地面不远，重力的减少可以忽略。若物体在空中重力不变，则它经过的路线为严整的弧线。然而，逆平方定律的存在使得抛出去的物体重力改变导致物体沿焦距位于地球中心点做椭圆运动——这符合开普勒第一定律（图32）。

所以说真空中的任何成角度被抛出的物体都不会沿抛物线运动，轨迹都是椭圆。目前还没有足以使抛物线和椭圆发生较大差异的速度。不过今后技术发达之后将有可能出现两条曲线差异变大

图32　真空中，与水平面的一定夹角抛出去的物体沿埃利普斯弧线运动，该弧线的焦点 F 是地球的中心

的情况。比如，大气层外的火箭轨道便不能说是抛物线。

43. 炮弹的速度

【题目】炮弹的速度什么时候最大？是在炮管里还是出炮管之后？炮兵普遍认为是后者。他们的想法正确吗？

【题解】炮弹的速度会在火药压力大于空气阻力的时候持续增加。当炮弹出管之后气体的阻力仍然大不过火药对炮弹的压力，所以炮弹在出炮管之后仍会继续加速。只有在火药产生的气体扩散、压力小于空气阻力之后炮弹的速度才会慢慢减小。

所以，炮兵们说的是对的，炮弹在炮管外一小段时间之后速度最大。

44. 高空跳水

【题目】图33即为高空跳水，它为什么对身体有害呢？

【题解】由于高空跳下时速度很大，但是会在入水时会在很短的时间内减到零。若跳水者在10 m高的地方跳到1 m深的水里，其在10 m内增加的速度会在1 m内减到0，此时的负加速度是重力加速度的10倍，本来70 kg的跳水者此刻将相当于700 kg，这样的负担即使只有那么一小会儿，也会极大地损害身体。

图33　为什么这样跳水对身体有害

所以，如果想要减小伤害，水池的水就得足够深，减速减得慢一点，这样才能使身体受到的损坏程度减小。

45. 桌边的球

【题目】如图34，有一水平桌子，铅垂线穿过它的中心。其边缘放有一只小球。若无摩擦影响，小球会不会静止（图35）？

图 34　球会保持静止状态吗　　图 35　初看这幅图, 谁也不会想到,
　　　　　　　　　　　　　　　　　　　球会向桌心滚动

　　【题解】由于铅垂线穿过桌面中心, 那么虽然不明显, 但桌的边缘距离地心确实相对较远, 于是如果无摩擦, 小球将从桌沿滚向桌中心, 然后由于其已有动能, 将穿过中心到达另一端桌沿。之后, 它还将再次回到另一端, 来回往复 (图36)。

　　这个原理下, 某个美国人发明了一部 "永动机"。当然, 如果没有摩擦, 他的理论确实正确, 并且真的会实现 "永动"。图37便是他的设想。然而, 还有更简单的实现 "永动" 的方法, 比如借助绳子上晃动的重物。当然, 如果忽略绳子和支点的摩擦以及空气阻力, 这个 "永动机" 便能够一直晃动下去[1]。然而, 它们是无法做功的。

图 36　但是从这幅示意图中就可
得知, 球不会处于静止状态 (不
考虑摩擦的情况下)

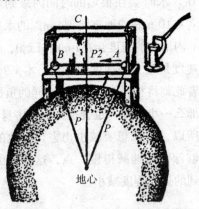

图 37　"永动机" 的一种方案设
计图

　　[1] 巴黎天文台曾经做过一个摩擦力最小的试验, 在一个真空的环境下让一个摆锤晃动了整整 30 h。除此之外, 伊萨基耶夫教堂中的摆锤也是如此, 刚开始 12 m 的摆幅, 3 h 后减少了 1.2 m。到了 6 h 后, 摆幅只剩下了 6 cm。又过 3 h, 摆幅剩下 6 mm。再过 3 h, 肉眼就看不到摆幅了。

这里有个反方的观点，很有借鉴意义。某个读者曾经提到这个问题：读者说，几何角度上我们认为太阳光在地球表面聚焦，物理学上我们却认为太阳光平行。那么同样，试验中两条同时穿过桌面且相隔1 m的铅垂线在几何学上全部穿过地心，但在物理学上看应当是平行的。此刻小球从桌沿滚到桌子中心的力从物理上说是等于零的，所以无法观察到滚动。

然而这种说法并不准确。计算一下便可得知，两条相距1 m的铅垂线之间的角度是指向两点间太阳光线角度的2.3万倍，小球受到的让其滚动至桌子中心的力约为小球的千万分之一。无阻力情况下，随便的一个小力就足以使它滚动了，更何况这个力并不小，甚至类似引发海潮的力。就算在有阻力的实际情况下，后一个力也能明显发挥作用。

46. 木块的状态

【题目】如图38所示，若一个木块处于B的状态，能够在无外力状态下沿着斜面MN滑动。那么若是将它摆放成A状态，同样无外力，木块还能否沿MN滑动？

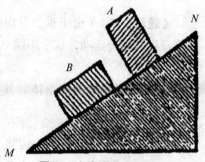

【题解】某些人认为A状态的木块对MN施加了比B状态下更大的压力，受到了更大的摩擦。然而这说法是错误的。摩擦力的大小并非取决于所接触面面积的大小，所以若B状态能够下滑，A状态自然也会下滑。

图38　方木滑动的问题

47. 两个小球

【题目】（1）图39展示了两个小球，点A距离地面高度为h。现在从A点同时释放两个小球，一个沿着AC下滑，另一个自由落体。那么，哪个小球获得的平移速度更大？

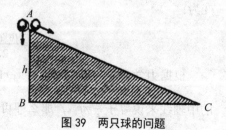

图39　两只球的问题

（2）如图40，现在有两个一模一样的球，一个沿着坡面滚动，另一个沿着两篇平行木板滚动，两个斜面的倾角一致，垂直高度也一致。那么，哪个小球会率先到达底端？

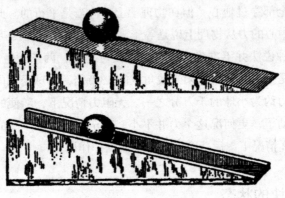

图40　哪个球滚动得更快些

【题解】（1）由于垂直自由落体的小球只做平移运动，另一个却做平移和旋转两种运动，这个不同点会影响两只小球的速度。那么现在就来计算一下：

设小球重力 p，自由落体时其在顶端时的势能全部转化为重力势能，则：

$$ph = \frac{mv^2}{2} \text{ 或 } mgh = \frac{mv^2}{2}$$

则此小球最终的速度为：

$$v = \sqrt{2gh}$$

现在研究另一个沿斜 ω 面下滑的小球。其下滑时势能 ph 将转化为速度为 v_1 的平移运动动能 $\frac{mv_1^2}{2}$ 及角速度 ω 的旋转运动动能 $\frac{K\omega^2}{2}$。于是，等式变为：

$$ph = \frac{mv_1^2}{2} + \frac{K\omega^2}{2}$$

根据力学知识，质量 m、半径 r 的均质小球惯性力矩 K 对于通过中心的中轴线来说等于 $\frac{2}{5}mr^2$，那么即可推算出平移速度为 v_1 的此球角速度为

$\dfrac{v_1}{r}$。那么小球旋转运动的能量为：

$$\frac{K\omega^2}{2} = \frac{1}{2} \times \frac{2}{5} mr^2 \times \frac{v_1^2}{r^2} = \frac{mv_1^2}{5}$$

用mgh替换ph，则此时旋转小球的能量守恒式变更为：

$$mgh = \frac{mv_1^2}{2} + \frac{mv_1^2}{5}$$

简化后得：

$$gh = 0.7v_1^2$$

那么平移速度就可以求得为：

$$v_1 = \sqrt{2gh} \times \sqrt{\frac{5}{7}} = 0.84\sqrt{2gh}$$

比较后得出，v_1比v小了$0.16\sqrt{2gh}$。也就是说，不管在过程的哪一点，也不管小球的半径和质量，滚落的小球和从同高度自由落体的小球相比，速度都要小后者16%，而沿着坡面滚动的小球和沿着坡面下滑的小球相比，速度同样小后者16%。

如果清楚地知道物理的发展史，人们便都知道是伽利略提出物体的落体定律。如图41，他将一只小球放到约6 m长，0.5 m到1 m高的坡槽之中，完成了这个定律的确立。有人可能会说他的路径选择可能有些问题，但是，由于这个小球在移动时加速度不会变，于是不论在这条坡槽的什么地方，它的速度都将是自由落体小球速度的0.84倍，路程和时间之间的关系除了因数不变，其他都是一致的。所以伽利略才能够用这种方法得出正确的结论。

图41　从平行三角木板间滚下的球

书中这样说道："我曾发现，如果把槽的长度替换，减小为原来的四分之一，那么小球滚到底所用的时间将缩短为二分之一。试验很多次之后，我发现经过的路程比值恒是时间比的平方。"

（2）对于第二个问题，首先，两个小球一开始的势能是一样的：质量相等，高度相等。然而，由于木板间的球滚动的有效半径要比平面滚动的球有效半径小些，导致 $r_1 > r_2$。于是：

平面滚动球的势能：

$$ph = \frac{mv_1^2}{2} + \frac{K\omega_1^2}{2}$$

木板滚动球的势能：

$$ph = \frac{mv_2^2}{2} + \frac{K\omega_2^2}{2}$$

计算得出

$$\omega_1 = \frac{v_1}{r}, \quad \omega_2 = \frac{v_2}{r}$$

于是：

$$\frac{mv_1^2}{2} + \frac{Kv_1^2}{2r_1^2} = \frac{mv_2^2}{2} + \frac{Kv_2^2}{2r_2^2},$$

$$v_1^2\left(\frac{m}{2} + \frac{K}{2r_1^2}\right) = v_2^2\left(\frac{m}{2} + \frac{K}{2r_2^2}\right),$$

$$\frac{v_1^2}{v_2^2} = \frac{\dfrac{m}{2} + \dfrac{K}{2r_2^2}}{\dfrac{m}{2} + \dfrac{K}{2r_1^2}}。$$

由于在此之前得到过 $r_1 > r_2$。这个结论，于是可以推算出 $v_1 > v_2$。所以，平面滚动的球要先到达坡底。

48. 圆柱体

【题目】现在有一个纯铝制作的圆柱缸和一个内部为软木、外部为铅质的圆柱缸。这两个圆柱缸外形相同，质量相同。现在它们都被纸包了起来。

那么，如何确定两个圆柱缸哪个是哪个？

【题解】这算是一个老问题了。奥扎纳姆《数理娱乐》之中就有这么一道题。不过它的提问方式不太一样：

"现在假设有两个小球，一个是纯金制作的空心球，另一个是银质镀金的实心球。不论大小还是重量，这两个球均相同。那么，如何才能区别出这两个小球？"

这个数学难题的出题人本人虽然认为无法解决，但他又相信确实有解决的办法："在铜钱上开一刚好能卡紧两个小球的孔，之后根据银比金更易膨胀的特点，用高温加热两球，即可断定，先钻出孔的是银球。"

这个方法理论上没有错误。然而，我们这道题是包着纸的，所以并不太适用。当然，这道题的解法同样利用了这个原理。

问题47的分析提供给我们一些思路，若是利用惯性力矩的不同，便可轻易将两者区分开来：纯铝圆柱的惯性力矩和混合材料圆柱的惯性力矩并不相同，因为混合圆柱大部分质量集中在外边那层铅壳上。根据这个点，让两个圆柱分别从斜坡上滚下，它们的平动速度会呈现出一定的差异。

相对于纵轴，纯铝圆柱的惯性力矩满足以下关系：

$$K_1 = \frac{mr^2}{2}$$

此时再计算混合圆柱的惯性力矩K_2。这个过程比较复杂，需得确定软木和铅两个部分的具体组成。现在列举一下三种材料的密度：

软木　0.2

铝　　2.7

铅　　11.3

设整个圆柱体半径r，高h，软木部分半径x。

那么根据"两圆柱质量相等"条件，就有：

$$2.7\pi r^2 h = 0.2\pi x^2 h + 11.3(\pi r^2 h - \pi x^2 h)$$

简化后得：

$$11.1x^2 = 8.6r^2, \quad x^2 \approx 0.77r^2$$

这里不用计算x，我们需要用的是x_2的值。

此时可得出软木部分的质量。

$$0.2\pi x^2 h \approx 0.2\pi \times 0.77r^2 h \approx 0.154\pi r^2 h$$

则铅部分质量为：

$$2.7\pi r^2 h - 0.154\pi r^2 h \approx 2.55\pi r^2 h$$

由此可得出两部分的质量占比为：软木6%，铅94%。

那么，混合圆柱的惯性力矩K_2即为软木惯性力矩和铅壳惯性力矩之和。设圆柱质量为m，则此时软木部分的惯性力矩为：

$$Mx^2 \approx \frac{6}{100}m \times 0.77r^2 \approx 0.0231mr^2$$

铅壳的惯性力矩为：

$$M\frac{x^2 + r^2}{2} \approx \frac{94}{100}m \times \frac{0.77r^2 + r^2}{2} \approx 0.832mr^2$$

则混合圆柱的惯性力矩K_1为：

$$K_1 = 0.0231mr^2 + 0.832mr^2 \approx 0.86mr^2$$

和问题47中的球体问题一样，我们可以以同样方法得出滚动圆柱的平动运动速度：

$$mgh = \frac{mv_1^2}{2} + \frac{mv_1^2}{4} \quad , \quad gh = \frac{3mv_1^2}{4}$$

计算得出：

$$v_1 = 0.8\sqrt{2gh}$$

此时便可得出此混合圆柱的平动运动速度。根据

$$mgh = \frac{mv_2^2}{2} + \frac{0.86mr^2 \times v_2^2}{2r^2} \quad , \quad gh \approx 0.5v_2^2 + 0.43v_2^2 \approx 0.93v_2^2$$

可求得$v_2 \approx 0.73\sqrt{2gh}$。

比较$v_1 \approx 0.8\sqrt{2gh}$ 和$v_2 \approx 0.73\sqrt{2gh}$ 可以看出混合圆柱的平动速度要比纯铝圆柱小9%，根据这一现象便可确定两个圆柱到底哪个是纯铝哪个是混合。

现在还有一个问题，请读者自行分析：若混合圆柱内部为铅外部为软木，这样哪种圆柱又将会率先滚到坡底？

49. 天平和沙漏

【题目】如图42，在没有外力
干预的情况下，将一个5 min的沙漏
摆放在精度很高的天平一端，对其
进行称重。

现将沙漏倒置，那么5 min内天
平会出现何种变化？

图42　天平上的沙漏

【题解】可以这样认为：沙漏
中，从上部分正在下落且没有接触沙漏底部的沙子不会对沙漏底面施加压
力，所以说这五分钟之内天平的沙漏一边会变轻。然而真正的试验中出现
的现象并非如此：天平的沙漏一边只会在刚开始的一瞬间向上晃动一下，
之后很长一段时间都会保持平衡，直到5 min的末尾那个瞬间，天平的沙漏
一边会向下沉，天平再次平衡。

既然没有到达沙漏底的沙子并未施加压力给沙漏底，那么为何天平会
保持平衡？

原因就是，因为除了第一时刻，之后有多少沙子离开沙漏颈，就有同
样多的沙子落在了沙漏底。因为沙子总量并没有变，如果离开沙漏颈的沙
子和落在沙漏底的沙子数量不同的话将产生矛盾。那么只有在空中的沙子
才是失重的。

假设沙子落下的高度h，重力加速度g，根据$h = \frac{1}{2}gt^2$可以得出沙子从

沙漏颈落到沙漏底的时间$t = \sqrt{\frac{2h}{g}}$。沙子在这个时间t内不会对沙漏底施加

压力。这个时间段内，由于沙子离开了沙漏颈，则其会对沙漏有一个向上
的力，即重量p。

求得此力冲量J_1为：

$$J_1 = pt = mg\sqrt{\frac{2h}{g}} = m\sqrt{2gh}$$

同样的，有同样多的沙子落在了沙漏底，对沙漏产生了向下的力。在

刚刚接触底部时其速度为$v = \sqrt{2gh}$，则此时此力动量J_2为：

$$J_2 = mv = m\sqrt{2gh}$$

可见$J_1=J_2$。这也就是说，两个动量大小相同，所以天平依旧平衡。

高精度的天平只会在5 min的开头和末尾出现不平衡。如果精度不高则观察不到此现象。

开始时，一部分沙子离开了沙漏颈，但并未落到沙漏底。此时天平的沙漏一边会上扬。同理，在5 min快要结束时，不再有沙子离开沙漏颈，但是仍有沙子落在沙漏底。于是天平的沙漏一边下沉。之后，当所有的沙子都落到漏斗底时，天平会再次平衡。

50. 画中的力学原理

【题目】可以确定的说，图43中应用了一些力学原理。但是这些力学原理到底正不正确？

【题解】刘易斯·卡洛尔曾经出过一个很有名的"猴子"问题。而现在问的这个问题正是这个"猴子"问题的变题。刘易斯·卡洛尔提供了一张图（图44），然后问题是这样的：当猴子沿着绳子上爬时，物体会怎样移动？

图43 英国部长向上爬时，装满英镑的钱袋会向下运动（卡利卡图拉）

图44 刘易斯·卡洛尔《关于猴子的问题》

得到的答案自然有很多种。有的人认为猴子爬绳子时物体并不会移动，然而另一些人认为猴子爬绳子时物体会掉下。只有少数人会说物体会和猴子一同向上运动。当然，少部分人的说法是对的[1]，物体的确会向上移动。对照24小节，猴子在向上爬的时候绳子在向下运动，导致物体也被升了上去。

当然，漫画中的钱袋也是一样，当英国部长向上爬的时候，钱袋同样也会向上运动。

51. 滑轮问题

【题目】现在有一个定滑轮，一根绳子挂在定滑轮上，两端分别附有1 kg和2 kg的重物。现按照图45所示将其挂到弹簧秤上。那么，此刻弹簧秤的示数等于哪个重物的重量？

【题解】2 kg的重物当然会掉下，但是它的加速度并非重力加速度g。整个重物组质量为3 kg，而2 kg重物受到的向下合力仅为mg。所以其加速度：

$$a = \frac{mg}{3m}$$

于是，物体的加速度$a = \frac{1}{3}g$，也即重力加速度的三分之一。那么，设2 kg重物重力为P，那么这个力的大小也能确定：$F = ma = \frac{1}{3}mg = \frac{1}{3}P$。

图45 弹簧显示的数字多少

为何其受到的力不是P呢？因为2 kg重物又被一个大小为$P - \frac{1}{3}P = \frac{2}{3}P$的力向上牵引着。于是，这根绳子两端的拉力便均为$\frac{2}{3}P$。那么此时弹簧秤受到的力就应该为两个力的和即$\frac{4}{3}P$，示数即为$\frac{8}{3}$kg。

---

[1] 这是在忽略滑轮和绳子之间摩擦的情况下。如果滑轮和绳子之间摩擦很大，那么物体的确可能不向上移动。另外，还可以推断出的是，这物体和猴子一样重。

52. 圆台的重心会不会改变

【题目】现在有一个圆台，如图46。现
在它较大的底面向下放置。现在如果将该圆
台倒置，它的重心将怎样变化？是移到底面
还是顶面？

图46　圆锥体的问题

【题解】不管怎样放置，物体的重心都
是不会变动位置的，它的位置只由物体质量分布决定。

53. 降落的电梯

【题目】如图47，两部电梯内分别站着一个
人。第一个人在电梯内的秤盘上站着，第二个人站
在电梯内，拿着一杯水。现在，两部电梯的缆绳断
裂，电梯开始下坠，加速度为重力加速度。那么：

（1）下降时秤盘示数会怎样变化？

（2）此时倒置的开口杯中的水会不会流出？

【题解】自由下坠的电梯是一个很特殊的地
方。在电梯内立着的物体的速度会和底座的速度相
同，而悬挂的物体和它们的支点速度相同。所以前
者不会施加压力给底座，后者也不会施加压力给支
点，类似失重。这个电梯内的物体因为和电梯速度

图47　降落的电梯中
的物理试验

保持着一致，所以都会类似失重，物体不会掉到地面上，而是会待在原
地。正因为此，电梯会是一个非常好的失重试验室。

根据上文，这两个问题也就不难解答了：

（1）由于物体不会对秤盘施压，于是秤盘示数为0。

（2）水并不会流出。

这种现象并非只存在于坠落的电梯内。如果某个空间在引力的作用下
进行惯性运动，就会出现这种情况。电梯和电梯内的物体重力加速度均相
等，相对位置也不会改变。

这个现象在技术领域也有可能发生，基尔皮切夫《力学漫谈》和杰伦

教授《技术物理教程》中都有提到。

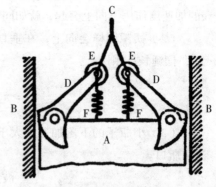

图48　升降机安全钳装置

"矿井中的升降机通常会配备升降级安全钳，可以防止绳索断裂时的危险。如图48，它的一端固定在矿井墙上，另一端吊着载人板，可以保证载人板不会坠落。

"A所示为载人板，B是井墙木桩，C是绳索。此绳索现在不会直接吊起载人板，而是连接了一个支撑点固定在载人板上部的拉杆D。载人板上升时，拉杆将倾斜，并不会碰到B。但若绳索断裂，载人板下降，D则会水平，之后紧紧地卡住B。这样便安全许多。

"现在试着在拉杆上制作转折点，在D末端安装平衡锤E。然而E并没有什么用，绳索一旦断裂，载人板自由落体，E不仅不会产生应有的功能，还会有更大的力施加给D。所以最好将E换成弹簧或板簧F。"

54. 向上的加速落体

【题目】图49显示，有一木板A，其能在两边的竖直槽中向下滑动。A上现有几种物品：

（1）一截两端固定在A上的链条a。

（2）一只易偏摆锤b。

（3）固定在A上的盛满水的小瓶c。

现在A以大于重力加速度g的加速度g_1向下滑动。请问abc分别会出现何种变化？

图49　向上自由落体试验

【题解】如图50。（1）A向下时，由于链条两端被固定，这两端的加速度和木板A保持一致，都为g_1。又因中段加速度g$<g_1$，所以两端的速度比中段部分快些。于是，链条中段则会在方向向上，大小为g_1-

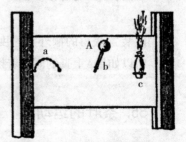

图50　向上加速落体现象

g的加速度作用下向上突起，就如同"向上落体"。

（2）摆锤同样会向上，在垂直位置附近摆动。其摆动一次的时间设为t，摆锤长l，则：

$$t = \pi \sqrt{\frac{l}{g_1 - g}}$$

（3）小瓶子的下落加速度大于瓶中水的重力加速度。于是水会向上流出瓶口。

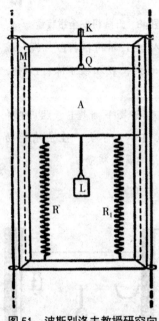

波斯别洛夫教授曾经用自己设计的精密仪器做过这一类的试验。他这样描述他的装置："这装置运动的方向是垂直向下的，它的加速度要大于重力加速度。"图51就是他的装置示意图。当然，还有它的描述。

"M能够沿着垂直方向的金属丝上下滑动，A是我们的主要装置，它同样能够在M内滑动。它的下端被R和R_1两根弹簧固定在M上。A向上时，弹簧R和R_1将被拉紧，需要一个重物L来做到这一点。现将L挂在绳索上，穿过定滑轮K，再连接A的上端。

当A和M都处于静止状态时，A自然位于M的上部。此刻若将M自由落体，此时由于失重，L将不再拉紧弹簧，弹簧收缩，导致A加速向下，获得了比M还要大的加速度。

图51　波斯别洛夫教授研究向上加速落体现象的装置

当然，A上还有很多独立的试验装置。"

此装置获得的额外加速度仅仅为0.9 m/s²，约是重力加速度的十分之一。所以如果A上真的固定着摆锤，它的摆动应该很慢很慢。

55. 茶叶的运动

【题目】茶杯中的茶叶经过搅动会冒上杯口并向杯子的中间靠拢。这是为何？

【题解】杯底的摩擦阻碍了下层水的流动，导致上层水在搅拌时离心力作用比下层水更加明显，于是上层水从中心流向杯子边缘，下层水由杯子边缘流向中心，导致茶叶冒上杯口并向中间靠拢（图52）。

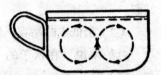

图52　茶杯中的旋涡。选自爱因斯坦的论文

当然别的地方也会出现类似的现象，比如河流的拐点。爱因斯坦曾作过一篇名为《河道回纹原因》的文章，文章中认为正是由于这种水流运动，导致河道的曲率越来越大，形成所谓的回纹。不仅如此，还解释了两种现象之间的联系。图53自然也是出自这篇文章。

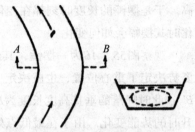

图53　河道弯曲时水漩涡的运动。选自爱因斯坦的论文

56. 荡秋千

【题目】观察图54，你认不认为仅依靠一些肢体动作就能使秋千荡得更高？

图54　秋千的力学原理

【题解】这种说法自然是对的，的确可以使用肢体动作来增大秋千的摆幅。当然，这需要一些条件：

（1）在秋千荡到最高点时蹲下，并保持直到秋千降到最低点。这时站起。

（2）最低点时站直，保持直到秋千升到最高点。这时蹲下。

总的来说，在秋千的一个来回之间需要做两次肢体动作，向下时站起，向上时下蹲。

这种方法从力学角度看确实有其合理性。当人站在秋千上时，人和秋千就相当于一个摆锤。人蹲下时，摆锤重心降低；人站起时，摆锤重心升高。于是摆锤的长度时刻都在变化。那么，现在来分析一下当摆锤长度变化时其摆幅会如何变化。

观察图55。AB为一摆锤，其最大长度为AB'，最小长度为AC'（人的姿势决定了重心位置，也就决定了摆锤长度）。当摆锤下降时B将移动到B'，此时降落的垂直高度长度为DB'，所以这一小段的势能变化将成为上升时的势能变化。由于在最低点处站起，导致摆长缩短到了AC'，此时下降DB'所产生的动能将成为上升$C'H$时的势能并且$C'H=B'D$。于是：

$$B'D = AB'-AD = AB-AB\cos a = AB(1-\cos a)$$

$$C'H = AC'-AH = AC-AC\cos b = AC(1-\cos b)$$

由于$C'H=B'D$，于是

$$AB(1-\cos a) = AC(1-\cos b)$$

$$\frac{AC}{AB} = \frac{1-\cos a}{1-\cos b}$$

$$\frac{AC}{AB} = \frac{1-\cos a}{1-\cos b} = \frac{2\sin^2 \frac{a}{2}}{2\sin^2 \frac{b}{2}} = \left[\frac{\sin \frac{a}{2}}{\sin \frac{b}{2}}\right]^2$$

于是
由于$AC<AB$，于是

$$\sin \frac{a}{2} < \sin \frac{b}{2}$$

此种情况下，ab都为锐角，于是$a<b$。

于是，由于人站起来对秋千施加了作用力，导致摆锤从最低点摆向最高点的距离要比刚开始时的位置到最低点的距离远。

那么现在来看第二阶段（图56），当摆锤最高点到最低点这一段，由于人再次蹲下，导致摆锤长度增加，重物从C到G。那么它下降的垂直高度为HG′。同理，CK′自然等于HG′。那么，由于在最低点人再次站起，则和第一阶段同样的，c的角度大于b。于是便有：c>b>a。

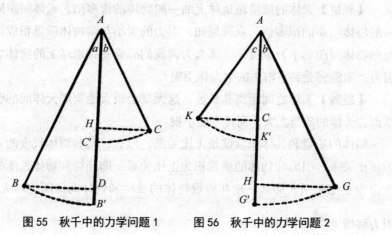

图 55　秋千中的力学问题 1　　　图 56　秋千中的力学问题 2

这样很容易就能得知，每做一个阶段，秋千的摆动幅度就大一些，最后达到玩者所期望的高度。

当然，既然能让它越摆越高，自然也能让它越摆越低，只要按照相反的动作来就可以了，这样便能够"刹住"秋千。

埃亨瓦利德教授曾经做过一个如图57的试验并且把它记载到了《理论物理》一书中，这个试验并不需要秋千，只需要简单的装置即可完成。他说："现在将O环套入一根绳子，一端为a，另一端末端挂重物m。此时当a左右移动的时候，摆锤长度Om自然会变化，这样很容易观察绳子的摆动频率。如果a端找到了合适的相位，并且运动频率是摆动频率的2倍，那么就可以迅速拨动摆锤了。"

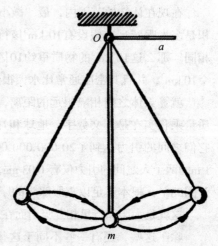

图 57　埃亨瓦利德教授《理论物理教程》中的秋千模型

57. 引力悖论

【题目】 天体的质量是地球上的一般物体的很多倍，天体间距同样是一般物体间距的很多倍。众所周知，引力的大小与两物体质量积成正比，与两物体间距的平方成反比。那么为何我们感觉不到地球上的物体之间的引力，而能感受到宇宙中的引力作用呢？

【题解】 天体之间距离非常远，这无疑会极大地削弱天体间的引力。然而，天体的质量之大，同样不能小视。

物体的质量和其体积应该是正比关系，那么，其和物体长度的立方也为正比关系。引力和物体的质量积为正比关系，即同样和物体长度的六次方也为正比关系。那么，现在假设物体的长度和物体间间距均增大n倍，引力将增大$\dfrac{n^6}{n^2} = n^4$倍。

经过计算，我们就知道为何距离远的大天体比距离近的小天体引力大得多了。若太阳系整体缩小100万倍，那么太阳系物体间引力将缩小到一千万亿分之一。我们的关注点总是在距离上而忽略了物体的质量问题，但那些"微小（天文学中）"的天体在我们看来也是非常巨大的。

在现在认知的范围内，最"微小"的行星体积大约是100 km³。这个体积是多大呢？现在假设有10 km³该行星上的物质，并且假设其密度仅和水相同。那么这10 km³的物质重约10亿吨。当然，一个正常的天体中有很多个10 km³，并且其密度通常比水大很多。

就算天体之间相隔很远的距离，引力也不会减到非常小，因为它们的质量乘积实在是天文数字。地球和月球间距在我们看来是非常远的，但是它们之间的引力达到了20 000 000 000 000 000 t（吨）。相比之下，相距1 m的两个人之间的引力仅有 0.03 mg，相距1 km的两艘轮船之间引力仅有4 g（图58），根本不足以克服双脚的摩擦力以及水流阻力。

这就是太阳和行星相互吸引而在地球上的物体中却显现不出来的原因。

除了这些，还有一些不同于这些的现象。半人马座 α 三星系统是距离太阳最近的恒星系统，其和地球间距为地球与太阳间距的27.5万倍。计算可知此恒星系统对地球的引力达到了100 000 000 t。然而，地球在这样的引力面前却仅仅是每年靠近100 m而已。这一现象首先因为地球的质量太

图 58 两艘重约 20 000 t 的战列舰相距 1 km，以 4 g 的力相互拉近

过巨大，其次就是这一引力并不只对地球起作用，其他的天体同样会受到影响，从而使相对位置保持不变。最后，由于太阳系附近并非只有这么一个恒星系统，其他的恒星系统同样会对地球产生引力，抵消之下，所剩合力寥寥无几。

　　某些人认为两个物体间的引力位于两个物体的中心连线上。这很明显是个偏见，只有在两个物体是均质球体或均质壳体的时候才是这种情况。当物体形状改变，这一条便不再正确。非球状物体的引力将不再和质量成正比关系，也不再和质量中心连间距的平方成反比。齐奥科夫斯基的《天地幻想》中有这么一段：

　　"假设两平行平面之间有一无限大的木板。由于它是无限大，它的引力自然也无限大。当然，根本就没有这样的模板，这只是假设而已。此时它的引力和木板厚度密度都没什么关系，不管离这木板多远，受到的引力都将垂直于木板表面。

　　"若是将地球压成圆饼，压得越薄，其能产生的引力就越小。

　　"另外，质量很大的物体并不一定能对物体造成引力作用。物体只要是在空心球或是空心管中，不论其是否在中心，都不会受到空心球或空心管带来的引力。"

　　必须一提的是，牛顿的定律仅适用于"点"和均质球。

58. 铅垂线

【题目】一般都认为，在忽略地球自转的前提下，靠近地表的铅垂线都会经过地球中心。然而，由于地球上的物体还将受到月球引力，所以铅垂线的指向应该是地月系的质心，这个点和地球几何中心距离很远，大约有4 800 km。由于月球质量是地球质量的八十分之一，地月系的质心自然距离地心要近一些，距离大约也是从质心到月球中心距离的八十分之一。

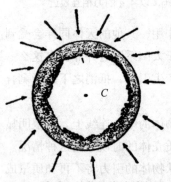

图59　地球上的物体应该偏向哪个点？是偏向地球中心 C 点，还是地球和月球的质量中心 M 点

那么，地球和月球中心点之间的距离是60地球半径，那么地月系质心和地球中心的距离差不多为四分之三个地球半径，也即4 800 km，偏移很严重（如图59）。

然而这种偏移理应很容易察觉才是，为何察觉不到？

【题解】这个题目之中出现了并不容易察觉的推理错误。现在将题目这套理论代入地球和太阳体系，就会推断出一个很荒谬的结果。推断是这样的：地球上的物体同样会受到太阳引力。那么铅垂线交点自然会偏离地球的中心。由于太阳质量是地球的33万倍，地球太阳中心间距约是200个太阳半径。计算之后，发现铅垂线的交点在太阳内部，也就是说，地球上的所有铅垂线都应指向太阳。这的确很荒谬。

不过也好，这有助于我们去寻找推论过程中的错误之处。由于太阳并非只地球上的物体产生引力，还会对地球产生引力。地球获得的加速度和物体获得的加速度相同，获得的靠近太阳的位移也相等。于是，地球和地球上的物体相对位置并不会变化，太阳引力则更不会改变铅垂线的指向。

地月系自然也是如此。月球上的物体可并不会落到地球上。按照上边的正确理论，地球上的物体铅垂线自然指向地球，月球对地球的引力构不成影响，就如同它根本就不存在[1]。

---

[1] 实际上，地球中心到太阳或月亮的距离要比地球表面的物体到太阳或月亮的距离大些，引力大小还是有些差别。这些差异可以通过精密的设备观测到，是物体重量的一种周期性变化。当然，虽说这有一些影响，但是影响很小，不会影响最终的结论。

第二章

液体

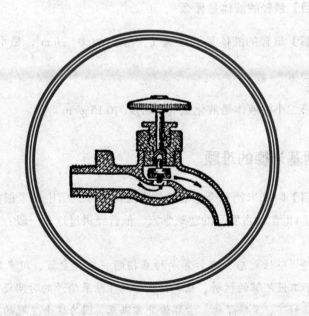

1. 气体和水

【题目】地球上的所有空气和地球上的所有水哪个更重？重多少？

【题解】这个计算比较简单：

大气重量大约等于整个地球范围内10 m深的水的重量，10 m即0.01 km。

海洋的平均深度4 km，面积占地球总面积的四分之三。

若这些水漫布整个地球，则其深度会变成3 km。现在比较二者大小：

$$3 \text{ km} : 0.01 \text{ km} = 300$$

这个式子表明，地球上所有水的重量是地球上所有空气重量的300倍（准确一点则是270倍）。

2. 最轻的液体

【题目】最轻的液体是什么？

【题解】最轻的液体是液化氢气，密度为0.07 g/cm^3，是水的$\frac{1}{14}$，是水银的$\frac{1}{196}$。

密度第二小的液体是液化氦气，密度为0.15 g/cm^3。

3. 阿基米德的难题

【题目】阿基米德和金皇冠的故事流传至今，衍生出了很多的版本。威特鲁维是1世纪时古罗马的建筑学家，他曾经讲过这么一段：

古耶伦[1]夺位之后，他打算向神庙捐赠一顶金皇冠，用来答谢神的庇佑。他给了工匠足够的材料，让工匠去制作。结果给予的时间还没到，工匠就把皇冠做好了，呈给了他。古耶伦非常满意，因为这个皇冠的质量和他给工匠的材料重量相等。然而后来有人传言说，工匠用别的材料替换了其中的金。古耶伦为此非常愤怒，就让阿基米德去调查此事，揭穿工匠的骗局。

---

[1] 传说是阿基米德的亲戚，是锡拉库兹的统治者，并非古代的力学专家格伦。

阿基米德一直在思考着这个问题。

某次，他去洗澡的时候，刚一躺进盆，就发现盆里的水开始向外溢出，并且溢出的水的体积等于自己浸入水中的体积。了解了这里边的因果之后，他马上大笑着跑回了家。

他取来了同质量的金和银各一块，将银块放进了一个盛满水的深容器里。之后，他收集了溢出的水并称重。之后，他灌满水，又把金块放了进去，测量出了溢出的水的重量。这两份溢出的水的体积并不相同，第二份比第一份少些。所以，这两份水的体积差就是同体积金块和银块的体积差。他第三次注满容器，将皇冠放了进去。这次溢出的水比纯金块溢出多——比金块排水量多，但没有银块多。于是，他便可以断定这个皇冠定是掺了银的，从而发现了工匠的骗局。

那么，通过他的办法，可以计算出工匠替换下来了多少金吗？

【题解】用这种办法只能确定皇冠是否为纯金，并不能计算准确数值。然而，若是此皇冠体积刚好等于其所用金的体积和银的体积之和就可以完全解答。

到现在为止，只有很少的金属融合体可以做到这样，金银融合物并不在此列，它的密度要大于金银密度之和。也就是说，如果阿基米德用这种方法，得到的答案中银的体积比正确答案中小一点，因为融合物的密度更大，他认为含金量高一些。

那么这个题该如何解答？梅恩舒特金教授在《普通化学教程》一书中指出："我们可以先确定纯金纯银的密度，之后再确定其合金的密度，做出曲线图来表现密度和其中金银比例的关系。除此之外还将得到一条显示合金中金银密度的直线。如果想要确定皇冠中合金的比例构成，只需要对照一下曲线图就可以了。"

若把银替换成铜，那么金铜合金的体积便会等于金的体积和铜的体积之和，就算应用阿基米德的办法也能够得到正确答案。

4. 压缩水和铅

【题目】用高压试着分别压缩水和铅，哪个更容易一些？

【题解】某些中学教科书上指出了液体有不可压缩性，这导致了"液体无法被压缩，任何情况下受到的挤压强度都比固体小"这一观点的产生。然而事实上，液体并非完全不可压缩，只不过它的压缩性非常弱不容易察觉而已。如果真的比较液体个固体的压缩性，我们会发现液体的压缩性甚至是固体的几倍。

金属中，最容易压缩的就是铅。一个大气压下被彻底压缩后的铅体积会缩小0.000 006倍，水在同样条件下被完全压缩会缩小0.000 05倍，这个数值是铅的8倍了，并非那些错误观点所说。当然，如果跟钢比，那么水的压缩性将是钢的70倍。

最容易被压缩的液体是硝酸，它在上述条件下被压缩，体积将缩小$\frac{1}{340\,000}$，这个压缩性是钢的500倍。由此可见，液体的压缩性比固体要强些。当然，如果和气体比的话，液体的压缩性还是太弱：气体的压缩性是液体的几十倍之多（话虽如此，但是巴塞特试验曾经证明，25 000个大气压下，类似氮气等气体分子密度将达到最大，从而变得完全无法压缩）。

5. 射水

【题目】如图60，有一用上蜡木板粘合起来的，20 cm长、10 c m宽的开口箱子。现在在它里边灌水到10 cm深，之后用枪对它射击。可以看到，箱子会碎成木块，水会化作水雾。这是为什么呢？

图60　朝装有水的箱子射击

【题解】这个现象的出现正是因为液体很难被压缩，以及绝对弹性这一说法。子弹飞行迅速，穿过水的时间很短，水位根本来不及提升，以至于水在一瞬间受到了强大压力，使得箱子碎裂，水自然也会飞散开来。

箱子中的水体积为2 000 cm³，子弹体积为1 cm³。那么当子弹入水瞬间，液体将被压缩到原体积的$\frac{2\,000}{2\,001}$。我们知道，水在1个大气压下将被压缩$\frac{1}{20\,000}$，那么子弹入水所带来的影响将是10个大气压。计算后得出，此时箱子壁和箱子底将会受到10 000 N到20 000 N的力。

同理，水下炮弹爆炸也将带来巨大的破坏力。"就算爆炸点距离潜艇50 m远，爆炸的威力仍将影响水面并使潜水艇受损。"米利凯恩曾如此说。

6. 坚固的电灯泡

【题目】图61中，汽车重0.5 t，活塞直径16 cm。那么，这种情况下的电灯泡还能否在水中保持完好呢？

【题解】想要知道灯泡是否完好，就需要计算灯泡受到的压力。活塞的横截面积为：

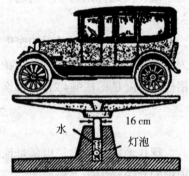

$$S = \frac{\pi}{4} \times 16^2 \approx 200 \text{ cm}^2$$

由于汽车重500 kg，则其重力大约为5 000 N左右，活塞受到的压强为：

$$\frac{5\,000}{200} \approx 25 \text{ N}$$

图61　在这个压力下，小灯泡还能完好无损吗

然而，普通的灯泡却能承受大约27 N/cm²左右的压强，对比之下就会发现灯泡并不会被压坏。

水下的情况也可以使用这个结论，由于普通的灯泡承受能力为27 N/cm²，即2.7倍大气压，那么其最大使用深度为27 m，更深处的话就要使用特制的灯泡了。

7. 在水银中漂浮

【题目】现有等重等直径的均质圆柱两根，分别为铝质和铅质，竖直着漂浮在水银中。现在哪根圆柱沉得更深？

【题解】看起来，圆柱体似乎并不能垂直浮在水上。然而这并不正确，和圆柱高度相比，圆柱的直径只要足够大，便可以竖直着漂在水上。这个问题理应很简单，然而却很有可能得出一些错误观点。

一个纯铝圆柱的长度是和它质量相等直径相同的纯铅圆柱的4.2倍。这

么看来，在水银中漂浮的铝柱似乎要比铅柱沉得更深些。但是，密度更大的铅又似乎比密度更大的铝沉得更深些。

这些观点已经说明是错误的，因为这两根圆柱浸入水银的那部分深度其实是一样的。阿基米德定理指出，物体漂浮时排开的液体质量等于物体质量。那么，由于两根圆柱质量相同，排开的水银质量也应该相同，由此得出其浸在水银里的那部分是等体积的，那么又由于直径相同，则自然也是等深的。

现在又延伸出另一个问题：这两根圆柱留在水银外的长度究竟是什么关系呢？

根据材料密度以及汞的密度计算得出，铅柱暴露在空气中的部分高度为其17%总长度，而铝柱暴露在空气中的高度为其80%总长度。并且由于铝柱总长度是铅柱的4.2倍，那么铝柱80%便是铅柱17%的：

$$\frac{4.2 \times 0.8}{0.17} \approx 20 倍$$

现代地球构造学，也就是地壳均衡理论中也可以应用这一结论。这个理论的起因是由于上层地壳岩层要比下层地幔岩层轻，所以漂浮在上方。这个理论将地壳看成了质量相等但高度不等的一层一层棱镜。所以，稍高的部分密度更小，稍低的部分密度更大。除此之外，根据这些试验结果还可得出：当地下物质缺少时，地表凸起。当地下物置充足时，地表凹陷。

8. 流沙

【题目】阿基米德原理对于颗粒固体是否适用？

沙子上的木质小球会陷进多深？

人的脑袋会不会陷进流沙？

【题解】阿基米德原理并不能直接应用到颗粒固体上。它们的每个颗粒之间有明显的摩擦作用，但在液体中很是微小。然而如果假设颗粒间不受摩擦，那么阿基米德原理就可以适用。如果受重力作用的干燥沙子受到一定频率的震动，便会很容易移动，且适用阿基米德原理。

古柯是一个和牛顿生活在同一时代的著名物理学学者，他在自己的书中提到：

"比较轻的物体根本无法沉入快速震动的沙子，它们会很快浮上来。但重物却会迅速下沉。"后来，这些试验由英国物理学家伯列格借助一些特殊机器（图62、图63）完成。

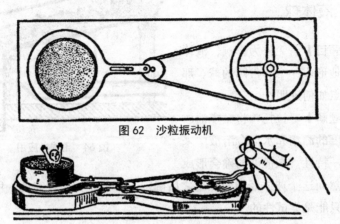

图62　沙粒振动机

图63　带有重物的小人埋陷在沙中，在该机器的作用下，小人将头探到外面

除此之外，斯蒂芬依靠推断总结了阿基米德原理。按照他的推断，掺有空气的沙子的"密度"是1.7 g/cm^3，是木头密度的2倍，现在我们将一个体积等于木球的想象沙球分离出来，于是这个想象沙球受到了两种力的平衡：（1）沙粒间摩擦。（2）支撑物体向下的上层沙子重力。假设将这个想象沙球换成木球，由于其重力比沙球小，导致其自下而上的合力大于自上而下的合力，于是木球就并不会陷下去，当木球陷入沙中部分的质量等于木球的质量时，木球平衡，这种情况也就是木球所能陷得最深的情况。当然，这并不是说木球就一定能陷这么深，也不是说如果木球陷得比这个深就会浮上来——它会受到摩擦力的作用。

当颗粒状物体受到震动时，其就相当于液体了，于是对于不震动的颗粒状物体来说，密度比颗粒状物体大的固体并不会全部陷入沙中，这也是阿基米德原理唯一能够确定的。然而，由于人体的密度比沙子密度小，所以人在陷入流沙时并不会全部陷入，只要不挣扎别乱动，就不会有事，但如果乱动，就只会越陷越深。

当然，除了这些，阿基米德原理在工程学中也有大作用，能够从煤石混合物中提取纯净煤块。具体办法如图64：将混合物置入沙子里，然后自下而上向沙中充入空气以便使沙子流动。之后由于煤块密度小于沙子，石

头密度大于沙子，导致煤块将浮出
沙面，而石头则会沉入沙中。

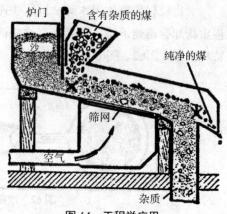

图 64　工程学应用

9. 液体球

【题目】若无外力影响，液体
会自然地形成一个非常圆的球。那
么这一点如何证明？

【题解】普拉托曾将橄榄油放
入同密度的酒精和水混合溶液中来
证明这一特性。橄榄油的确会形成
圆球，然而这个球体经精密测量之后确定不可能是完全规律的，所以这个
试验也只能是尝试性的[1]。

严密的论证只有在不同领域之中的现象能够做出。彩虹的出现就是个
例子。

就算雨水小珠稍微有一点偏离球形，彩虹的形状就会发生肉眼可见的
变化，如果这种偏离更严重些就不会出现彩虹——彩虹的出现前提正是存
在即将自由落体但还并未自由落体的小水滴。第53小节中曾提到，此时的
小水滴处于失重，仅受内力作用。

10. 水滴有多重

【题目】茶炊嘴处滴落了两滴水滴。一滴是在水滚烫
时，一滴是在水冷却后。那么，哪滴水滴更重？

【题解】当水滴的重量大于水珠颈部表面薄膜的拉力
时，水滴才会落下。如图65，设此时收缩的水珠颈部半径
r，表面张力f。则根据公式

$$2\pi r f = 0.0098x$$

得出：

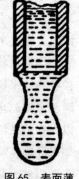

图 65　表面薄
膜的拉力水珠
不掉下来

---

[1]　详见《趣味物理学》第五章。

$$x = \frac{2\pi r}{0.0098} f$$

表面拉力越大，水滴的质量就越大。然而温度每提升1℃，水的表面张力就会减弱0.23%。所以，20℃的水比0℃时弱4.6%，100℃的水表面张力比0℃时弱23%，于是反过来说，当100℃的水冷却到20℃时，水滴的质量会增加：

$$\frac{95.4\% - 77\%}{77\%} = 24\%（这是相当于100℃时）$$

这看起来能够很明显地观察到。

11. 毛细管中的液体

【题目】（1）在1μm直径的毛细管中，水会上升到什么高度？

（2）毛细管中什么液体上升的最高？

（3）在毛细管中冷水上升得高还是热水？

【题解】（1）伯列利定理（也叫尤林定理）指出，管中液体上升的高度和管直径成反比。1 mm直径的玻璃管中，水最多能上升15 mm，那么题目中1μm（0.001 mm）的毛细管中，水最多会上升到原来的1 000倍，即15 m。

（2）上升最高的液体是液态钾，它在直径1 mm的玻璃管中会上升10 cm，也就是说，在1μm的毛细管中它会上升100 m。

（3）液体表面张力越大，上升越高，液体密度越小，上升越高。现设表面张力f，玻璃管半径r，液体密度d，所以这之间的关系式如下：

$$h = \frac{2f}{rd}$$

水温升高使得表面张力减小，比d的减小要快，所以h自然会变小。所以，毛细管中热水比冷水高度低一些。

12. 倾斜管

【题目】如图66，若毛细管垂直，容器中的液体会上升10 mm。但若

毛细管倾斜，和垂直方向呈60°那么水面
将上升多少呢？

【题解】此中液面和毛细管是否垂直
有关。液体上等的垂直高度不变，但呈60
°的毛细管显然有更长的一节水柱，并且是
垂直时候的2倍长。

图66 哪只水管中的液面升得更
高些

13. 液体的移动

【题目】如图67，有两根两头粗细不
一的玻璃管。此时，若在A处滴一滴水银，
B处滴一滴水，则两滴液体均不会静止，而是会运动。

它们为何会运动？会移向细的一端还是粗的一端？

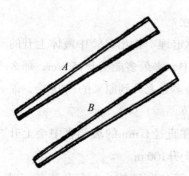

图67 两根锥形细管的问题

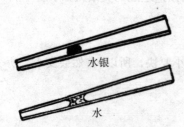

图68 水银柱会流向管宽的那头，
而水柱会流向管窄的那头。利用
水的这个特征可以采取相应的抗
旱措施

【题解】水银不会浸湿玻璃，它在玻
璃管中移动时液体中部凸起。由于窄的那
端水银的曲率半径小，施加的压力相对另
一端大（第69小节中的第3小题讲了这其
中的情况），于是水银滴会向着宽的那边
移动。

和它相反，水会润湿试管表面，从而
使水滴两头凹陷。靠近窄头的那边液体凹
面曲率半径小，曲率大，吸引水向窄头移
动。于是，两根试管中的液体会分别移向
不同的方向。

这种"从宽端移向窄端"的特性在土
壤保湿方面有很重要的意义（图68）。杜
丁斯基是一位农学家，他的著作中记载：
"如果上层的土密，空隙较小，下层的土
松，空隙较大，上层的土就很容易吸取下
层土中的水，但是如果上层土比较松，下
层土比较密，那么由于水不会从窄端流向

宽端，导致上层土很难吸收下层土中的水。"

于是，根据这个可以找到抵抗旱情的方法：经常翻动土壤表层。

"想要保持上层土壤的湿度，就应该尽可能多的去松土，2 cm左右即可。这时，原来的小空隙被破坏形成大空隙，可从表面吸收水分存入地下。并且，由于底层空隙更小，不能将水导向土壤表面，于是有效地防止了水分的蒸发，保存了土壤的水分。"

这个例子很有借鉴意义，如果清楚了它的原理，能带来很多帮助。

14. 反常的浮力

【题目】向一个有水的容器底部放一块密度较大的木板，它毫无疑问会浮起。但是若同样

将一块玻璃板放进水银的底部，它却并不会浮起——虽然水银中的玻璃受到的浮力比木头在水中受到的浮力大得多。

这是为何？

【题解】由于木板底部渗透了水，所以木板才会浮起。这个毋庸置疑。然而为何玻璃就不行呢？要知道，木板不管如何贴近玻璃容器底部，它们之间都会不可避免地留下空隙，于是木板和玻璃底之间的边缘会形成一个向外的凸面（图69），将水吸引到了木板和玻璃底之间的空隙。

当然，水银中的玻璃板就和这个不同了。上一节就说到玻璃并不会被水银润湿，所以在玻璃板和玻璃底之间会形成一个向内的凸面（图70），这个凸面向外施加压力，阻碍着水银进入玻璃板下面。

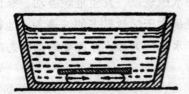 

图69　水流到薄板下方　　　图70　水银没有流到薄板下方

15. 消失的张力

【题目】什么温度下的液体表面张力为0?

【题解】临界温度下液体的张力会消失。这个时候液体将失去再次凝聚成液体的能力，任何一种压力下都将气化。

16. 来自表面的压力

【题目】用多大的力去压液体才会使其受到自身表面的挤压?

【题解】液体表面很薄，仅有5×10^{-8} cm（液体表面膜就是一层分子）。然而，它依旧会对它覆盖的物体很大的压力。某些液体的压力甚至可以达到几万个大气压，即每平方厘米上承重几十吨。正是由于这个压力的存在，液体的压缩性并不强。

17. 水龙头

【题目】如图71，水龙头一般都设置成螺旋状，而不像茶炊那样设计。这是为何?

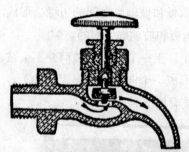

图71　为什么水龙头都安装成螺旋状的

【题解】茶炊的回转式似乎更加方便一些。然而为什么要把水龙头做成螺旋式? 其中原因是回转式水龙头并不适于家庭的自来水管道。若是将水龙头迅速关上，突然停止的水流将使管道系统出现水压现象，发生危险震动。杰伊什教授是水压学教科书的编纂者，他曾比较了水压冲力和火车改变运动状态时的冲击:

"火车制动时，首车厢的缓冲器在所有车厢停动之前会一直受到后边车厢的惯性影响。然后，前边车厢的缓冲器中的弹簧直至所有车厢都稳定下来之前一直会处于拉直状态。缓冲器受到压缩后，会将冲击波从前往后传递。现在如果货车尾部有重型水蒸汽机车，缓冲器的压力就会由该机车转向支杆限动装置并使振动减弱直至停止，之后又传回车头。就这样来回往复不断。那么，第一次冲击波对第一节车的危害力是非常大的（当然对每一节的缓冲弹簧来说都很危险）。

"对于水龙头，虽然水的压缩性比较小，但是关闭水龙头阻碍水流时后面的水流会挤压前面的水流，产生高压。这种高压同样会像冲击波一样以略小于声速的速度往返，当水压波动从始端波及回来时将产生高压震动波。虽然这种高压震动波会慢慢衰减，但是第一次的振动波将会对水龙头末端造成严重威胁，假如水龙头处零件脆弱则很容易遭到严重破坏，毕竟回波的压力是普通流体静力学压力的60~100倍。"

冲击力的强弱和管道长度正相关，管道越长冲击力越强。如果不加以防护，水压产生的冲击波将严重损坏管道，甚至威胁人身安全。于是，缓慢关闭水龙头成了防止此危害的重中之重，管道越长越应该放缓。

由于水压冲击力和管道长度正相关，和关闭水龙头时间负相关，于是设水压能够形成的水柱高度 h，水管中水的流速 v，水管长度 l，关闭水龙头时间 t，试验得出了这样一个公式：

$$h = 0.15\frac{vl}{t}$$

举例：如果水流速度 1m/s，管道长1 000 m，关闭水龙头耗时 1 s，计算得出水管压力将是：

$$h = 0.15\frac{1000}{1} = 150 \text{ m}$$

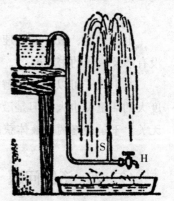

图 72 测量水压的试验

相当于15个大气压。如图72，将一根虹吸管弯成图示样子，留出一分支S并在末端安装龙头H。此时试验观察到了水压冲击现象：H关闭时水流会从S喷泉状涌出，但是水柱高度并不及桌上的小盆。然而如果迅速关闭H，S中水柱高度将超过桌上小盆，也就是说这时的管道压力大于流体静力学压力。

虽然现象如此，但是能量守恒定律依然适用，毕竟用重物压杠杆时另

一端会上升更高，这试验中也是
如此。

　　根据这一理论原理，有人
设计出了如图73的自动冲击扬水
机，既实惠又简便。它基本不需
要保养维修，并且效果拔群：有
时甚至能将水送到100多米高，还
有的昼夜输水能达到2.5×10^5L。

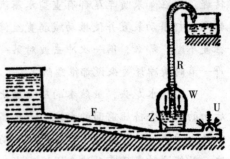

图73　自动冲击扬水机装置示意图。要使扬
水机做功，就应该关闭阀门 U。此时管道 F
中就会形成一个水压冲击力；增加的水压会
冲开阀门 Z，而压缩在 W 中的空气就会将水
挤压上来。压力消失时，阀门 Z 就关闭，阀
门 U 打开；F 中的水流会重新关闭阀门 U，
再次形成水压冲击力。循环往复

18. 液体流速

　　【题目】假设漏斗中装着同
样高度的水和水银，那么谁流出
更快？

　　【题解】众所周知水银密度更大，所以觉得水银流出快似乎并没什
么不对。然而托里拆利却发现这液体流速和液体密度并无关系。他的公式
指出：

$$v = \sqrt{2gh}$$

　　也就是说，液体的流速v只跟重力加速度和容器中液体高度h有关，并
没有涉及液体的密度ρ。

　　这个式子可以这么理解：促使液体流动的力为液体重力，虽然液体密
度大的话重力也大，但是液体本身的质量也大，相互约分之后同样和密度
无关。于是最终两种液体获得的加速度相同。

19，20. 浴缸问题

　　【题目】（1）现在已知浴缸的内壁是垂直的，只灌不放灌满水需要
8 min，只放不灌排空水需要12 min。那么现在边放边灌，需要多长时间灌
满它？

　　（2）一浴缸只灌不放8 min就能够灌满，只放不灌排空水也需要8分
钟。现在打开排水孔之后向里灌水，一晚上时间能剩下多少水？

（3）现在只灌不放灌满水需要8分钟，但是只放不灌排空水只需要6 min。根据这个条件，解答（1）、（2）。

（4）现在只灌不放灌满水需要0.5 h，只放不灌排空水需要5 min。根据这个条件，解答（1）、（2）。

（5）现在，浴缸的排水速度比存水速度快，那么同时灌水排水，浴缸里会存水吗？

现在将问题简单化，不考虑流体压力、排水孔和液体的摩擦。

【题解】现在对于上边的5个题目，每题都分别列出了一个错误答案和一个正确答案。如下：

（1）24 min灌满水。　　（1）怎么也灌不满。

（2）会没有水。　　　　（2）剩余$\frac{1}{4}$高度的水。

（3）会没有水。　　　　（3）剩余$\frac{9}{64}$高度的水。

（4）会没有水。　　　　（4）剩余$\frac{1}{14}$高度的水。

（5）会没有水。　　　　（5）剩余一点点水。

看起来左边的答案很正确。然而真正正确的却是右边的答案。

那么现在来分析一下：

（1）计算出灌满水的时间似乎并非什么困难的事：灌满水需要8 min，1 min灌浴缸的$\frac{1}{8}$。排空水需要12 min，1 min排浴缸的$\frac{1}{12}$。那么1 min剩余的水就应该是浴缸的$\frac{1}{8}-\frac{1}{12}=\frac{1}{24}$，24 min应该就能灌满水了。

（2）1 min灌入的水和排出的水是同等的，那应该永远不会灌满。然而为什么浴缸里剩下了$\frac{1}{4}$的水？

（3）（4）（5）这三题中排空水需要的时间比注满水的时间短得多，理

图74　令人头疼的给水缸注水的问题

应存不下水。但是右边的答案却和我们的想象不符。

这些正确答案看起来并不切合实际，想要得知其原理，还得经过漫长的讨论：

（i）这个问题是格伦阿列克桑德利斯基"水槽问题"的变种，它入选中学习题集已经有了2000多年的历史。从物理学的角度看，这道题的"答案"自然是错误的，一个本就错误的假设引出了这道题的错误答案。这个错误的假设就是认为只要灌水的水流适当，水就会从浴缸中不断流出。事实上，水流速度会随着水面的降低而减缓，并非每一时刻都是同一个速度。于是，每分钟流出的水不可能均为浴缸总容量的 $\frac{1}{12}$。现在排空水总共需要12 min，那么由于刚开始的水面较高，每分钟流出的水定会大于浴缸总容量的 $\frac{1}{12}$，最后水面越来越低，每分钟流出的水渐渐小于浴缸总容量的 $\frac{1}{12}$，并没有哪分钟流出的水正好等于浴缸总容量 $\frac{1}{12}$ 的。

这个题目和马克·吐温的怀表笑话如出一辙：现有一怀表，它的速度并非恒定，上半夜走得快，下半夜走得慢，但是走一圈的时间很准，一昼夜该转几圈就转几圈。

现在，我们可以借鉴（1）的解法来解决怀表问题，并能够用它计时。

解答这种问题时，我们最好考虑题目的自然属性而并非为它的数学简化，这样一来答案就会变得不同。水面不高的时候，排水流量小于总容量的 $\frac{1}{12}$，而当水面高的时候，排水流量就将大于总容量的 $\frac{1}{12}$，甚至等于 $\frac{1}{8}$。于是灌满浴缸之前排水速度就和灌水速度相等了，那么它永远都不可能灌满。

（2）这个题的答案更容易理解。灌水的排水的时间相等，水面低时每分钟灌水量等于总容量的 $\frac{1}{8}$，每分钟排水量则小于 $\frac{1}{8}$。之后随着水面上升，直到一个时刻灌水和排水速度相等。这样一来，浴缸不可能空，计算一下可得水面高度为浴缸高度的 $\frac{1}{4}$。

（3）（4）（5）答案的正确性应该已经没有什么质疑了。排水所用时间比灌水所用时间短，那么浴缸不可能满。然而不管如何，浴缸中总是会剩余一些水，于是，在任何一个有洞的物体内注水，都将存有部分水。

现在我们用数学方法来看看这些题。不难发现，两千年来的中学试题其实并没有想象中那么简单，远远超过了中学生的知识范围。

现在有一个圆柱水槽，在向其中灌水的同时打开排水孔，之后来确定注水时间，排水时间和水面高度之间的关系。我们设以下几个量：

满水时高度H；

灌满水槽所需时间T；

满水水槽排空水需要的时间t；

水槽截面面积S；

排水孔截面面积c；

液面下降秒速w；

排水孔排水秒速v；

打开排水孔时水面高度l。

由此可见，1 s内从排水孔排出的水体积为Sw，并且：$Sw=cv$。

于是可得：

$$w=\frac{c}{S}v$$

根据托里拆利公式得出，$v=\sqrt{2gl}$。又可知只灌不放时液面上升速度$w=\frac{H}{T}$，若是水面保持恒定，则水面上升速度等于水面下降速度，此时：

$$\frac{H}{T}=\frac{c}{S}\sqrt{2gl}$$

计算求得

$$l=\frac{H^2S^2}{2gT^2c^2}$$

这里的l便是水面所能达到的最大高度。由于S，c，g均为固定值，那么便可以简化它。开始排水后水面下降为匀变速[1]运动，初速度w，末速度0。于是根据此式：

$$w^2=2aH$$

----
[1] 这个推论不进行论证。

求得该运动的加速度a：

$$a = \frac{w^2}{2H}$$

将 $a = \frac{w^2}{2H}$ 代入，可得：

$$a = \frac{c^2 v^2}{2S^2 H} = \frac{c^2 \times 2gH}{2S^2 H} = \frac{gc^2}{S^2}$$

由于 $H = \frac{at^2}{2}$，将a代入，得：

$$H = \frac{gc^2 t^2}{2S^2}$$

由此解得：

$$t^2 = \frac{2HS^2}{gc^2}$$

将这个式子代入 $l = \frac{H^2 S^2}{2gT^2 c^2}$，得：

$$l = \frac{H^2 S^2}{2gT2c^2} = \frac{H \times HS^2}{2T^2 \times gc^2} = \frac{Ht^2}{4T^2}, \quad \frac{l}{H} = \frac{t^2}{4T^2}$$

液面高度是总高度的一部分，可以通过 $\frac{l}{H} = \frac{t^2}{4T^2}$ 这个式子求出。

不难看出，这个液面的最大高度和水槽的形状大小，以及排水口的形状大小，甚至重力加速度g都没关系，不管是在地球，火星还是木星，液面的高度都是一致的。

现在用刚才得出的公式来解决问题。

（1）中，$T = 8\min$，$t = 12\min$，此时 $\frac{l}{H} = \frac{12^2}{4 \times 8^2} = \frac{9}{16}$，于是在到达这个高度后，无论经过了多长的时间，浴缸里的水都只有满状态下的 $\frac{9}{16}$。

（2）中，$T = t = 8\min$，$\frac{l}{H} = \frac{8^2}{4 \times 8^2} = \frac{1}{4}$，浴缸被灌满 $\frac{1}{4}$。

（3）中，$T = 8\min$，$t = 6\min$，$\frac{l}{H} = \frac{8^2}{4 \times 6^2} = \frac{9}{64}$。

（4）中，$T = 30\,\mathrm{min}$，$t = 5\,\mathrm{min}$，$\dfrac{l}{H} = \dfrac{5^2}{4 \times 30^2} = \dfrac{1}{144}$，

（5）中，已知 $T > t$，$\dfrac{l}{H} = \dfrac{t^2}{4T^2}$ 这个式子只有在 $t = 0$ 且 $T \neq 0$ 时（浴缸瞬间排空水，然而这不太可能），或者在 $t = 0$ 且 $T = \infty$ 的时候式子为0（相当于流量为0，没有灌水）。

也就是说，开始灌水，浴缸不是瞬间排空，$\dfrac{l}{H}$ 就不为0，这个容器永远会剩余一部分水。

在灌水一段时间之后开始排水的话，浴缸能不能被灌满呢？

当 $l = H$ 时，$\dfrac{t^2}{4T^2} = 1$，求得 $t = 2T$。也就是说，当灌水时间是放水时间的2倍时，这个正在排水的浴缸才会被灌满。

现在我们来计算一下使浴缸里的水达到某个高度所用的时间。当然，这个问题需要积分，我们展示了一些公式，不了解积分的读者可以直接看最后结果。

现在分析，在只灌不放的情况下液面上升的速度 $\dfrac{H}{T}$ 减去只放不灌时液面的下降速度 $\dfrac{c}{S}\sqrt{2gx}$ 即可得到一边灌水一边排水时液面的上升速度。

$$\frac{\mathrm{d}x}{\mathrm{d}t} = \frac{H}{T} - \frac{c}{S}\sqrt{2gx} , \quad \mathrm{d}t = \frac{\mathrm{d}x}{\dfrac{H}{T} - \dfrac{c}{S}\sqrt{2gx}}$$

现在，设想要达到 x=h 所需时间 Θ，此时有方程：

$$\int_{\Theta}^{0} \mathrm{d}t = \int_{\Theta}^{0} \frac{\mathrm{d}x}{\dfrac{H}{T} - \dfrac{c}{S}\sqrt{2gx}}$$

若要求得 Θ 则需要对此方程积分，得到：

$$\Theta = \frac{S}{gc}\left[\sqrt{2gh} + \frac{HS}{Tc}\ln\left\{ \frac{\dfrac{H}{T} - \dfrac{c}{S}\sqrt{2gx}}{\dfrac{H}{T}} \right\} \right]$$

（ln为自然底数e的对数）

这个方程并非最简方程，现在根据

$$\begin{cases} wS = vc \\ v = \sqrt{2gh} \end{cases}$$

得出：

$$w = \frac{\mathrm{d}h}{\mathrm{d}t} = \frac{cv}{S} = \frac{c\sqrt{2gh}}{S}$$

求得：

$$\mathrm{d}t = \frac{S}{c\sqrt{2g}} \times \frac{\mathrm{d}h}{\sqrt{h}}$$

再根据

$$\int_t^0 \mathrm{d}t = \int_0^k \frac{S}{c\sqrt{2g}} \times \frac{\mathrm{d}h}{\sqrt{h}}$$

得出：

$$t = \frac{2S\sqrt{h}}{c\sqrt{2g}}$$

此时我们可以得到 Θ 的又一个公式：

$$\Theta = -t\sqrt{\frac{h}{H}} - \frac{t2}{2T}\ln\left(1 - \frac{2T}{t}\sqrt{\frac{h}{H}}\right)$$

这个公式里并没有出现水槽截面面积 S，排水孔截面面积 c 及重力加速度 g，证明 Θ 和这三个量并无关系，于是我们可以得知，不管在哪个星球，灌满水槽的时间均相等。

然而，并无法指出在什么时候水槽内水面达到最高。因为无论多长时间水槽内的水都不可能达到最高，越接近临界点水位上升越慢，真的要回答也只能回答无限长了。

但是，如果想要解决实际问题，还得是换一种提问方法才行，从本质上来说水位到达最高点还是到达最高点的百分之一并没什么可比性，然"即将到达最高点"这一水位所需的时间是可以计算的。现在设理论最大高度 L，$h=0.99L$，将之代入

$$\Theta = -t\sqrt{\frac{h}{H}} - \frac{t2}{2T}\ln\left(1 - \frac{2T}{t}\sqrt{\frac{h}{H}}\right)$$

求得 $\Theta = 2.15\frac{t^2}{T}$。那么现在分别来计算这五个问题：

（1）$T=8$ min，$t=12$ min时，$\Theta = 2.15\dfrac{12^2}{8} = 38.7$ min，于是在约39 min的时候液面达到固定高度。

（2）$T=t=8$ min时，$\Theta = 2.15\dfrac{8^2}{8} = 17.2$ min，于是在约17 min后液面达到固定高度。

（3）$T=8$ min，$t=6$ min时，$\Theta = 2.15\dfrac{6^2}{8} = 9.7$ min，于是在约10 min时液面达到固定高度。

（4）$T=30$ min，$t=5$ min时，$\Theta = 2.15\dfrac{5^2}{30} = 1.8$ min，不到2 min即可达到最大高度。

最后一点，如果想在开着排水孔的时候灌满水，那么必须存在前边的假设，于是$t=2T$。那么：

$$\Theta = 2.15\frac{t^2}{T} = 4.3t = 8.6T$$

水槽问题就到此为止，这真正的计算方法可比那些鲁莽地向中学生们提出这种"水槽问题"的人所想的复杂难懂许多。

21. 水流漩涡

【题目】浴缸排水时经常会在排水口附近形成漩涡。那么它的方向是怎样的？

【题解】几年前这个问题就已经引起了著名数学家格拉维的注意。他曾这样写道："在水槽利用底部的排水孔排水时，在排水孔上方会形成一个漩涡，它呈漏斗状，在北半球会逆时针旋转，在南半球却顺时针旋转。读者们可以试着做一下试验看看我说的是否准确，在水中放一些碎纸屑可以更好地观察这一现象。这个地球自转试验在家里就能很轻松完成。"

他还得出了一些其他结论："水轮机中的理论也是如此，地球的自转能够帮助卧式水轮机逆时针旋转，而不能帮助水轮机顺时针旋转，那么我们在订购水轮机时，其转向应该是我们所要挑明的一条重要标准。"

这一结论似乎很正确：地球的自转可以导致气体旋转时出现漩涡，还会使右侧铁轨磨损更严重，等等，那么它似乎也能影响水轮机。

　　然而，我们并不能就这么轻易地相信，总要来证实一下。然而当证实过后我们发现，假如试验对象不是同一个水槽或水轮机，那么水漩涡还有顺时针旋转的时候，运动方向不稳定不说，运动趋势也并非很明显（我曾经试着证明这一点。当时，我邀请了一些科普杂志读者，组织了一次针对格拉维推断的集体测验，我们每个人都观察了很多次现象，比如水槽，洗脸池，浴缸等等，观察它们排水口处的漩涡。事实结论告诉我，漩涡逆时针旋转的次数并不像想象中那么多）。

　　此处设"科里奥利索夫加速度"，即回转加速度为a，水流速度v，地球自转角速度ω，试验所在地纬度φ。那么$v=1\,\text{m/s}$，$v=\dfrac{2\pi}{86\,400}$，$\sin\varphi=\sin 60°=0.87$，则根据下式：

$$a=2v\omega\sin\varphi$$

可得$a=\dfrac{2\times 2\pi\times 0.87}{86\,400}\approx 0.0001\,\text{m/s}^2$。众所周知$g=9.8\,\text{m/s}^2$，那么此回转加速度便是重力加速度的$\dfrac{1}{100\,000}$。由此可见，此时只要水槽排水口出并非平整或不太规则，就会对水流的流向产生比这个加速度大得多的影响，因此可以说，影响水漩涡流向的主要是水槽底部形状以及其是否平整，并非地球的自转。

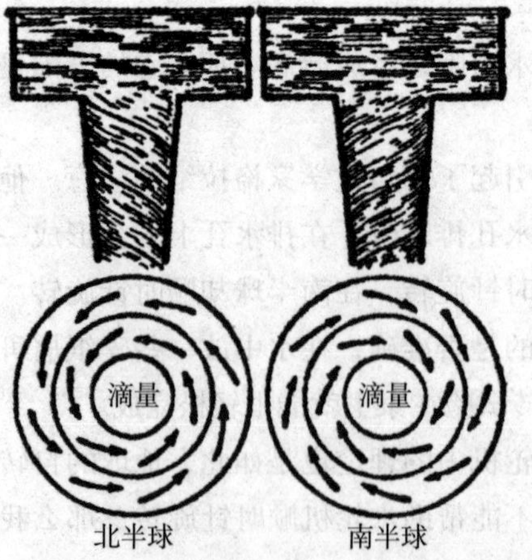

　　那么这道题目的答案也就呼之欲出了：排水口附近的漩涡方向并不能由计算确定，因为它取决于实际情况。

　　除此之外，计算得出在这种液体中由于地球的自转所形成的漩涡直径非常大，比排水口大得多。比如在圣彼得堡市，流速$v=0.5\,\text{m/s}$时漩涡的直径为9 m，$v=1\,\text{m/s}$时漩涡的直径为18 m，由此可见该直径与流速成正比。

　　现在再看地球自转对水轮机做

图75　漩涡运动示意图：上面显示浴缸在流水，下面显示旋流器中的空气

工的影响。某种理论指出，地球的自转会使旋转轮状物的轴线和地轴趋于平行且方向相同。别利曾写过一本关于旋转体的书籍，其中这样说："绕周线旋转的物体，其轴线总会趋于偏向北极星，但是这也仅仅是趋势，它们无法挣脱束缚。"

于是，根据全文可以得出结论，那就是只要排水口不很规整有摩擦，地球的自转对排水口漩涡流向影响就特别小，格拉维的说法也就不是特别的准确了。

22. 雨季和旱季

【题目】如图76与图77，河水中部为何会出现雨季凸起旱季凹陷的现象呢？

【题解】雨季时，由于中部和水流速比两侧河水流速快，导致河水中部流量相较两侧大些，通过的水量大，以至于河水表面凸起。正好相反，旱季时，同样由于中部河水流速比两侧快，导致失水更加严重，以至于河水表面凹陷。

河道越宽阔，此种现象就越明显。列克留曾在《地球》一书中指出："雨季时，密西西比河中部水面比两侧水面高出大概1 m。伐木工都明白这种现象，如果在水中放入木材，雨季时它们会被挤到河的两侧，而在旱季时则会聚集在河水中央。"

图76 春汛期间的河水表面

图 77　枯水期的河水表面

23. 波浪

【题目】为何波浪在拍打海岸时会呈现出如图78这样的形状？

【题解】该现象之所以会出现是由于水表面的速度取决于水深，而波浪的波峰水比较深，波浪的波谷水比较浅，导致波峰的水流动快些，以至于形成了图中的那种弯曲状。

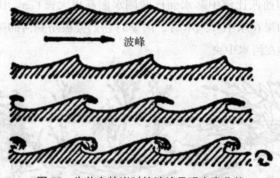

波峰

图 78　为什么拍岸时的波峰呈现出弯曲状

根据这个原理，还可以解释为何撞到海岸的浪脊总是平行于海岸。因为在波浪靠近海岸时减速，导致海浪在朝向海岸的过程中不断变形，最终保持平行。

第三章

气体

1. 空气的主要组成

【题目】众所周知，空气是由三种主要成分组成，那么第三种是什么呢？

【题解】很多人依旧认为空气中含量仅次于氮气和氧气的是二氧化碳，然而这是不正确的，空气中含量第三的气体为一种惰性气体氩气，其含量约占空气的0.94%，而原以为排第三的二氧化碳只占空气的0.04%。

2. 什么气体密度最大

【题目】密度最大的气态元素是什么？

【题解】大家似乎都认为答案是密度为空气2.5倍的氯（Cl），然而，在不考虑会放射性衰变的氡（Rn）的前提下，气态元素中密度最大的是氙（Xe），其密度是空气的4.5倍，非常稀有，150 m^3的空气之中才含有1 cm^3的氙。

当然，如果题目的范围改变成"密度最大的气体"，那么比氙密度大的气体就比比皆是了，比如密度是空气5.5倍的四氯化硅（$SiCl_4$），密度是空气6倍的羰基镍簇（$Ni（CO）_4$），以及密度是空气10倍的密度最大气体六氟化钨（WF_6），其沸点为+19.5℃。

除此之外，比氙密度更大的汽体（不同于气体，其温度低于临界温度）有密度是空气5.5倍的溴（Br）及密度是空气7倍的汞（Hg）。

3. 20 t 的压力施加在人身上会如何

【题目】现在假设某人的表面积为2 m^2，那么他能够承受20 t的气压吗？

【题解】这个问题在教科书以及科普读物上普遍被认为"没有意义"。现在我们思考一下这20 t的重量从何而来。

由于大气压强固定，则每平方厘米的人体表面就会受到1 kg的压力。那么现在题目中给出人的表面积为2 m^2即20 000 cm^2，那么人受到的压力自然为20 000 kg也就是20 t。这一说法正确与否？

人体并非一张纸片，那么在人体上受到的力方向自然不同，单纯的加和确实很费时费力且毫无意义。当然，可以通过矢量加法计算求出这些力的矢量和，但是得出的结论是其矢量和与身体内部空气重量相同，单说表面压强，则计算所得确实是1 kg/cm²。

然而此压强有内部压强进行着平衡，导致其绝对值远远不够1 kg/cm²，只有10 g/mm²，否则我们身体细胞的细胞壁就会被压坏掉了。

当然，如果你按照下边两种方式体温，就很容易得到大气压力数值：

（1）身体上部受到的大气压力是多少？

（2）身体两侧受到的大气压力分别是多少？

第一个问题需要用到身体的横截面积（约为1 000 cm²），计算可得到的大气压力为1 t。

第二个问题需要用到身体的纵截面积（约为5 000 cm²），计算可得到的大气压力为5 t。

然而，这看似可怕的数字其实也不过如此，和1 kg/cm²没什么区别。

由此可见，这道题确实如那些教科书和科普读物所说那样毫无意义，除非总压力是一个运动的力，比如水蒸气施加在活塞上的力等等。如果强行将之应用在人体身上，那么正如图79所示，确实有些荒谬。

图79 人体能承受着 20 000 kg 的重量

4. 维持呼吸需要多大的力

【题目】呼吸时呼出的气体压强大于大气压还是小于大气压？

【题解】有结果显示正常呼出的气体压强约比大气压大0.001 at。当然，如果你选择吸气之后憋一会儿再呼气，那它的压强就会大些，约比大气压大0.1 at，即76 mm汞柱。这点汞的重力即是我们呼气所用的力。如果你试着向水银气压计中吹气，水银柱大约能够上升7 cm到8 cm，然而如果是有经验的吹玻璃艺人，则能够使水银柱上升30 cm或更高。

5. 火药压强

【题目】若想将炮弹成功发射，那么膛中火药需要产生多大的压强？

【题解】一般来说，目前的炮弹想要成功发射需要7 000 at也就是约70 km水柱的压强。

6. 水为何不会流下

【题目】如图80，众所周知，很多初级教科书及一些百科全书上边都有这样一个试验：在盛满水的杯子上扣置一纸片，之后将杯子倒置，那么此时杯子中的水不会流出。

图80　为什么纸片不会掉落

在这些书中均提到，这是由于纸片下方所受大气压强大于纸片上部所受压强，导致纸片不会掉下，水不会流出。然而，这个理论真的正确吗？来计算一下。现在假设其正确，则纸片下方所受压强约为1个大气压。现在设杯子杯口直径7 cm，于是纸片所受作用力可求，为 $\frac{1}{4}\pi \times 7^2 \approx 38$ kg。但是正常生活中，让纸片下落的力根本不必这么多，只需要轻轻碰一下就掉了，然后水也会一下流出。并且，重力比这个力小得多的薄金属片等物均不能在"大气压的作用"下将水"禁锢"在玻璃杯内，于是这个说法似乎并不正确。那么，水为何不会流下呢？

【题解】其实就算纸片和杯子贴的再紧，杯子中也还是会有空气存在，此时将水杯倒置，纸片中部会稍稍凸起，杯子的底端肯定会有一小层空气，此时纸片不会掉落。但是，如果把纸片如果换成无法凸起的比如薄金属片或者薄木片就不再"禁锢"杯中水，而是会马上掉下。

杯底留下的空隙要比刚盖上纸片时留给空气的空隙要大一些（因为纸片凸起了），所以导致空气的压强减小。此时，外部大气压和内部大气压以及水的重力相平衡。但如果稍微用点力，就会打破这个平衡，从而弄掉纸片，水也会流出。

一般来说，这个纸片的凸起幅度并不大，因为杯内空气稀薄百分之
一即可做到不掉落，并且当空气稀薄百分之一时杯中的空间定是增大了百
分之一。现在假设杯中原来的空气层是0.1 mm，那么纸片凸起的高度只有
0.001 mm，确实微不足道。

很多书籍中说这个试验能够成功完成的前提是杯子里的水必须满，
因为"如果杯中存在气体，那么两边的气压均衡，纸片会因为水的重力而
掉落"。然而这种说法并不正确，就算水没有满，纸片仍然安稳地贴在杯
口。此刻把纸片弄平，杯内就会因空气稀薄而出现一些气泡（外边的空气
渗透了进去）。将水杯倒置，此时水往下挤压空气，上层空气将变得稀
薄，纸片也就紧紧地贴在杯口，上层空气越稀薄，纸片贴得越紧。

然而现在就出现了一个看似很荒谬却很有意思的问题：为何需要一张
纸片挡住杯中的水？大气压不能直接作用在水上阻止水流出吗？

回答这个问题之前，我们需要对纸片的作用进行进一步的探究。

现在如图81，这是一根U型虹吸管，在其中装满液体（无论是不是
水），此时只要它的两端处于同一水平面，其中的液体就不会流出，然而
当它的两端不处于同一水平面时，不论这个高低差距多么微小，虹吸管中
的水都会从较低的端流出，并且一旦开始，流速就会因为两端的水面高度
差增大而加快。

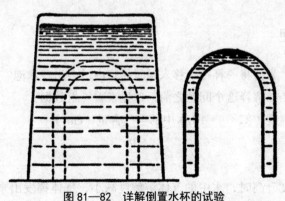

图81—82　详解倒置水杯的试验

根据这一现象，可以看出纸片的作用就是让水面保持在同一水平面上
（图82）。

7. 飓风和水蒸气

【题目】飓风产生的压强和水蒸气机气缸做功时产生的压强孰大孰小？

【题解】飓风强大的破坏力在于其总压力巨大，而不在压强。就算飓风的破坏力再可怕，它能造成的压强也不比水蒸气做功时的压强：它在每平方米上的压力约为300 kg，换算下来，其产生的压强仅仅有0.03 at。然而，最普通的气缸在做功时都能达到几十个大气压甚至更高，是飓风产生压强的几百倍。

就算是用嘴吹出的气流其速度也比飓风大几十倍，然而气体流量不大，无法像飓风那样吹动一些牲畜之类的东西。

8. 含氧气多的气体

【题目】我们呼吸的气体和鱼类呼吸的气体中，哪种含氧量更大？

【题解】众所周知，空气中的含氧量为21%，而氧气在水中的溶解程度是氮气的2倍。于是，水中的含氧量更高些，约为34%。

9. 水泡

【题目】为何将一杯冷水移入温暖的室内后会出现水泡？

【题解】在解释这个问题之前，首先来看一组数据：

自来水温度（℃）	1 L水中的空气含量（cm^3）
10	19
20	17

冷水温度升高时，水中的气体溶解度减小，气体挥发出来一部分形成水泡。

根据上边的数据，在温度从10℃升高到20℃时每升水中会逸出2 cm^3的空气，即2 000 mm^3的空气。如果按1个水泡直径1 mm算，在上述条件下，大约是几千个水泡。

当然，水龙头流出的水中水泡的产生是另一个原因。因为输水管道中压强大于大气压，所以水中溶解有比平常更多的空气，然后从水龙头中流出之后，水受到的压强减小，水中有多余空气逸出，就形成了气泡。

10. 云彩为何不会掉下来

【题目】为什么云彩不会掉到地下？

【题解】很多人会用"水蒸气比空气轻"这一观点来说明这一现象。这观点的确没错，水蒸气确确实实比空气轻，然而云彩却并非水蒸气组成，而是小水珠组成的。因为水蒸气是无色的，云彩如果是由水蒸气组成，那它肯定是透明的，然而却并非如此。那么，现在又回到了这个问题上：既然云彩是由小水滴形成的，那为什么不会掉到地面呢？

曾经有一种说法是：云是由充满水蒸气的水气泡微粒组成。然而这种说法也被证明是错误的，真正的云是由非常非常小（直径大约0.001 mm）的小水滴组成，它们遇到的空气阻力非常大，导致其最终的匀速下降速度仅为1 cm/s，十分缓慢，就算是一个很小的上升气流就可以阻碍它们的这种运动，甚至让它们上升。

所以说，云彩并非没有下坠，它要么下坠太缓慢看不太出来，要么被上升气流托住，导致我们观察不到它的下坠。

当然，空气中的尘埃能够飘浮在空气中也是同样的道理。

11. 球和子弹

【题目】飞行的子弹和被扔起的球所受的空气阻力一样大吗？如果不一样大，哪个更大？

【题解】凭直觉的话很多人会认为子弹在空气等轻介质中所受阻力很小，然而事实正好相反，子弹由于速度太快，受到的阻力非常大。一般的步枪射程有4 km远，然而在没有空气阻力的情况下步枪的射程能够达到80 km，是4 km的20倍。这真的可能吗？

通过一些常识我们得知，子弹在射出枪口时的速度为900 m/s。现在如果想要使这只子弹飞行距离最远，就应该使其初速度方向与水平面呈45°角（根据力学原理）。此时设初始速度v，重力加速度g，其飞行距离L，那么：

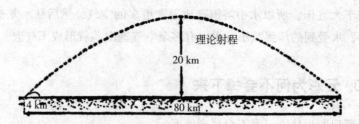

图 83 空气是如何影响子弹飞行的；子弹射程不是 80 km，而是 4 km

$$L = \frac{v^2}{g}$$

将v=900 m/s，g=10 m/s^{2}代入该式得：$L = \frac{900^2}{10}$ = 81 000 m=81 km 的确是4 km的20倍。

那么，为什么空气会对高速飞行的子弹产生这么大的影响呢？

原因就在于介质的阻力和速度的某次方成正比。于是，20 m/s的球所受阻力就非常小了，真空中，沿着和空气中一样的初速度和方向去抛球，飞行的轨迹虽然会有变化，但是基本是一致的（图84）。

图 84 空气是如何影响球运动的，球飞行时形成的不是抛物线（虚线），
而是弹道曲线（实线）

12. 气体的质量

【题目】既然物理学告诉我们，气体分子一直在无规律运动，那为何分子的质量能够施加在真空的容器底？

【题解】这确实很难理解，并且很多物理方面的书籍也没有过多关于此的解释。然而，这个很难解释的问题却是非常基础的，其中原因就是容器上下气体密度不同，上部的密度会比下部小一些，而密度小的气体对容器施加的压力小，于是气体对容器下部的压力大于气体对容器上部的压力。

其实通过计算可以得出一个有趣的结论：这个压力的大小刚好等于容器中气体的重力……

经由拉普拉斯公式可得，常温下的空气每升高20 cm，密度和压力就会减少$\frac{1}{40\,000}$，也就是说，容器底部空气密度比上部空气密度要大$\frac{1}{40\,000}$，压力也比上部空气大$\frac{1}{40\,000}$，上下部空气压力差为$\frac{1}{40\,000}$个上部大气压。于是，若将此空气加压到n个工业大气压，它施加给100 cm^{2}的所有压力大小就为$1\,000 \times n \times 100 = 100\,000\,n$。

那么底部受到的压力将是这个数值的$\frac{1}{40\,000}$即：$\frac{100\,000\,n}{40\,000} = 2.5\,n$。

现在，该容器体积2 L，且常温常压下1 L空气约重1.25 g，于是容器中空气总重为2.5 n。

这个问题得到了解决。

13. 大象

【题目】如图85，大象淹没在水下时可以把鼻子伸到水面上呼吸。然而就算最擅长水性的人类淹没在水下，将管子当作象鼻呼吸时，耳朵、鼻子和嘴却会不断流血，如果不及时治疗甚至还会死亡。这是为何？

【题解】这种非常"适用"的潜水办法早在古代和中世纪就有人提出了。《征服深度》一书的作者格尤恩特在书中写道："之前的人们认为，只要穿着不透水的潜水服，并设法将

图85 为什么人不能像这样模仿

潜水服和水面用导管相连，那么就可以自由地，不受时间限制地潜入水下或在水底漫步。一些来自15世纪的图片证明了这个观点的确存在过，并且，公元前350年的亚里士多德也曾比较象鼻和潜水导管，他的观点带给了我们一些启示。"

然而这个想法并不真实，事实上，试验证明如果潜水员真的这么做了，他的耳鼻口中都会出血，留下极其严重的后遗症甚至危及生命。

第一次世界大战之前不久，维也纳学者什基格列尔进行了一个相关的研究，科学地解释了为什么人不能像大象那样在水下用某种导管呼吸。

叼起一根30 cm长的粗管，然后捏紧鼻子沉入水底。现在你会发现水才刚刚没过你的头几厘米，你就开始呼吸困难了，之后将管子加长，继续下沉，在大概没过脑袋1 m的时候呼吸就完全停止了。这是试验发现，如果这么做的话，正常人在60 cm深的水下能够坚持3 min，在1 m深的水下能够坚持30 s，这已经大大缩短了承受时间。如果继续加深，在2 m深的水下根本无法适应，心脏膨胀，最后卧床不起。

原来，执行这个行为时人的胸腔，肺部和心脏都承受着大气压力，身体外部会受到来自水的压力。这来自水的压力过大则会导致呼吸不畅，并且使血液循环减弱，将血从四肢出挤压出来，阻碍心脏回收血液。什基格列尔在用小动物做过试验后得出了一系列的结论：

"如果潜入一个较深的距离，那么血液循环功能将持续下降，造成心脏间歇，脉搏时断时续，此时如果继续下潜，外部压力就会越来越大，各项身体机能也将衰退，心肺血液循环停止，最后导致呼吸渐渐中断。

"把进行过上边这些试验的可怜动物解剖后发现，它们的腹腔均严重失血，在胸腔内的肌体上切开小口甚至不会有血流出。然而胸部器官则正相反，过度充血导致心脏以及血管崩裂，肺部也难以幸免。

"根据这些试验可以得知，经过这种行为之后耳中会流血正是因为压力过大导致耳膜内充血（图86）。"

那么有些人就该问了，为何潜水的时候我们潜水深度同样很大，却并不会受到这样的伤害呢？由于潜水时吸入了大量空气，在潜到深处的时候肺中的空气压力同样增大，和外部水压相抗衡，使心脏不至于充血。同样的，身着密闭潜水服时也会利用潜水服中的空气压力和水压抗衡，保护我们的身体不受伤害。当然，如果我们的身体能像大象那样结实健壮，自然也能像大象那样做了。

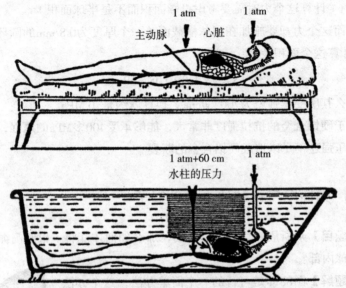

图86　当人处在空气中（上图）和浸在水中（下图）时，
受到一个大气压作用后，人体分别会有什么样的变化。
插图解释了，为什么人不能像大象那样在水下呼吸（图85）

14. 平流层中的气球为何不会爆炸

【题目】平流层中有一球形气球吊篮，其材质为科尔楚吉诺硬铝合金，厚度为0.8 mm，直径为2.4 m，在飞行的时候内部气压不低于1个大气压。当球在距地面22 km的高空飞行时外部压强大约是0.07 at，此时计算得出吊篮受到的内部压强为0.93 kg/cm^2，那么经由计算，其内部的总压力甚至可以达到40 t。那么，为何处在这个压力条件下的球体却没有如预想中那样炸裂呢？

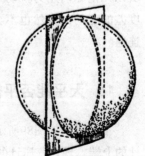

图87　平流层气球吊舱圆
面的大小

【题解】总压力确实很大，然而这并不能说球体会破裂。

现在计算球体受到的总压力N：

$$N = 0.93 \times \frac{\pi}{4} \times 240^2 \approx 42\,000\ \text{kg}$$

约为42 t（计算这个力时需要考虑投影面积而不是半球面积）。

然而这个力却要施加在圆球横截面（一个厚度为0.8 mm的圆环）面积S上。计算这个面积大小：

$$S = \pi \times 240 \times 0.08 \approx 60\ \text{cm}^2$$

那么其所受压强就为700 kg/cm²，换算就约是70 MPa。

由于硬铝合金的抗拉强度非常大，能够承受400多MPa的压强，所以这样一个压强还不足以造成硬铝合金的断裂。

15. 如何向气球球体中导入绳子

【题目】众所周知气球是密闭的，那么如何才能将一根阀门绳安全地导入气球内部？

【题解】图88即是可行的一个简单办法，这个办法是皮卡尔教授想出来的。正如图上所示，在气球内部安装一根较长的弯曲虹吸管，在里边注入汞。此时气球内部压力无论如何也不会比外界高出1个工程大气压，于是虹吸管两端中汞的液面高度相差也不会超过76 cm。此时气球仍然密闭。现在想导入阀门绳就可以使阀门绳穿过虹吸管进入气球内部，此时绳子一直浸泡在水银中，所以无论如何用力拉动绳子都不会引起两个汞液面间高度差的变动，自然也不会使气球内部的空气与气球外界连通。

图88　皮卡尔如何将阀门绳导入吊舱

16. 天平能否平衡

【题目】如图89所示，在天平的一侧放有砝码，另一侧缚着一只气压计的上端。现在气压计的示数发生了变化，天平还能保持平衡吗？

【题解】很多人都认为由于气压计中水银和底部水银相连通，于是其

示数不管如何变化都不会对天平的平衡产生
影响。然而事实却正好相反，不论气压计示
数如何变化，都会对天平的平衡造成影响。

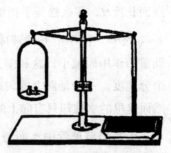

由于水银上部是空的，所以气压计上部
分会受到大气压作用并且不会有反作用。于
是砝码平衡的不仅是玻璃管，还有玻璃管受
到的大气压。这就解释了为何气压计一旦变
化天平都会失衡：因为玻璃管受到的大气压
也就是水银柱的质量变化了。

图89　如果大气压发生变化，
天平会晃动吗

根据这一试验结果，人们发明了能够记录气压指数的天秤气压计。

17. 虹吸

【题目】如何能在没有任何仪器帮助（比如图90中的方法）的情况
下，使液体出现虹吸现象？

【题解】题中意为使虹吸管中液面上升至超过容器中的液体并达到虹
吸管的弯曲处，之后发生虹吸现象。然而，在明白液体特性（这个特性很
简单，也很容易被忽视）之后就可以完美解答这个题目中的问题。

方法如图91。现在取一根手指能够封口的细玻璃管，之后用手指堵住
一端，将另一端插入水杯中，不要让水渗进去。之后松开手指就会发现，
水猛地进入了细玻璃管。这时仔细观察将发现，刚一进入细玻璃管时，液
面是要比杯子中的水面高的，然而这种情况根本无法持续，很快细管中的
水面就和杯中水面平齐了。

图90　虹吸　　　　图91　问题98的答案

现在来解释一下这种现象的成因。首先，设重力加速度g，管子伸入

液面长度H。那么松开手指的时候根据托里拆利公式可得液体最低点速度 $v=\sqrt{2gH}$ 。由于上升的液体被其他液体支撑，导致上升的速度并没有受到重力作用而减小，这和向上抛小球出现的情况完全不同，因为小球有两个分速度，一个是向上的匀速运动速度，一个是向下的匀加速运动速度，然而这里的水柱却只有向上的速度。

于是当玻璃管中水面与杯中水面平齐时速度为 $v=\sqrt{2gH}$ 。于是，有这个速度的情况下，玻璃管中的水还将上升一个高度H（如果玻璃管粗细不变，实际情况下并不能达到H，因为有摩擦力），如果玻璃管上边变细，那么上升高度还有可能超过H。

基于这个试验，我们可以用同样的方法来产生虹吸，用手指堵住虹吸管的一端，之后将另一端插入水中较深的地方，令 $v=\sqrt{2gH}$ 尽可能大些，之后松开手指。如果水在刚开始的瞬间越过了虹吸管弯曲处，那么虹吸现象就产生了。

图92（a）就是这种方法的实际应用，（b）中的虹吸管为了提升第三个弯位的高度，将末端直径减小。这样一来，在液体流入时由粗到细，液面上升更高。

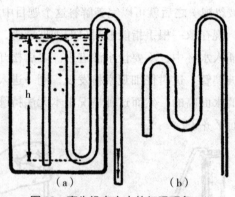

图92　事先没有充水的虹吸现象。

18. 真空虹吸

【题目】真空中是否能出现虹吸现象？

【题解】这个问题大部分人的答案都是否，这其中包括了学生，中学物理教师甚至高级专家。在很多中学、大学的物理书籍里都认为大气压是造成虹吸现象的原因，以至于真空中无法出现虹吸现象。然而，这种说法并非正确之言。

《力学和声学序言》（1930）的作者波里教授曾说："其实虹吸和大气压并没有什么关系，真空中的虹吸更加的典型。"

那么，既然他如此说，那又该如何证明呢？怎样解释虹吸现象和大气压并无关系呢？

我曾在《技术物理学》一书中阐述过相关的观点：

"正如图93所示，虹吸管右半部分液体柱较长，质量也更大，于是，就如同定滑轮上长端牵动短端的绳子一样，长端液体也会牵动短端液体并使液体不断流向长端。"

图93　虹吸作用直观形象的解释

大气压在虹吸现象试验中是用来维持液体的连续性，防止液体从虹吸管管壁流出。然而，液体却具有内聚力，并不需要大气压的作用就能维持完整。

"这正是液体内聚力的表现。如果没有空气，虹吸作用一般会停止，如果在虹吸管顶端出现气泡也会停止。但是由于内聚力，水柱并不会断裂，如果玻璃管壁上没有任何气泡且无摩擦，那么虹吸现象就将持续。"

同样是波里教授，他还在《力学和声学序言》中提到："在某些情况下，大气压的确是虹吸作用的原因，然而虹吸作用的原理和大气压无关。"他也曾用滑轮以及长短绳作对比，并说："类似的现象对于液体同样适用：液体内部很少有气泡，因为液体和固体一样有内聚力[1]。"除此

---

[1]　液体内聚力非常大，比如水，其内聚力可达几十个大气压，并不比固体低，和钢丝的内聚力相差无几。虽然液体很容易就被分开，但是这并不妨碍上边的观点，这两者并不矛盾，因为我们看到的只是外部的分离，内部其实并未分离。《普通物理学》一书中同样指出："虽然液体很容易分割，但是这并不会否定液体存在内聚力，就比如在纸上划出切口可以使纸容易被撕开，但是不切口用同样的力却很难撕开是一个道理。这二者并不矛盾。"

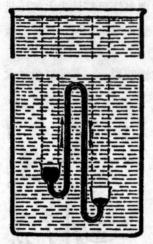

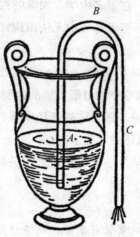

图 94　黄油中的汞柱虹吸　　　图 95　格伦在自己的著作
试验 [2]　　　　　　中对虹吸现象的描述

之外，作者还列举了一些虹吸现象的试验条件，用两个符合活塞或者另一种密度较小的液体来替代大气压。这些压力同样不会使水柱断裂（图94）。

当然，月球上同样如此，两千年前的描述虽然和现在不同，但是并没有什么大差别，本质还是一样的。亚历山大时期，有一位名叫格伦（公元前1世纪）的力学、数学家，他当时并不知道空气有质量，于是也就没有考虑什么"大气压"之类对于虹吸现象的影响，没有进入现在的误区。他说：（图95）

"假如虹吸管中充满了水，但若是将虹吸管外部的管口和容器水面保持平齐，水照样是不会流下的，因为这种情况下水受力平衡。当然，如果虹吸管外部管口低于容器液面，则由于BC段水质量比AB段水质量大，导致BC段牵引AB段移动，水自然会流出。"

他早已预料到会出现反对：假设虹吸管外部直径足够大，同样将会使BC段牵引AB段从而使水流出。

19. 气体虹吸

【题目】能否运用虹吸来促使气体流动？

————————

[1]　看到这图很容易产生错觉。比如，假设较低容器上黄油柱长于较高容器上黄油柱长度，很容易就会以为水银会流入较高容器。这是由于忽略了一点——较高容器内水银柱的压力。虽然两段黄油柱长度之差等于两段水银柱长度之差，然而水银的密度比黄油大，较高容器水银柱的压力就起了作用。现在如果用空气去替代黄油，就不难解释常规的虹吸现象了。

【题解】答案是可以。和前边两节不同，由于气体没有内聚力，所以在这里大气压是必要条件。二氧化碳等密度比空气大的气体虹吸原理同液体，条件是两个不一样高的二氧化碳容器。然而，只需要满足以下条件（图96），将能利用虹吸使空气流动。现在将虹吸管短的那头插入装满水的试管，之后封死虹吸管D端放置试管中进入空气，之后将试管倒扣在水中并打开D。后我们能够观察到有气泡进入了试管，这正是气体的虹吸现象。由于C端自上而下受到的压强为气压加AB水柱压强，这个压强差导致水进入试管。

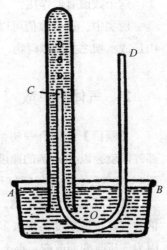

图96　气体的虹吸流动现象

20. 抽水机的抽水高度

【题目】图97中的水井抽水机最多能将水抽到多高？

图97　这种吸水机可以把水抽到多高处

【题解】很多科普书籍中指出，这种抽水机能将水抽到不超过10.3 m高的地方。然而，这个10.3 m也仅仅是理论上，实际的数值要比这个高度小得多。由于水中肯定会溶解有一些气体，并且气体还会通过活塞和导管壁之间渗透到泵中，所以10.3 m这个高度是不可能达到的。在现实中，这种抽水机最多将水抽到7 m高处。

这个数值有何作用？

现实中，这个数值可以用来计算是否能通过虹吸将水越过某些诸如小山丘或水坝之类的障碍物。

21. 气体的扩散

【题目】此刻有一初始压强为1个大气压的气瓶，若将气瓶打开，内部气体就会以400 m/s的速度向周围的真空扩散。但如果将此气瓶压强增加到4个大气压，再将气瓶打开，那么此时的气体扩散速度是多少？

【题解】如果凭猜测，那这道题目的可能性有两种，一是被压缩了4倍的气体扩散速度要快很多，二是气体向真空中扩散的速度恒定，并不会因为气压改变而改变。那么到底哪个说法正确呢？

正确答案是第二种。气体被压缩后压强增大，然而根据玛里奥特定律可知，此状态下流动气体的密度也增大了同样的比例。

也就是说，由于物体的质量和压强无关，而加速度与其质量成反比，与其所受合力成正比，于是流出气体的速度与加速度和压强无关。

22. 不耗能的发动机

【题目】众所周知，由于抽水机活塞之下的气体被抽空，导致它能够将水送往高处。并且在前边的章节我们提到，一般情况下抽水机最多将水抬到7 m的高度，此时抽水做功等于抽空空气所做的功，那么看起来，似乎是可以设计一种不耗能的发动机，毕竟将水抽到1 m和将水抽到7 m耗能相同。如何才能设计这种发动机？

【题解】答案是并不能设计这样的发动机，因为将水分别抽到1 m和7 m耗能根本不同。

现在来做个比较，观察一下将水分别抽到1 m和7 m时活塞的运动。

第一种情况下，水被抽到了1 m高，于是活塞上部受到的压强为1个大气压（10 m水柱），活塞下部所受压强为

$$10 \text{ m}-1 \text{ m}-3 \text{ m}=6 \text{ m水柱}$$

需要克服的压强为4 m水柱。

第二种情况下，活塞上部依然只受1个大气压，活塞下部由于渗入空

气，导致其受到压强为7 m水柱加上3 m水柱（由于前文中提到7 m极限，于是这些渗入的空气压强自然为3 m水柱），于是此时需要克服的压强为

$$10\ m-(10\ m-7\ m-3\ m)=10\ m水柱$$

这个数值是抽水到1 m所用功的2.5倍，于是这种发动机并不能成功做出来。

23. 用沸水灭火

【题目】沸水在灭火时能够迅速形成水蒸气，阻碍空气接触易燃物并迅速吸收火焰热量，达到迅速灭火的效果。然而，消防员能否用水泵抽取沸水以供灭火？

【题解】并不可行。水泵的结构我们都知道，抽水时活塞下方抽空了空气后会被迅速出现的水蒸气充满，压强正好是1个工程大气压。

24. 气体罐

【题目】现在有一气体罐A如图98所示，其中储备着一些气压大于1个大气压的常温气体，旁边的水银柱压力计能够显示其中的压强变化。此刻若将B口打开，水银柱则会因罐内气体压强减小而下降，最终会位于标准大气压下的水银柱高度。然后过一段时间之后，虽然并没有关闭B，水银柱还是会上升一小段。

这是为何？

【题解】水银柱的上升自然预示着气体罐A中气压升高。然而为何会回升呢？

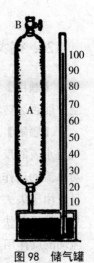

图98 储气罐问题

根据盖·吕萨克定律，由于气体被快速稀释时其温度定会低于常温，不过多久，气体的温度再次回到常温，自然压强就会升高。

25. 深海气泡

【题目】试问，在8 km深海下的某只气泡能不能浮出水面？

【题解】前文中提到，1个大气压可以看成10 m的水柱，于是换算下来在八千米深海，压强将是800个大气压。于是根据玛里奥特定律可以推论该气泡在此环境下的密度是在标准大气压下的800倍。众所周知，水的密度是1个大气压下空气密度的770倍，由此看来，似乎这个气泡的密度比水要大一些，于是理应无法浮出水面。

然而这个推论并不正确，因为玛里奥特定律在800个大气压下并无法成立。

200个大气压下，空气密度约为1个大气压下空气密度的190倍，显然玛里奥特定律已经不适用了。于是，根据事实计算得出，1 500个工程大气压下空气的密度只是1个大气压时的510倍，2 000个工程大气压下空气的密度只是1个大气压时的584倍[1]，是水密度的 $\frac{3}{4}$，可见，压力越大，其密度的涨幅就越小。

于是，就算是在地球最深的深海，这只气泡也还是能够浮上水面。

26. 锡戈涅水车

【题目】这种如图99所示的锡戈涅水车在真空中能否运转？

【题解】大部分人认为这种机器运作依赖空气对水流的反作用力，然而并非如此。虽然空气对水流的反作用力确实是有，但是微乎其微。并且，由于失去了空气阻力，真空中的锡戈涅水车只会转得更快，因为它能转动并非因为空气对水流动的反作用力。

它转动的推力来自管内，由于开口和闭口部分水压不同，导致了它的运转，而这个压力差并不会受空气是否存在这一变量的影响。美国物理学家戈达尔曾通过在抽气机尾部绑上枪的办法成

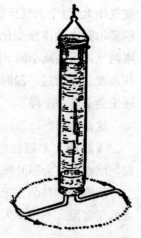

图99　锡戈涅水车在真空中能够转动吗

---

[1] 根据最新试验计算，若想使气泡密度等于水的密度需要5 000个工程大气压，也就是说，处在50千米或以下深的水域中气泡才不会浮出水面。

功进行了相似试验，枪的射击成功使抽气机转了起来。于是，虽然很多人依然这样认为，但是事实却是，真空中飞行的火箭并非仅仅依靠后坐力。

27. 干空气和湿空气

【题目】现在有两团温度、压力相同但湿润度不同的均为1 m³的空气，哪个的质量更大些？

【题解】似乎是湿润的空气比干燥空气重，因为看起来这1 m³湿润空气是由1 m³干燥空气和1 m³水蒸气混合而成，那么自然比干燥空气重。然而，这的确只是看起来，因为事实是干燥空气比湿润空气要重，因为气体混合物成分的压强小于混合物本身的总压强，所以等体积情况下，混合物的质量显然小一些。

如果不明白，那么就看看下边的解释说明：

现在设湿润空气压强f，干燥空气压强则为$1-f$。此时设1 m³水蒸气质量r，1 m³干燥空气质量q，那么气压f下则有：

1 m³的水蒸气重量fr；

1 m³的空气重量$(1-f)q$；

1 m³的混合气体重量为$fr+(1-f)q$。

由于$q>r$，导致$q>fr+(1-f)q$。

于是这就得出了结论，1 m³的干燥空气要比1 m³的湿润空气重些。

28. 人造"真空"能够达到什么程度

【题目】现在人造真空最多能将空气抽到多稀薄？

【题解】最好的空气泵能制造出一千亿分之一个大气压。老化的真空电灯泡中的压强也近似这个数值。这种真空灯泡使用时间越长，内部真空度越小，压强越大，在使用二百五十小时之后，压强差不多会变为二百五十小时之前的1 000倍。

29. 人造真空中的分子

【题目】现在利用目前最好的空气泵抽取1L容器中的空气，最极限情况下容器中还剩下多少分子？这些分子够分给莫斯科所有的市民吗？

【题解】现在来计算一下看看。

1 L空气在1个大气压下分子的数量大约为27 000 000 000 000 000 000 000个也就是27×10^{21}个。于是当压强为原来的1 000亿倍时，等容量的空间内空气分子数目为

$$\frac{27 \times 10^{21}}{10^{11}} = 27 \times 10^{10} = 2\ 700亿$$

这个数字约是地球总人口的40倍……

现在这个容器中的分子组成大致如下：

氮分子	20 000 000 0000
氧分子	65 000 000 000
氩分子	3 000 000 000
二氧化碳分子	450 000 000
氖分子	3 000 000
氦分子	20 000
氪分子	3 000

由此看来，其中含有的分子还是比较复杂的，把这种混合气体叫作"真空"的确有些不太合适。

当然，如果把这些分子平均分给莫斯科的每一个市民，那么每个市民将获得50 000个氮分子、15 000万个氧分子、700个氩分子、100个二氧化碳分子及1个氖分子。

猎户座的星云上物质压强相当于我们现在所能制造的最"真空"气体的100万倍。然而，这猎户座星云太大，导致它"真空"中含有的物质能够组成10万个太阳。

除了星云，其他的宇宙也并非真正的"真空"。埃丁格顿曾经计算过，每1 cm³的这种宇宙"真空"中含有10个氢原子。那么，如果将直径10光年范围的一个这样的"真空"球体中的物质结合起来，将形成30个太阳，并且同时能形成很多别的星体。如果总的来说，那么所有"真空"物质加起来甚至等于所有能观测到的星体等物质的3倍。

30. 为何会出现大气

【题目】大气为何存在？为何空气中的分子既没有飘走也没有落到地面？

【题解】空气分子的不规则运动速度相当于子弹的速度，然而它依然能够受到重力作用，于是它并不会无休止地飞向天空。然而，它同样不会真正完全落到地面——它虽然在下坠，但是它们很有弹性，每次碰到别的分子或地面就会反弹开来，位于某一固定的高度。这个固定的高度跟分子的速度有关，速度越快所处的高度就越高。一般的分子速度约500 m/s，但是有些分子运动速度能达到3 500 m/s，于是这些分子的固定高度就约是：

$$h = \frac{v^2}{2g} = \frac{3500^2}{2 \times 9.8} \approx 600 \, \text{km}$$

我们曾经认为分子在地表到地表以上600 km的范围内运动着，然而基本气体分子的质量相等，碰撞的时候速度定会相互受影响。所以，空气分子虽有很多种，但还是会渗透，差不多也就相当于一个分子在大气层中运动。

31. 一半有气体一半没气体

【题目】有没有可能在某一容器中出现有一半有气体另一半没气体的现象？

【题解】按照之前的说法，气体理应会充满某个空间。然而，如果在天地之间设置一根超长管，使它能够冲破大气层达到1 000 km的高空，那么空气将在600 km及以下的管中存在而不会存在于更上边的400 km管中。

当然，如果换成密度更大的气体，现象会更明显，很有可能利用一根几十米的长管就可以完成这个试验，观测到同样的现象。

第四章

热　学

1. 华氏温度

【题目】水的沸点被标记为212℉（华氏温度）。那么，这个华氏温度是何物？

【题解】1709年的西欧经历了一场罕见的严冬，然而，波兰格但斯克的物理学家华伦海特利用冷却氯化铵和盐的混合物得到了比这场严冬还要凛冽的温度，目的就是为了发明自己的温度计。这个比严冬还要凛冽的温度被称为"第一恒定温度"。

除此之外，他还借鉴了牛顿等前辈的某些知识，利用人体的恒定体温得到了"第二恒定温度"。在当时看来，外界的气温是永远无法超过人体体温的，否则将对人类的身体造成灭顶之灾……当然，这观点并不正确[1]。

本来他为这个恒定温度标记的是24℉，然而由于这样标记度数与度数之间的间距太小了，于是他便将这个度数扩大了4倍，也就是96℉。根据这个计数方式，一个大气压下水的沸点便被定为212℉。但是由于水的沸点影响因素很多，比如压强之类，所以还是恒定的体温比较合适。得知这一点，便可以很快计算出当时人体的体温，其要比现今的35.5℃要低一些。

2. 温度计的刻度间隔

【题目】水银温度计刻度和刻度之间间隔相等吗？酒精温度计呢？

【题解】温度计利用液体在温度升高时膨胀的特性制作，于是温度计的刻度间隔取决于液体的热膨胀率。众所周知，液体越接近沸点膨胀率越大，我们很容易就能发现水银温度计和酒精温度计的区别。水银的沸点为357℃，在100℃的时候膨胀率和0℃时相差无几，肉眼很难观测到，所以水银温度计的刻度比较平均，没有什么大变化。然而，酒精却不同，酒精的沸点为78℃，与日常的温度很接近，于是，酒精随着温度升高膨胀幅度变化非常明显：如果设其在0℃时体积为100，那么在30℃时就为103，在

---

[1] 在《趣味物理》的某章《我们能承受怎样的炎热》中我曾讲到这个问题。

78℃时将大于110。

所以酒精温度计的刻度是越往上越稀疏。

3. 高温温度计

【题目】能否制作能够测量到750℃高温的水银温度计？

【题解】上一节中提到，汞的沸点是357℃，玻璃在600℃的时候同样会融化掉。所以，一般情况下制作这样一个水银温度计大概是不可能的。然而，这并不是说这样东西永远不可能制作成功，因为这种能够测量750℃高温的水银温度计确实存在。

它的外壳是熔点1 625℃的石英管，管内水银的下方充有氮气。温度升高时水银柱膨胀压缩氮气，氮气的气压增大同时导致着水银柱变热。然而在高压下，水银的沸点可以高于750℃，于是在这种温度计的测量中，750℃时水银依旧为液体。当然，这种温度计造价不菲。

虽然造价不菲，但不可否认的是这种温度计对现代科学进步有十分重要的意义，它能够精确测定的高温有利于很多工业产品的制造生产。440℃时石油裂化流失的含苯富油相比较450℃时就会少2倍，制造硬铝时其合格与否只在5℃到10℃间决定，合成氨时技术环境需要精确到550℃，否则就算1℃的偏差也会造成工艺失败。

4. 温度计读数

【题目】托尔斯泰曾经翻译过一本《现代科学》，此书的原作者卡彭特曾在书中质疑温度计的准确性：

"试验已经证明，每个刻度和每个刻度之间表示的温度和体积成正比，并非恒定，温度增量也不恒定，所以温标的头尾两处应该变化一下，并不能一致。"

他的意思是，如果用1 mm刻度来表示1℃，那么由于温度上升时水银的体积增大，导致在温度升高时每个刻度对应的汞柱比例开始慢慢减小，于是批评的人们认为这样等分刻度并不科学。

然而他们的说法正确与否？又能否动摇人们依靠液体来测量温度的决心？

【题解】关于这个问题，卡彭特认为温度增量和物体体积增量成绝对正比，于是为了这个说法，经常与别人争论得不可开交，托尔斯泰也曾和他争论过，不过被他说服了。然而，批评者们虽然同样质疑温度计温标，但是说法和他这种说法不同，他们认为：温度增量和物体体积增量有某种比例关系。

然而，这种争论就像是在讨论英尺和米在测距之中的相对准确性，因为两种观点的成立都需要一定的前提条件。他们只能争论在某种特殊条件下这两种说法哪种方更合适。

其实在卡彭特之前，著名物理学家道尔顿就已经提出过这个问题了，也就是"道尔顿温标[1]"。这种温标的体系内根本不存在绝对零度，按照这种温标体系来的话热力学研究将翻天覆地。并且，这种翻天覆地并非简化，而是让一些自然规律更难以解释，变得更加复杂。卡彭特和托尔斯泰不经意间打算恢复道尔顿温标，百分百会遭到排斥。

这里还需提出一种"热力学温标"，制定者是19世纪中叶的开尔文勋爵。这种温标的零度是分子热运动完全停止时的温度。这里是依据卡诺定理来划分的热力学温度：在两个一定温度的热源间工作的热机热效率完全相等[2]。

5. 钢筋混凝土的加热和冷却

【题目】钢筋混凝土在加热和冷却时为何不会出现混凝土和钢筋分离的情况？

【题解】混凝土的热膨胀率和铁的热膨胀率一致，都是0.000 012，所以温度升高或降低它们都不会分离。

---

[1]　该温标规定理想气体体积的相对增量和温度的增量成正比关系，之后采用在标准大气压时，0℃为水的凝固点，100℃为水的沸点。

[2]　1954年的国际计量大会规定了三态共存时（即三相点）水的温度为273.16 K，分子热运动近似停止时的温度为0 K。于是成功划分了热力学温度。

6. 热膨胀率最大

【题目】什么固体热膨胀率甚至强于液体？

什么液体热膨胀率甚至强于气体？

【题解】热膨胀率最大的固体是蜡，它的膨胀率比某些液体还要大，按照种类不同在0.000 3~0.001 5之间。这个膨胀率和铁的膨胀率相比，要比铁大25~120倍。

同时，水银的膨胀率为0.000 18，煤油的膨胀率为0.001，由此看来，蜡的膨胀率比水银强很多，并且某些蜡的膨胀率比煤油还大。

膨胀率最大的常规液体是乙醚，其膨胀率为0.001 6。但是如果算上不常规的，那么20℃下的三氧化碳（CO_3）膨胀系数更甚，为0.015，是自身气体状态下的4倍，是乙醚的9倍。

大部分情况下，液体膨胀率在临界温度时相比气态下会有一个很明显的增大。

7. 热膨胀率最小

【题目】热膨胀率最小的是什么物质？

【题解】答案是石英（熔点1 625℃）。

其热膨胀率仅有0.000 000 3，铁的热膨胀率都是它的40倍。正因为此，一只石英烧瓶就算被加热到1 000℃再放进冷水都不会破裂掉。

金刚石的热膨胀率仅比石英大一点点，为0.000 000 8。

上边提到的两种均为非金属，在金属中热膨胀率最小的是因瓦（拉丁语中意思是"不会变化的"）铁镍合金，其中各部分的配比为铁63.2%，镍36%，碳0.4%，锰0.4%，热膨胀率为0.000 000 9，还有某个种类可以达到0.000 000 15，仅为钢的$\frac{1}{80}$。这种合金，即使温差变化非常大也能基本保持不变的体积，非常可靠，适合制作各种精密仪器比如钟表的齿轮或是长度测量工具。

8. 热收缩

【题目】有没有和热胀冷缩正好相反的冷胀热缩的固体呢？

【题解】这道题的答案是冰吗？并不。因为冰转换形态的时候才会膨胀，正常的冰是不会冷胀热缩的。然而这道题的答案确实存在，并且还有很多，比如金刚石、绿宝石及铜的低价氧化物等都有这种冷胀热缩的性质：金刚石在-42℃的温度就开始膨胀，铜的低价氧化物及绿宝石则会在-4℃时开始膨胀。于是这些物质在-42℃及-4℃的温度下密度最大，就如同在4℃下水的密度最大一样。

除了这些，碘化银及橡胶钉也有类似性质，前者常温下遇冷会膨胀，后者被拉伸时生热反而会收缩。

9. 铁板上的孔

【题目】现在有一边长1m的正方形铁板，其上有一面积约为0.1 mm² 的小孔洞，那么如果加热此铁板，会不会使这小孔洞消失呢？

【题解】如果认为小孔洞会因为热胀冷缩而消失的话那就大错特错了，事实上在加热过程中小孔洞不仅不会缩小，反而会变大。推论如下：如果小孔洞会因热膨胀而消失，现在假设铁板上并没有孔洞，那铁板在被加热时将产生皱纹或是间隙，然而这显然不可能。

所以，有孔洞的铁板在加热时会跟平常的铁板一样，小孔洞也会越来越大。

所以，于是这个说法可以推行到一切带有内腔的物体上，比如导管或者瓶子等，它们的内腔都会随着加热而膨胀变大而不会缩小，并且其上每一点的膨胀度都和周围保持一致。然而，加热会使小孔洞变大，那么是不是就意味着使它冷却的方式减小孔洞甚至使孔洞消失呢？答案是也并不行，不管是什么物体这种状况都是不可能的。任何物体在冷却时会缩小，但并会消失，孔洞也是这样，并不会因为冷却而消失。

当然，在这个题目中，这块铁板上的孔洞并不会缩小多少。铁的热膨胀率为0.000 012，在-273℃的绝对零度下达到冷却的极限时这个上边的孔洞也仅仅会缩小0.000 012×273即千分之三，肉眼根本看不出来。

10. 阻止热膨胀

【题目】如果强行阻止汞或铁柱的热膨胀会怎么样？

【题解】先不说后果怎样，且说这热膨胀和收缩都有很强大的力量。

曾有人发现，受冷压在一起的磨刀石能够折断一指粗的铁棒。不仅如此，列夫·托尔斯泰也曾经转述过拿破仑一世时期的一件关于断裂石墙的故事[1]，也提到了收缩所带来的巨力。

于是现在，我们认为阻止热膨胀或者收缩是徒劳的。

然而这种说法并不全对，虽说热膨胀的分子力确实很大，然而也并非无限制的大，计算阻止铁棍从0℃升温到20℃的加热膨胀需要多大的力也并不难：铁的热膨胀系数为0.000 012，弹性系数为20 000 000 N/cm²，于是

$$0.000\ 012 \times 20 \times 2000\ 000 = 480\ N$$

计算得出只需要480N的力就能阻止铁棍从0℃升温到20℃时的膨胀。

同理，可以计算出阻止水银从0℃升温到20℃时的膨胀需要1200 N（水银的膨胀系数为0.000 18，在向它施加1N的力时其体积缩小0.000 003倍）。

然而话虽如此，在上文提到的那种充满氮气的高温温度计中，50~100个工程大气压并不会对水银的膨胀有明显影响。

11. 气泡的大小

【题目】水管中的小气泡会随着温度的变化变大或变小，然而它到底在夏天更大呢还是在冬天更大？

【题解】大概按照热胀冷缩的原因，夏天的气泡似乎会更大些，然而气泡处于水管之中，这种密闭条件不允许气泡膨胀。虽说水管也在膨胀，然而水管的膨胀不如水膨胀得明显，于是水的膨胀会压缩气泡，导致气泡变小。所以正确的答案是，夏天时气泡比冬天时要小。

---

[1] 故事中提到："巴黎曾经有一所房子的墙壁不幸裂开，人们都在讨论如何才能将它们合拢在一起并且不用破坏房顶。有一个聪明人想出了一个办法，在断裂的两边各钉一铁环，之后找一根比两根铁环间距短一些的铁钩，将其加热膨胀以便勾住两个铁环。之后，当这根铁钩冷却时，强大的收缩力就将两堵墙拉在一起了。"然而，列夫·托尔斯泰的这个转述极大地歪曲了事实。

12. 气体交换

【题目】现在这里有一段来自科技杂志的，关于温暖屋子中气体交换的文字：

"房间的通风孔都被用作气体的交换。房间里的热空气从通风孔离开，然后那些新鲜的冷空气会从门缝或墙壁中渗透进来。如果在火炉上方开一个小口就可以得到良好的通风效果，薪火的燃烧需要空气，房间内的空气都将流向火炉，之后燃烧过后的混合气顺着烟囱离开，房间内将再次充满新鲜空气。"

这段话中的说法对不对呢？

【题解】有一种说法是这样的：300年前的人们深信一种名叫"真空恐惧"的大气压理论，理论指出，世间万物都属于轻物或重物，轻物会飘浮，重物会下沉。然而，这些热空气并非主动上升，而是被冷空气挤压才被迫上升。这种说法因果说反了。

"真空恐惧"一说由于托里拆利的试验彻底成了笑话，轻物上升这一观点也被他无情地嘲笑了一番。他这样在《学术读书笔记》中写道：

海洋女神们突然在某天心血来潮，想要编写一本物理教学书，于是她们开办了一个学堂，就像我们的中学一样。之后，她们向海洋的住民们传播一些基础的物理知识。海洋女神们观察力非常细致，并且十分好学，她们注意到自己平常见到的物品会分成两个大类，一类会上升，一类会下沉。于是，她们没有想在不同的环境下这种情况是否还适用，就鲁莽地得出了结论：石头、金属和泥土属于重物类，它们会在海水中沉底，而气泡和大部分木材则属于轻物类，会浮出水面。不过，她们似乎犯了一个不小的错误，因为在她们看来的某些轻物对我们来说也已经是重物了……这些当然情有可原，我也曾经设想，如果我生活在水银之海里，我也肯定会像她们一样得出相似的结论。不过在我的结论里，除了金子之外其他的物品大都是轻物了，除非被固定住，否则它们都不可能沉入海底，有脱离当前位置上浮的趋势。当然，在蝾螈火怪（传说中这种生物生长在火中）的物理教学书中，它们会把所有的东西归于重物，包括空气。

亚里士多德也曾在著作中下定义说'自然界中重物有下沉趋势，轻物有上升趋势'，然而这样的结论和海洋女神们的理论并无二致，仅仅通过了感性，而没有理性地作出思考。

托里拆利虽然解释了这种错误，然而几个世纪之后这个错误观念仍然存在，很多读者依然认为热空气上升，冷空气填充了整个空间。

13. 雪和木头哪个更隔热

【题目】现在假设有一堵雪墙和一堵同样厚度的木墙，它们哪个更隔热呢？

【题解】雪墙的保温能力比木墙要好，因为木头的导热率是雪的2.5倍，更容易导热。所以说大雪能够为土壤保温。由于雪层一般很松软，并且雪花冰晶内部的空气占比达到了90%之多，形成了很多的气泡，导致雪的导热率很低。

14. 铜和生铁

【题目】现在有两个大小形状相同的不同材质锅，其一为生铁锅，其一为铜锅，现分别在其中加入同样的食物并同时加热，哪个锅中的食物先熟？

【题解】根据资料可以得出，铜的导热率是生铁的8倍。于是，在相同时间内相同温度下铜锅能够传递给食物更多的热量，其中的食物也会熟得更快一些。

15. 两层窗户

【题目】某些粉刷匠会建议在涂上了腻子的窗户外边添加一个没有涂腻子的窗户。他们这么建议的原因何在？

【题解】其实这么建议的原因是为了保暖，不过这种方法却是错误的，因为如果想要保暖的话必须使两层窗户间的空气和外界完全隔绝才行，如果外边这层窗户没有涂腻子，那么窗户肯定有缝隙，这样不仅不会起到保暖的作用，反而会因为外部冷空气不断进入夹缝中带走屋内的热量，使屋子越来越冷。

这些推荐加装一层窗户的人指出，这种方法可以促进两层窗户之间的空气流通，降低两层窗户之间的空气湿度，使窗户不至于结冰。的确，这种方法可以稍微地降低两层窗户之间的水汽密度（然而仅约有几克），但是却不能阻止窗户结冰，这样的设计会使两层窗户之间空气变冷，使屋内的空气沉积在里层窗户内部，导致从内部结冰。

因此，仅仅为了降低这么点空气湿度就利用这样的结构破坏里外热平衡的做法显然不太划算。

16. 火炉屋子

【题目】一般来说，热量会从高温物体传导到低温物体。然而为何我们在气温比体温低的温暖屋子里会觉得热呢？

【题解】人体表面的温度并非恒定，脚底温度大约只有20℃，而脸部大约有35℃。然而"温暖"的屋子温度最高也只有20℃，所以说并非屋子向人体直接传递了热量。

其中原因正是因为贴在体表的那一层空气。它不是优良的热导体，严重阻碍了体内热量向外散发，放缓了身体的热损失，并且这些已经暖和的空气又被冷空气挤压到了上方，然后周而复始，散热过程非常缓慢，于是我们才会感觉到热。

17. 河底水温

【题目】夏天河底的水温高还是冬天河底的水温高呢？

【题解】对于淡水湖等静水来说，大家的意见基本一致：河底的温度常年为4℃，因为这个温度下水的密度最大。然而，对于河流来说，答案就众说纷纭了。不过可以证实的是，河水的温度分布是均匀的，因为河水中既有左右的横向对流也有上下的纵向对流，也就是说河水一直都相当于在"搅拌"，所以河水各个地方的温度都是一样的。维利卡诺夫教授曾在《陆地水文学》一书中这样写道："河水的这种温度交换非常迅速，很快就能波及水底，即使是精密的温度计也很难测出河水不同深度下的温度差。"

所以，我们已经能够正确地得出结论：河底在夏天时水温更高一些。

18. 河水为何不结冰

【题目】快速流动的河水为何不会在外界温度已经处于零下时结冰呢？

【题解】这个问题的原因并非我们经常认为的"由于水在运动"，因为河水的流速相比于水分子动辄每秒几百米的速度来说是微不足道的，并不会有什么影响。并且，河水虽然一直在"搅拌"，但是其运动状态是宏观的，是大量水分子的运动，对分子之间的相对运动同样不会有影响，也不会改变河水的热状况。

于是，河水结冰缓慢，正是因为河水的"搅拌"将上层与冷空气接触的水混合到了下边温暖的水中，之后周而复始。如果河水真的结了冰，那定会是特别缓慢地从河底开始，并且河水越深过程越慢。

19. 高空为何寒冷

【题目】高空的气温为何比低空寒冷？

【题解】几十年前，伦敦的气象学会主席阿奇巴尔德曾这样说："我认为，没有比解释'为何随着高度的升高气温也渐渐降低'这个问题的答案更复杂的了。"他说的没错，因为到至今仍然很难听到正确的解释。

一般的解释是由于太阳光并不会对大气温度造成影响，反倒是近地表面的热传导影响大些。

"地球上热量的主要来源就是太阳，然而阳光穿过大气层并不会使它们升温，而是在落到地表后将温度传给了大地，之后大地将热传导给近地空气，所以底层空气比上层温暖。"曾经在某本教科书上有过这样的说法，距今已经有一些年头了。

然而，正如日常中经常看到的，水壶中的水上层温度并不比下层低。当然，这是因为上层水和下层水不断的对流产生的后果。那么，既然空气也会流动，那么为何没有像水壶中的水一样温度一致呢？

　　某些权威曾经解释过这一现象，并且回答看似很正确：空气"上升"需要消耗自身的能量即热能，而当它升高到一定高度时热能耗尽，温度也会降低。计算得知1 kg的空气上升400 m需要消耗400 J的热能，同时每升高100 m温度下降1℃。这个数字倒是和实际相符。然而，虽然数据惊人的巧合，但是这个解释不是那么完美，因为前文中我们提到，是冷空气主动下降才导致热空气的上升，那么空气并没有做多少功或根本没有做功，就像漂浮的木头一样。

　　除了这个错误观点，还有另一个错误观点也需要知道一些。这个观点指出，由于重力的影响，上升的空气分子速度会减缓，导致温度下降。这一观点一度困扰了很多人，就连麦克斯韦都曾受这一结论的影响。不过，后来他还是改正了自己的观点，在《热学理论》一书中说："气体中温度分布并不受重力影响。"没错，其实重力作用在分子上只会使它们产生平行位移，它们之间的相对运动并不会受到影响，温度自然也不会变化。本书前文中曾有一节提到涟漪的形状，当时这一观点已被明确指出过。

　　关于这一现象，最终被证明正确的原因是空气的膨胀绝热性。

　　气体在上升过程中所受压力慢慢减小，导致气体团越来越大，开始膨胀。这种膨胀需要热能，而气体不需外界热量就能自发膨胀的特性就叫作"绝热性"。

　　现在设近地面气温T_0，气压P_0，高度为h的地方气温为T_h，气压P_h，设空气恒容比热和恒压比热的比值K（对于空气来说$K=1.4$）。于是有：

$$T_0 - T_h = T_0[(\frac{P_0}{P_h})^{1-\frac{1}{K}} - 1]$$

　　现在，假设在5.5km高空时气压为$\frac{1}{2}$个近地大气压。于是在不考虑湿度的情况下，由

$$T_0 - T_h = T_0(2^{0.29} - 1) = 0.22T_0$$

得出：$T_h = 0.78T_0$。

　　现在假设近地气温17℃即290K，那么：$T_h = 0.78 \times 290 = 226K$。

　　于是得出结论，高度为h的地方温度降低到了-49℃~-47℃，这和每升高100 m降低1℃完全相符。然而这里却有个条件"不考虑湿度"，如果考

虑湿度的话[1]，每升高100 m，温度大概只会下降0.5℃。

总而言之，大气同时受热，但是无可能获得同样的温度，因为上升气团产生了绝热膨胀冷却下来，下降气团又因为绝热压缩而发热，导致了上层空气温度低于下层空气温度的现象。

此时，大气运动比较频繁的高度段被叫作"对流层"，而再往上，到达10 km~17 km的高空时，空气的上下运动趋于平稳，这一段被称为"平流层"。

20. 温度升高时的速度

【题目】对水加热时，水从10℃升高到20℃比较快还是从90℃升高到100℃比较快？

【题解】虽然说因为温度升高蒸发加剧，水的总量越来越少，但是依旧无法否认水温从90℃升高到100℃需要的时间比从10℃升高到20℃需要的时间长。因为从90℃到100℃的这段时间内，热量不仅仅用于加快水的蒸发，还需要填补水在这么高温度下向四周散热的热量损失。在水从90℃升温到100℃的过程中释放的能量比从10℃到20℃要多很多，所以水温越高，想要再升高就越不容易。

21. 烛火的温度

【题目】烛火的温度大概是多少？

【题解】普通的烛火温度大约为1 600℃，这可能有些不可置信，因为我们总是低估某些热源的温度。

22. 烛火上的铁钉为何不熔化

【题目】为何烛火不能烤化铁钉呢？

---

[1] 其实确实存在完全干燥的情况，就在1930年5月，在土耳其的某地就曾观测到了完全干燥的天气，湿度为零。此时所在地海拔为670米，气温为20℃。同样，我也曾经观测到完全干燥的天气。那是在1931年海拔700米的中亚地区阿乌里阿塔，当时湿度计显示湿度为零。虽然如此，当时我和我的同伴并没有感觉出当时的一切有任何的不妥。

【题解】大部分人脑海中的第一反应是"因为火不够热"。然而，上一节我们提到，烛火的温度大概在1 600℃，然而铁的熔点约为1 500℃，比烛火的温度要低。

其中缘由就是因为热传递。铁钉在受热过程中也同时在向四周的空气散发热量，它的温度越高，散热越快，最后当它吸收的热量和散发的热量平衡时，它的温度也就不再上升。如果真的想把铁钉熔化，那就需要将它完全放在火里。这样的话，铁钉的温度在某一时刻总会等于四周火焰的温度，从而被熔化。然而烛火实在太小，铁钉不能被完全放进烛火里，于是钉子绝无可能达到熔点而熔化。

所以这道题目的答案也即如此：因为烛火并未完全包裹住钉子。

23. "卡路里" [1]

【题目】定位"卡路里"这个单位时为何要选取1个大气压下1kg水从14.5℃加热到15.5℃所用的热量值？

【题解】前文中也有提到，水温上升1℃所需的热量取决于水温，如果将水从0℃加热到27℃，那么每1℃需要的热量逐渐减少，然而将水从27℃加热到100℃，每1℃需要的热量却逐渐增加。所以，准确定义卡路里这个单位就需要知道从什么温度起始将水升高1℃所需的热量。

国际定义中，1"卡路里"等于在1个大气压下将1 kg水从14.5℃加热到15.5℃所用的热量值。测定此标准的时候人们从0℃到100℃之间众多的温度间隔中选取了150次测量，取平均值之后才将15℃时的热量值作为标准卡路里。此时将水从0℃加热到1℃需要的热量大约是15℃这个区间的99.2%。

24. 冰、水和水蒸气

【题目】现在加热冰、液态水及水蒸气，使它们上升同样的温度，那么哪一种需要的热量最多？

---

[1] 热量单位，已被"焦耳（J）"不完全取代，现只在营养学领域使用"卡路里（cal）"这个单位，用来计算食物热量。它和焦耳的换算关系式：1 cal=4.1855 J。

【题解】对液态水加热最不容易（消耗热量最多），对冰其次[1]。

25. 将铜加热

【题目】现在加热1 cm³的铜块[2]使其升高1℃，需要多少热量？

【题解】如果说根据铜的比热容计算得出0.4 J这个答案的话，那就错了，因为比热容针对的是质量而非体积。所以想要真正计算出1 cm³铜块升高1℃所需热量，还需要计算铜的密度。所以，题中的答案并非0.4 J，而是0.4×9=3.6 J。

26. 什么物质比热容最大

【题目】（1）固体之中比热容最大的是什么？

（2）液体之中比热容最大的是什么？

（3）所有物质之中比热容最大的是什么？

【题解】（1）比热容最大的固体是锂，其比热容是冰的两倍，为 4.35×10^3 J/kg·℃。

（2）液体中比热容最大的是液态氢，并非一般所认为的水。液态氢的比热容为 26.8×10^3 J/kg·℃。除此之外，液态氨以及气态氨的比热容也比水大。

（3）所有物质中比热容最大的自然就是氢了，气态氢都有着 14.2×10^3 J/kg·℃的比热容，液态氢则是更高的 26.8×10^3 J/kg·℃。

27. 某些食物的比热容

【题目】如果要冷藏食物，就需要熟悉它们的比热容。那么一些常见的食物比热容是多少呢？

【题解】现在来列举一些食品单位质量所含热量。

---

[1] 冰的比热容为 2.11×10^3 J/kg·℃。最容易加热的是水蒸气（消耗热量最少），水蒸气比热容为 2×10^3 J/kg·℃。

[2] 铜的比热容约为 0.4×10^3 J/kg·℃。

牛奶——3.8 J

鸡蛋——3.3 J

猪肉——2.9 J

鱼肉——2.9 J

28. 熔点低的金属

【题目】在常温下，哪种固体金属的熔点最低？

【题解】常温下为固态的金属中，熔点低的还真不少，比如伍德易合金，其中含锡4%，含铅8%，含铋15%，含镉4%，熔点为70℃。除这种合金外，还有一种熔点60℃的名叫"立波维茨"的合金，它和伍德易合金相比由于镉含量仅有3%，导致熔点更低。

这些合金的熔点并不算最低的，某些纯金属的熔点比它们还要低。

1860年，人们发现了熔点仅有28.5℃的铯，1975年，人们又发现了熔点30℃的镓，这两种金属熔点确实太低，甚至含在口中就能将之熔化。

说起这两种金属，它们在工业上都有大用处。铯虽然在1860年被首次发现，但大量发现是在1882年；镓在刚刚发现的时候价值甚至等同百倍黄金，然而现在已经有了能够直接从镓矿中提炼它的技术，这极有可能使它广泛应用于工业。

一开始，镓的用途一般是制作温度计，用于替代水银，当然现在其主要用于生产半导体材料。这种金属熔点仅为30℃，沸点却为2 300℃，液态温度范围非常广。目前，在温度计制作方面，镓温度计要比石英温度计更现实，并且已经实现了这种技术，可以测量1 500℃的温度。

29. 熔点高的金属

【题目】上一节中我们提到了几种熔点低非常低的金属，那么，能否列举几种熔点非常高的金属呢？

【题解】先前熔点1800℃的铂已经不能再称得上是最难熔化的金属了，因为很多金属的熔点比它高500℃，甚至高1 000℃。以下列举几种：

铱——2 350℃

铼——2 700℃

钽——2 890℃

钨——3 400℃

钨一般被用作灯丝就是因为其熔点高，目前似乎没有熔点比它还高的金属了。

30. 大火中的钢筋

【题目】在遭遇火灾时，为何钢筋明明没有熔化但是结构会遭到破坏？

【题解】虽说钢筋并没有在大火中熔化，但是高温会使钢筋刚性大幅下降，现在假设0℃下钢筋刚性为1，那么在500℃环境下则只有0.45，600℃环境下只有0.3，700℃环境下则只有0.15。这么低的刚性，建筑会承受不住自身重力而轰然倒塌。

31. 冰中的水瓶

【题目】（1）需不需要担心一个放在冰里的满水玻璃瓶？

（2）将两个完全相同的满水水瓶分别置于0℃冰及0℃水中，哪一个瓶子更早结冰？

【题解】（1）如果水结冰，那么瓶子会被水成冰过程中的体积膨胀而炸裂，这是对的。然而温度降到0℃时，瓶子里的水并不一定会结冰，因为这些凝固的水融化需要大约320 J/g的热量，这些都是潜在的。并且，由于瓶子周围环境是0℃的冰，和瓶子内部温度相同，于是不会进行热传递，如果克服不了水"维持"在0℃需要的热量，那么就不会使瓶中水结冰。所以，并不需要时时担心瓶子中的水结冰。

（2）这两种情况根本没有比较的必要，因为都不会结冰。当瓶子的温度也达到0℃、瓶子内外温度相等时，由于热传递停止，它并不能提供给周围环境一个融化的潜在热量。所以，瓶中水只会保持0℃，并不会结冰。

32. 冰比水重

【题目】 冰会不会沉入纯水水底？

【题解】 一般情况下冰的密度为0.917 g/cm³，比水的密度小，所以会浮在水面上。然而，如果对水加热，到100℃的时候水的密度为0.96 g/cm³，可见温度越高水的密度越小。然而这种条件下冰块依然无法沉底。

现在在高压条件下继续对水加热，在150℃的时候，水的密度将减小为0.917 g/cm³。此时，冰块已经能够不沉不浮而悬在水中了。再继续加热，当水到达200℃的时候，水的密度会降低到0.86 g/cm³。这时，水的密度比冰小，冰块如果能够保证不被融化，将能够沉入水底。

目前我们所见到的冰只不过是冰的一种而已，在不同大气压下形成的其他种类的冰密度和我们所见的"正常"冰不甚相同。来自英国的物理学家布列日曼层在3 000个工程大气压的条件下发现了6种不同的冰，称"1号冰""2号冰""3号冰""4号冰""5号冰"及"6号冰"。它们的特点如下：

1号冰密度是水的86%~90%。

2号冰密度是水的122%。

3号冰密度是水的103%。

4号冰密度是水的112%。

5号冰密度是水的108%。

6号冰密度是水的112%。

由此可见，除了1号冰密度比水小，其他的密度都比水大，并且2号4号和6号甚至能在密度是普通水111%的重水中下沉。

33. 结冰的地下管道

【题目】 地下管道结冰现象为何发生在气温变暖地表开始解冻的时间段而非最寒冷的时期？

【题解】 正确的解释是，由于土壤热传导率低，导致地下的最寒冷时期迟于地上的最寒冷时期，地上的解冻时期已到，地下才刚刚到最寒冷时期。所以总会出现这种情况，在严冬时节，地下的管道还没有来得及降低到能够使水结冰的温度，然而当地上解冻时，寒冷才慢慢传导到地下，将管道中的水冻结。

34. 滑冰问题

【题目】人能在冰上滑行的原因正是因为冰在所受压强很大的时候会融化成水。其熔点每降低1℃大约需要130个大气压，如果想在–5℃的环境下滑冰，需要施加给冰的压强约为5×130=650个大气压，然而冰刀的刃部面积不超过10 cm²，以一个正常人的体重，对冰面造成的压强也不过10 kg/cm²~20 kg/cm²，而650个大气压约是650 kg/cm²，差距确实太大，不足以让冰熔点降低5℃。

然而为何人确实能够穿着冰鞋在–5℃的环境下滑冰呢？

【题解】其实这问题并不复杂，因为冰刀和冰面的接触面积并没有题干中那么大，由于其和冰面的接触只有几个突出点，于是总面积并不会大于0.1 cm²。于是现在一位体重60 kg的人滑冰时将能给冰带来至少600 kg/cm²的压强，满足了使冰熔点降低的要求。

当然，如果天气太过寒冷，那么再想让冰达到这个更低的熔点就不太容易了，滑冰会变得非常困难。

35. 冰的熔点

【题目】上一节提到，高压可以使冰的熔点降低，那么这个现象有没有限度呢？

【题解】虽说130个大气压就可以使冰的熔点下降1℃，然而这个现象也是有限度的，它的熔点最低能降低到–22℃，这需要2 200个工程大气压。

所以，在–22℃的低温下滑冰非常困难，因为即使高于2 200个工程大气压，冰也不再降低熔点，锋利的刀刃带来的巨大压强已经不能产生复冰现象。

36. 干冰

【题目】"干冰"是一种什么物质？这种称呼有什么意义？它有什么用？

【题解】我们把固态二氧化碳称为"干冰"。原因是它很像冰块，并且没有水分，所以称之为"干冰"。

对装在密闭容器中的液态二氧化碳施以70工程大气压的高压，之后放走强烈蒸发的气体，能够省下一些疏松的雪状固体。将这些雪状固体压缩后，就是"干冰"（图100、图101）。它不像别的固体那样加热后变为液态，而是会直接升华成气体，这个特性便于物品的冷冻，不会使产品受潮，是制作冷凝剂的好材料。

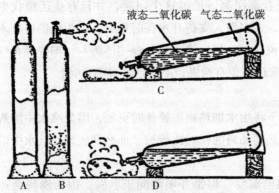

图100　A：在一个封闭的厚壁罐子装有液态二氧化碳。液体下侧，是二氧化碳气体；B：当阀门打开，液体由于压力的降低而沸腾；C：罐子被倾斜，以便将液态二氧化碳倒入绑在阀门上的袋子里；D：袋子被二氧化碳的冷凝蒸气所填充，进而里面会剩下冷凝固体

图101　从装有二氧化碳的袋子里倒出疏松雪状物；它被压紧后，就成为"干冰"

除了几点，它的制冷能力是普通冰块的15倍，蒸发非常缓慢。如果用它保存水果，10天时间内可以不用再更换干冰[1]。

37. 水蒸气有颜色吗

【题目】水蒸气是什么颜色？

【题解】其实水蒸气并不像大多数人认为的那样呈白色，而是完全无色，完全透明的。那些会造成误导的白色大雾其实是小水滴构成的，并非

---

[1] 简单进行包装后的干冰球可以用来保存易溶化的物品比如冰激凌，用这种干冰球保存的冰激凌能够40 h不化。它本身低温，升华过程中形成的碳酸气体同样低温，覆盖住干冰可以更加明显减慢升华速度。它不仅完全无害，还能防止火灾的发生。

气态的水蒸气。除此之外，云彩同样不是水蒸气组成，而是比雾气更加细小的小水滴构成。

38. 生水和开水

【题目】相同条件下分别将生水和凉开水加热到沸腾，哪个耗时更短一些？

【题解】很多研究者都深刻讨论过这个问题，并且有些还跟我电话交流了一下。不得不说，大多数人支持开水耗时更短，因为他们说开水已经沸腾过一次了。虽然说地球上每一滴水都曾经"沸腾"，都曾经是气态的，然而这个理由看起来还是很有意思，不过到底对不对呢？

并不。

事实证明，同条件下将生水加热到沸腾耗时更短，因为沸水中溶解的空气非常少，导致了加热到沸腾的耗时比较长。那么到底为什么水中溶解的空气会加快沸腾呢？

沸腾状态虽然会加剧蒸发，但是并不等同于蒸发，因为沸腾会产生气泡。

39. 用水蒸气做热源

【题目】能否用100℃的水蒸气加热水并使其沸腾？

【题解】答案是不能。它只能将水加热到100℃，但是并不会沸腾。因为当二者温度相等时，二者之间的传递中止，然而水蒸气的热量也仅仅是将水加热到100℃而已，让水沸腾的那部分热量它无法提供，于是水只会达到沸腾温度，但并不会沸腾，依旧是液体。

40. 托起沸腾的壶

【题目】假如你看到图102那样用手托着装有沸水的壶，虽然不是你你也可能会感觉特别疼。然而，据说只要将手和壶的接触时间控制在几秒，就不会烫伤手掌。虽然我并不敢这样尝试，但是我的一位大胆的学生

试过这样做，并且证实了这一说的真实
性。这是为什么呢？

【题解】人们往往认为热量会因
为保证沸腾而使在壶底的传导受到了影
响，降低了壶底的温度，于是当沸腾停
止，手就能清楚地感觉到烫了。这种说
法并不正确，因为手碰到壶的别的地方
就会受伤，而这一理论显然不能解释这
种问题。并且由于汽化作用，壶底的温
度并不会比水低，那么这100℃的高温
肯定会烫伤手。

图102 试验并不像想象的那么危险

正确的解释在这里：刚烧开的水壶，壶底有一层非常小的水泡，当手
碰到壶底时，二者温度很快就保持一致。之后，这一层气泡隔绝了很多的
热量，导致手察觉不出烫。当然，在气泡消失之后，如果手还托着壶，那
就百分百会被烫伤了。

这个试验只能使用底部光滑平整的壶。如果壶底不干净或很粗糙，那
你的手可能就遭殃了。

41. 炸和煮

【题目】为何炸的食物比煮的食物好吃？

【题解】油炸食物不仅用油更多，并且烹饪过程有大区别。油的沸点
比水高出1倍，为200℃（被油烫伤的感觉，可想而知），可以在烹饪中达
到更高的温度。而高温会使食物中的有机物变得更加好吃。所以，炸肉比
煮肉好吃，炸鸡蛋也比煮鸡蛋好吃。

42. 烫鸡蛋

【题目】刚从沸水里拿出来的熟鸡蛋为
何不烫手（图103）？

【题解】刚从水里取出的熟鸡蛋外边包

图103 从沸水里拿出来的鸡蛋
并不会烧伤手

裹着一层沸腾的水。这层水在接触空气的时候会迅速蒸发吸热，鸡蛋外皮也迅速冷却，所以手感觉不到烫。然而，一旦鸡蛋表面的水分蒸发完毕，手立即就能感觉到烫。

43. 风对温度计的影响

【题目】寒风对温度计示数有影响吗？

【题解】寒风似乎会让温度计降温从而使示数降低，然而如果温度计干燥那么事实上是不会有任何影响的，毕竟温度计是物体，不是动物。当然，风能够使我们的身体更快感觉到严寒，但是这是因为风带走了皮肤表面带有热量的空气，加快了热量流失。然而，干燥的温度计示数并不会因为这个而有所改变。

44. 冷墙定律

【题目】有一个非常古老的，名叫"冷墙物理定律"的定律，想不想知道这是怎样一个定律？

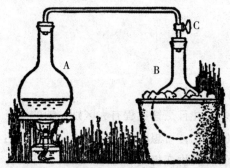

图104 解释"冷墙定律"的试验

【题解】这的确是一个非常古老的名词，现在估计已经没人知道这个名词了。

如图104，C阀没有被打开，AB两容器不通。此时A容器内水温度100℃，气压为760 mm汞柱；B容器内水温为0℃，气压为4.6 mm汞柱。现在若打开C阀，则A中水蒸气进入B冷却成水，A中气压并不会比B中气压大，并且整个过程中B内气压并不会增大。

所以，这个现象可以这样描述：

"当盛有不同温度液体的两容器连接后，内部气压将趋向未连通时低温容器容器内的气压。"

这个规则公布之后立即在读者之间传开了，他们将这条规则叫作"冷墙定律"，这个模型也就是初具雏形的冷凝器。如图105，此装置连接了两只空心玻璃球管并将其中空气放干净，充满了水蒸气和水的混合物。将水置入上方的玻璃球，然后将下方玻璃球埋在冰中。此时根据"冷墙定律"，上方将对下方施加压力，水蒸气凝结是压力降低，上边的水开始沸腾。然而，沸腾消耗大量热量，虽然没有直接碰到下边的冰块，但是沸腾依旧会终止。

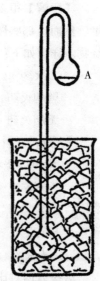

图105　冷凝器：当下方的容器冷却时，上方容器里的水会凝固

45. 燃烧值

【题目】现有白桦树皮和干燥山杨树皮各1 kg，哪一种燃烧时产生的热量更多？

【题解】人们大都认为白桦树木柴燃烧值大于针叶类树木的木柴比如山杨木。同等体积下，大多数人的观点是正确的，白桦树燃烧释放的能量更多。然而，物理学家和技工计算燃烧值的时候依据的是质量，而白桦木的密度是山杨木密度的1.5倍，这两种木材的燃烧值相同。其实，不光这两种，所有的木材，只要是1 kg，那么它们燃烧产生的能量都是相同的。

所以，说白桦木比山杨木好烧只是比较了同等提及的木材而已。

然而，有一件有趣的事情是，我们用1卢布去买木材，不管买哪种，买到的热量都是相同的，因为木材的价格和木材的质量成正比。

当然这并非绝对，在不同场合不同需求时选用的木材也不一样，虽然1 kg的木材释放的热量相等，但是它们的应用方面还是有区别的。一些工厂喜欢使用燃烧较快的山杨木，而如果是家里的壁炉，那么当然是使用燃烧缓慢、密度更大的白桦木更好些。

46. 火药和煤油

【题目】点燃相同质量的火药和煤油，哪种产生的热量多？

【题解】很多人错误地认为爆炸的破坏力是因为其内部释放了巨大能量。然而，那些爆炸物在爆炸时释放的热量甚至还远不如生活中的常见燃烧物。详情如下：

（火药）	燃烧1 kg获得热量（kJ）
黑烟火药	3 000
无烟火药	4 000
无烟硝化甘油	5 000~6 000
（常见燃烧物）	燃烧1 kg获得热量（kJ）
干柴	13 000
煤	30 000
石油	44 000
煤油	45 000

这些数据对比确实让人惊讶，不过，总的燃烧物可不仅仅是燃烧物本身，还有消耗的氧气，而这些小号的氧气质量竟可以达到燃烧物的2~3倍之多。就拿煤来举例，仅仅理论上完全燃烧1 kg煤就需要消耗2.2 kg氧气，理论上完全燃烧1 kg石油需要2.8 kg氧气。这只是理论上，更不要说实际了，实际消耗的氧气只会更多，因为不完全燃烧消耗的氧气量更大。

不过就算这样修正一下之后，也还是比爆炸物产生的热量高很多。比如修正过后的煤，其燃烧值依旧是火药的3倍，那么如果用火药取暖显然是不合适的。

那么，既然爆炸物燃烧值更少，为何爆炸物破坏力如此可怕呢？

爆炸能在非常短的时间间隔内释放它的能量，在某个很小的空间内形成强大的冲力。举个例子，炮管里的炮弹将受到4 000个大气压的强大压强。如果火药燃烧很慢，那么瞬间推动力就没有这么强，可能炮弹根本无法打出去。于是，火药的燃烧能够在0.01 s之内就结束，带给炮弹巨大的冲力。

47. 火柴棍

【题目】火柴棍的燃烧功率是多少？

【题解】看起来这个问题很有意思。那么现在来看看火柴棍燃烧所释放的热量是多少，并且计算一下火柴的功率。

火柴很小，这个毋庸置疑，然而火柴的能量却并不像想象中那样少，功率也并非像想象中那样微弱。如果用精密仪器测量，能得出火柴的质量大约是0.1 g。当然如果没有精密的仪器，则可以用火柴的体积乘以其密度0.5 g/cm²。1 g火柴棍材料燃烧时能够释放12 500 J的热量，那么一根火柴能够释放1250 J热量。火柴棍能燃烧20 s，那么其功率为W，超过了一般的电灯泡（50W）。

难以置信的是，卷烟的功率甚至比不上火柴，只有20 W[1]。

48. 清理油渍

【题目】若衣物上沾上油渍，可以用熨斗对其进行清除。那么这里边有什么科学依据么？

【题解】虽然很多有经验的人都知道这种清理油渍的方法，然而却很少有人知道为什么。随着温度的升高，液体的表面张力会减小，正是因为此才使得油脂能很轻松被去除。

麦克斯韦在《热学原理》一书中指出："油脂的各部位如果温度不同，则油脂会向冷的地方移动。现在如果用熨斗和白纸分别接触布料的两面，那么油脂会沾在白纸上。"

他记载的是正确使用熨斗除油的方法，纸要放在熨斗另一面。

49. 溶于水的氯化钠

【题目】相同条件下，40℃的水和70℃的水，哪个可以溶解更多的食盐？

【题解】很多固体在温度高的水中溶解度大些，比如糖，其在100℃的水中溶解度为83%，而在0℃时仅为64%。然而，盐并非如此，它的溶解度随温度变化非常小，并且经由试验得出，其在0℃的水中溶解度为26%，在40℃和70℃的水中溶解度一致，都为27%，在100℃的水中溶解度也仅仅28%而已。

---

[1] 烟的质量约为 0.6 g，能够燃烧 5 分钟，释放约 12 500 × 0.6 J 热量。由此计算得出。

第五章

声学和光学

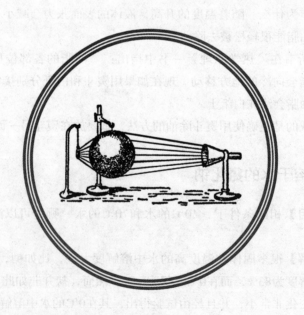

1. 雷电

【题目】能否根据雷电强弱判断其和你之间的距离？

【题解】雷声的振幅特别大，称为"爆炸波"，其和我们经常听到的声波有所不同，其会在自己短暂震动的最末尾才迅速散成普通声波，刚一开始的速度比声波快很多。然而这现象并无法持续太长时间，速度也会迅速降低。试验指出，爆炸波的初速度能够达到声速的40倍之多，约是12 km/s~14 km/s。

当雷电穿过大气层时，其速度是刚开始的速度，比光速快很多，于是导致了啪啪声。

一般的时候，雷声有个"前奏"。但是，如果爆炸波并未演变成普通声波，那么就会在闪电出现的同时或者出现后不久听到炸雷声响。这预示着暴风雨即将来临。

还有一种时强时弱的雷声，通常会在闪电之后的几秒才会传来闷响。然而如果妄图用闪电和雷声的间隔时间乘上声速来估算闪电和你的距离，就会得到错的答案，因为爆炸波刚开始的时候速度远大于声速。

然而这种间隔时间×声速的方法并非没有用，在雷声方面可能不适用，却适用别的方面，比如炮弹的发射。炮弹发射后2 s内爆炸波已经变成了声波，所以用间隔时间×声速的方法估算炮管的距离还是可以的，差距并不是很大。

2. 可以加强声音的风

【题目】为何风可以加强声音？

【题解】拉库尔和阿佩里在《物理学起源》一书中提到：

"风向哪个方向吹，哪个方向的声音传播就更顺利，这是常识。"

我们总以为风加快了声音的传播，然而就算是大风，也不过10 m/s的速度，这种速度和声速比起来差太多了，就算风逆着吹，按照这种理论声速也还有320 m/s，变化并不大。那么这种现象究竟应该从何说起呢？

图 106 风如何改变了声场的结构

英国物理学家约翰·金塔尔曾解释过这一现象，他认为高空风速大于地面风速。如图 106，虚线圈是声音在静止空气中传播的轨迹，然而，由于风向上的声场变化较快，导致声场在风中出现了实线圈那样的轨迹。AB 方向的声音在每一点都会向下偏转，导致其声音呈 Ab 方向，于是能够到达 b（图 107）。AA 方向的声波由于在每一点都会向上偏转，导致其声音呈 Aa 方向，无法传到 D 点（图 108）。

图 107 顺风的声波是如何变化的

图 108 逆风的声波是如何变化的

所以，顺风方向的地表会接到更多声波。

所以，根据他的理论，声音能够随风变化正是因为声场的结构因为风产生了某种变化……当然，按照他的理论，究其根本也还是速度发生了变化。

3. 声音的压强

【题目】声音能给耳朵带来多少压强？

【题解】声音带来的压强如果想被感觉到的话最少需要0.05 Pa。然后，虽然这个压强随着声音增大而成百倍千倍的增大，但是由于基数很小，导致增大后也不过尔尔。计算得出，喧闹的大街上声音带给耳朵鼓膜的压强大约为1 Pa~2 Pa，也就是$\frac{1}{100\,000}$到$\frac{1}{50\,000}$个大气压。我们现在列举一些工厂车间中的常见噪声以及其给鼓膜带来的压强（在工业生产中噪音限度是0.3 Pa）。

车间名称	压强（Pa）
抛光	0.7
斩截	0.75
轧钢	1.85
锻造	1.9
冷凝	2.6

如果这个压强大于$\frac{1}{4}$个大气压，耳朵就会有失聪的危险——鼓膜破裂。

4. 木门的隔音效果

【题目】我们都知道在圆木的一头敲一下，在另一头听到的声音很清楚，这证明木头的传音效果很好，比空气好。然而，为何隔着木门无法听到房间内的谈话呢？

【题解】这看起来很难理解，不过根据资料数据仔细想想其中的道理也就不那么难以解释了。

正因为木头钟声音传播更快，所以声音在从空气介质进入木头介质的时候会向偏离法线的方向折射。根据最大折射定律，这个折射的临界角非常小，所以只有少部分的声音能够进入木头，其他都反射了。所以，木门便会阻碍声音。

5. 折射镜

【题目】都听过光的折射镜，那么有没有声音的折射镜呢？

【题解】答案是有，并且制作方法也不是特别难以想到。

将许多导线编织成半球形网格并在其中充入细毛用来阻碍声波。现在这个半球的效果类似凹透镜，用来聚音。在半球旁边放置一个厚纸板，目的是促进声音的折射（图109），除此之外，在S点放置一个声源，在F点放置一个声音敏感装置，这就是一个声音折射镜。

当然还有其他种类的声音折射镜，比如一个人这样描述他和他同伴的作品：

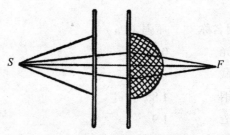

图 109　细毛做成的声音透镜

"这个透镜是我们用充气的胶状气球制作而成，里边的气体是二氧化碳。这个气球非常薄，非常小的碰撞都会被察觉。现在我们在气球不远处放了一个发声的东西。之后，我们用一个漏斗形物体罩住耳朵，然后用它靠近声源另一头1.5 m的地方（图110）。

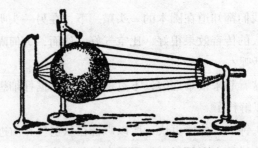

图 110　二氧化碳气球的声音透镜

"多次寻找之后，我终于找到了声音最大的那个点，想来这里就是声音的焦点了。如果把耳朵挪开，听到的声音就会变小。如果耳朵不动，将气球挪动，声音同样会变小，不管在哪里，除非放回原位。那么，就是这个神奇的透镜及这个漏斗让我听到了清楚的滴答声，这二者缺一不可。"

6. 声音折射

【题目】若声音即将从空气进入水里，会发生折射还是反射？若是折射，那折射的声音相对法线会如何？

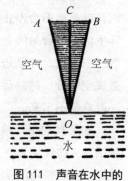

图 111　声音在水中的折射

【题解】如果依据光线的折射来看声音的折射那就错了。光在水中传播的速度慢于空气中，然而声音正相反，于是这两者并不能混为一谈。于是声音从空气进入水中会向远离法线方向折射，并存在临界角。根据各种数据（传播速度之比）推算，得出此临界角为13°。于是可以作图111。图中可以看出，AOB锥形区域内的声音可以折射进入水里，但是之外的声音则会在水面被反射。

7. 壳里的声音

【题目】为何将耳朵凑近碗口或者海螺口的时候能够听见声响？

【题解】由于壳状物类似一个共鸣腔，能够聚集我们无法听到的声音。而这种声音听起来如同海浪一般。好些传说就是因此而来的。

8. 共振

【题目】在共振器里的音叉声音增强得特别明显。这是为何？

【题解】这只是现象的表面。它的声音虽然加强了，但是它的持续时间缩短了，根据能量守恒定律可知音叉和共振器发出的能量之和守恒，如果声音加强，那么持续时间肯定缩短，并不会获得多余能量。

9. 消失的声波

【题目】声音越来越小，是因为声波渐渐地消失。那么声波去哪里了？

【题解】声波的能量以别的形式出现了——空气分子的热运动及墙壁的震动。

如此说来，如果空气分子间没有摩擦并且墙壁会完全反射声波，那么声音就永远不会停止，一直存在于空间之内。然而这是不可能的，所以实际生活中声音最终会消失。实际上，普通的房间里声音会在墙壁间来回反射二三百次，并且每次反射都会损失能量，转化为墙壁的温度。并且还会造成空气分子的热运动，增加空气的温度。只是，这增加的温度很微弱，一般察觉不出来。

如果真的想要检测到热量变化，那么传递1J就需要一个人一晚上一直说话。《物理学》一书的作者诺尔顿教授在书中提到："如果想要点亮一盏电灯，就需要1万人用最大的力气大喊。他们大喊多久，电灯就亮多久。"

10. 可见的光线

【题目】光线是否可见？

【题解】大部分人声称可以看到光线，此刻如果你告诉他们他们其实并不能看到光线，他们也许不会信。我们也是一样，在声称"看到"了光线的时候，一般是看到了被照亮的某个物体。这些物体可以被我们看见正是因为光线，但是这些光线本身并不可见。

下边是约翰·赫歇耳[1]的观点：

"视觉的产生需要光，然而光线并不能被我们看见。很多人认为看见了光，很有可能是小孔中射到黑暗空间中的光线，抑或透过云层的太阳光。然而，我们这个时候看到的是光被尘埃和小水滴反射的结果，并非光本身。与此道理相同，玻璃灯罩透过的光也是如此原因。

"准确说来，我们能看到月亮也是因为反射了太阳光。我们认为，月

---

[1] 威廉·赫歇耳之子，杰出的天文学家、物理学家。

亮沿着其轨迹不断运动，当处于某一地点我们就能看到它，并且，如果假设眼睛在月球的位置，那么我们可以看到太阳。由此可以看出，太阳光存在于任何一个位置，但是其自身不可见，相对于星辰等，都只是某种过程。于是，尽管我们的世界被各种光笼罩，但是我们仍然处于黑暗之中。"

有些人认为这种观点并不正确并且举出了反驳例子，他们认为我们能够看到星星发出的光，它们的光点在眼中分割成条条光线，指引着我们去寻找光的源头。然而，这只不过是虚拟的现象而已，那些所谓的星光只不过是晶状体折射光线造成的。达·芬奇说过，如果透过小孔去看星星，那么我们什么也不会看到，此种情况下，星星就像是被照亮的灰尘一般，微弱的光束并不能穿过晶状体到达眼睛。当然，那些交错的光线，只不过是睫毛的衍射罢了。

11. 日出

【题目】（1）众所周知，太阳光从发出至到达地球需要8 min多。现在有两种情况：（a）地球公转，太阳静止。（b）太阳绕地球旋转，周期24 h，地球静止。在这两种情况下，日出是什么样的？

（2）我们的眼睛和光学仪器会在光传播的瞬间出现何种变化？

【题解】（1）这个问题上很多人（甚至包括一些物理学家）倾向于"日出比我们看到的早8 min"这一说法。并且，如果将问题中的太阳置换成距离我们10光年的天狼星，从他们口中得到的答案大概是"天狼星升起比我们看到它要早10年"。

其实准确说来，光的瞬间传播并不能改变天体"升起"的时刻，因为光线早已经笼罩了某一面地球，只要我们的地区沐浴在了阳光下，我们就能瞬间看到太阳。

那么，如果就像题中（b）所说，太阳绕着地球旋转并且周期24 h的话又当如何？结论会不会变呢？

虽然地心说和日心说是两种截然不同并且对立的学说，但是关于这个问题，二者却能够得到相同的答案。现在，宇宙在10亿年的时间之内被太阳光笼罩（当然除了阴影部分），那么对于地球上的某一地区来说，不管是太阳在转还是地球在转，离开了阴影就意味着被太阳光照射到，只不过地球转是点去寻找阳光，而太阳转是阳光去寻找点。不管怎么说，日出都是同一时刻观察到。

当然，虽然日出不是8 min前的日出，但是日出我们看到的光，确实是8 min之前太阳发出的光，我们看到的太阳，也是8 min之前的状态。

（2）如果光是瞬间传播，那么就不会产生折射现象了。折射现象的成因是光在折射率不同的介质中传播速度不同，那么速度不变的话也就不会折射。于是说，光如果瞬间传播，我们就不会看到物体的轮廓，因为我们的眼睛依赖折射，同理，光学仪器也是如此。折射望远镜内部的目镜是一个微小的孔洞，虽不能将影像扩大，但却能够帮助我们分辨物体轮廓。自然，如果没有折射望远镜，那么我们只能分辨出光和影。

12. 消失的影子

【题目】有太阳的日子里，我们能够清楚地看见路灯的影子，但是看不清楚或看不到电线的影子。这是为何（图112）？

图112　为什么电线"留不下"自己的影子

【题解】解释这个问题，要涉及一些几何学。电线的影子取决于太阳表面切线到电线表面切线的延长线长度。这么说可能有些笼统，那么可以参照图113来进行分析。

此时如果在A点观察太阳，太阳会被电线挡住，此时∠A大约为0.5°。此时，由于物体影子长度等于其57倍直径和太阳切线延长线相交角的比值，于是现在设电线界面直径0.5 cm，可以求得电线的影子长度为：

$$\frac{57}{0.5} \times 0.5 = 57 \text{ cm}$$

这个结果比电线到地面的距离小太多了，于是电线的影子无法落到地面上。当然，路灯的影子很长，设路灯截面直径为30 cm，计算其影长为：

$$\frac{57}{0.5} \times 0.3 = 34 \text{ m}$$

由此可见，如果路灯不高于10 m，那么它的影子就能够落到地面。

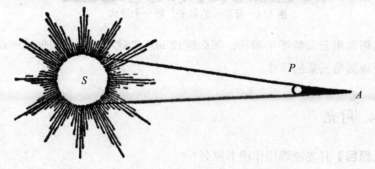

图113　电线 P 的影长 PA 很短的原因

13. 云影

【题目】如图114，是云本身大还是云的影子大？

【题解】正如上一节所说，云的影子并非扩大，同样是一个倒圆锥，并且由于云的截面面积本来就大，所以这个圆锥也非常大，100 m直径的云其影子"长度"（也就是从云到地面阴影的距离）将超过11 km。通过云的大小来计算云影的面积确实是一件有意思的事。

现在，假设一朵云飘在1 000 m高空，太阳光和地面夹角45°。那么此时云朵的影子长度约为$1\,000\sqrt{2}$ m，也就是约1 414m（$\sqrt{2} \approx 1.414$）。那么，从影锥顶端沿0.5°延伸到这里，那么其直径约是$\dfrac{1414}{115}$即约12 m。这就是说，若云朵长度小于12 m，那地面就不会出现全影。当然，大型云朵会在地面上留下全影，其全影长度约比云朵本身长度短12 m。

图114　云和云的影子，哪一个更大

然而如果云朵数千千米长，那么这12 m意义就不大了，根据这一点可以简便地测量云朵的尺寸。

14. 月光

【题目】月光能否用作读书照亮？

【题解】如果不说答案，仅凭想象，那么很多人会觉得月光亮度应该足以照亮书本。然而，尽管好多小说中都有月下苦读这一情景，但是月光并没有想象中那么亮，仅在月光下，书上的字迹很模糊，难以分辨。月光光强约为0.1 lx[1]，仅仅相当于3 m之外的蜡烛。然而就算是阅读平常的书本需要光强大于等于40 lx，那些字号更小的书本来说光强需要80 lx。于是答案也就显而易见了。

15. 黑色丝绒和白雪

【题目】阳光下的黑色丝绒更亮还是月光下的白色纯雪更亮？

---

[1]　勒克斯，光照强度单位，1 lx 代表 1 m^2 的面积上光通量为 1 lm。

【题解】曾经有一句黑白之间的经典老话："没有比黑丝绒更黑的，也没有比白雪更白的。"那么事实是这样吗？在我们用物理仪器测量过后，这个说法似乎就不那么正确了，因为阳光下的黑丝绒要比月光下的雪更亮。由于黑色的表面并不会百分之百地吸收落在其表面的可见光（"最黑"的炭和乌金也会反射1%到2%的光），导致其看上去并不像想象中那么黑。虽然它无法和雪的100%反光[1]相比，然而，月光的光强仅仅有太阳光的 $\dfrac{1}{400\,000}$。所以，就算雪100%反光，其反射的光也不及阳光下反射率仅为0.1%的物体，更不要提黑丝绒了。所以，反过来说，阳光下的黑丝绒比月光下的白雪亮好几千倍。

当然，不只是雪，类似钛白粉（TiO_2）及锌钡白（$BaSO_4$+ZnS）这类最好最白的颜料，在没有加热的情况下发出的光也不会大于其反射的光，更何况月光的光强仅仅是太阳光光强的 $\dfrac{1}{400\,000}$。

所以，这些颜料及雪虽然在太阳光下比黑色颜料亮，但是放在月光下就不行了。

16. 星光和烛光

【题目】现有一颗1等星及500 m外一支燃烧的蜡烛，它们之间哪个更亮？

【题解】正常情况下，烛火的光通量是星辰的10万倍。然而如果将其放在500 m外，那么它的光通量就和1等星所差无几了，大约都是0.000 004 lx。

17. 月亮是什么颜色

【题目】在我们眼里，月亮是白色；在天文望远镜里，月亮是石膏色；在天文学家的口中，月亮是暗灰色。那么为何说法不一呢？

【题解】月球能够反射的光只占总量的14%，这似乎也是天文学家称其为"暗灰色"的原因。除此之外，金塔尔在光学讲义中指出了"为何人

---

[1]　略夸大，雪的实际反光率约是 80%。

会看到白色的月亮"。下边是他的理解：

"照射在物体上的光，一部分被吸收，另一部分则被反射。照射物体的光是什么颜色，反射的光就是什么颜色，比如太阳光。就算太阳光照在黑色物体上，其也会反射回白色的光，烟囱里的黑烟被光照射，经由某种方式反射到屋子里，也是白色的。所以，月亮正如诗句中所说：

"'身穿天鹅绒，明亮，美丽。'

"就算月亮真的穿上黑天鹅绒，那我们看到的也是白色。"

当然，由于对比太过明显，黑暗的天空下任何微弱光源看上去都很亮。

18. 雪为何很白

【题目】雪的组成部分是透明小冰晶。那么既然小冰晶透明，为何雪不透明而呈白色？

【题解】雪和玻璃的碎屑一样都是白色。当然，我们可以说，所有物质的细小碎屑都是白色。用刀去刮冰块，得到的冰碴就从无色变成了白色，这正是由于光线在小冰碴里边不停地反射，导致各个方向的反射光混乱交错，呈现出白色。

所以这说明，雪本来是无色，但是由于分散性，导致了它呈现白色。现在若将雪用水淹没，雪就会失去白色，重新变为透明。下雪的冬天，在装有雪的玻璃杯里倒上一点水，就能很清楚地观察到雪变成了透明的。

19. 擦靴子

【题目】用鞋油将靴子擦得干干净净后，靴子会闪光，这是为何？

【题解】黑色鞋油并不能产生光泽，可是很多人都不明白这其中的道理。

当然，如果知道抛光表面和磨砂表面的区别的话，这个问题就迎刃而解了。人们认为抛光的表面光滑，磨砂的表面粗糙，这其实并不准确，因为并没有完全光滑的表面，所有的面都是粗糙的，这一点可以在显微镜下得知。假设我们从显微镜下观察一个"抛光表面"，得到的结果会如图115。缩小了1 000万倍后的人在这"抛光表面"上时就如同位于丘陵。

图115 如果人被缩小1 000万倍的话，被抛过光的小铁片就像丘陵地带一样

所以说，所有表面全部是粗糙的，只是粗糙度不同罢了。如果这些"丘陵"最高点到最低点的距离比光波长小，那么光波的反射就有规律可循，反射光线会平行，所以会在表面产生"闪光"，也就是抛光。那么如果其"丘陵"最高点到最低点的距离比光的波长大，那么光线的反射就不规律了，反射光不平行，无法形成镜面反射，导致表面黯淡无光，是为磨砂。

可以看出，"抛光"和"磨砂"有时并非绝对，在某种波长的光下某个面为抛光面，但是在另一种波长的光下可能就是磨砂表面了。但是对于那些最高点到最低点距离小于可见光波长（可见光平均波长为0.0005 μm）的那些表面就可以称作可以看到的抛光表面了。

那么现在再来看这个问题。没有擦鞋油的表面凹凸起伏更厉害，其最高点到最低点间距要比可见光波长大得多，于是就显得黯淡无光。可是如果涂抹上鞋油，就会使凹凸更加平整，减小了凹凸的程度，导致其最高点到最低点间距小于可见光的波长，于是使黯淡无光的靴子变得反光。

当然，像绸缎这样的纺织品，其闪光解释起来更复杂一些。

20. 彩虹的颜色

【题目】太阳光和彩虹分别有多少种颜色?

【题解】一般都认为太阳光和彩虹中都有7种颜色，然而这只是一个错误的答案而已，如果观察太阳的光谱，则只会发现5种基本颜色：红、黄、绿、蓝、紫。牛顿起初也只区分了这5种，并且在《光学家》一书中写道：

"光谱中最上端的是红色，其折射率最低，中间有黄色，绿色和蓝色，最下端的是紫色，其折射率最高。"

这五种基本颜色以渐变的形式存在，所以其中还有一些非基本色：红黄（橘黄）、黄绿、绿蓝、蓝紫（深蓝）。所以说，如果算上非基本色，有9种颜色；不算非基本色，则有5种颜色，不管如何都是得不到7种这个答案的。那么为何大多数人总认为是7种呢？

事实上牛顿在5种颜色之上加上2种是为了对应7个音阶。这就有点迷信的意味了，毕竟在古代，"球体缪斯"和"第七重天"[1]的说法是广为流传的。

太阳光分析完毕，接下来分析彩虹。彩虹就更没有7种颜色了，甚至都没有5种。一般的彩虹只有3种颜色：红、绿、紫。偶尔能够看到隐约的黄色，甚至还会出现白色。然而，"光谱有7种颜色"这一说法已经深深扎根在脑子里了，各种物理书中也是颇"认同"。当然，现在只有中学的书里还是这个说法，大学的课本中已经不会出现这个错误的说法了。

就算是这样，真正的5种颜色也并不容易全部观察到，需要用一定的方式方法。在不用这些方法的情况下，我们只能分辨红色、黄绿色及蓝紫色。但是如果我们用一些别的技术来一一鉴别光谱，那就可以分辨出150多种颜色[2]。

21. 有色玻璃

【题目】在绿玻璃下看红色花朵和蓝色花朵，它们分别会呈现出什么样子？

【题解】绿色玻璃之所以呈现出绿色，是因为它无法使除绿色之外的其他颜色透过。然而红色花朵和蓝色花朵只含有红色和蓝色的光，于是透

[1] 在《光与颜色》一书中，英国物理学家哈乌斯说："中古占星术认为，七大行星（算有太阳和月亮）是神的产物，太阳管理着天气和收成，其他的行星虽然无法对我们造成大的影响，但同样重要。一个月份分成了好几个星期，同样也是因为此。并且由于七大行星的原因，《圣经》之中的7这个数字就有了特殊含义，于是炼金术有了7种基本金属，音律有了7种基本音阶，光谱有了7种基本颜色。"这本书里还能看到与此相关的很多趣闻及牛顿的棱镜试验详细过程。

[2] 肉眼的分辨颜色能力很强，有人认为古罗马的绘画名家能够分辨出超1万种颜色。

过绿色玻璃的话，它们的颜色都会被挡住，导致看上去一片黑色。

彼奥特洛夫斯基是一位艺术家、物理学家，他十分爱好自然观察。他曾经在《夏日旅行中的物理现象》一书中记载了相关的一些现象：

"透过红色的玻璃看周围，可以发现，原本红色的天竺葵变成了纯白，绿叶变成了黑色，闪烁着金属光泽。那些蓝的花几乎已经和同样黑色的叶子融为一体，根本分辨不出来了，黄色、粉红色及淡紫色的花朵也都变得不那么透明了。

"现在，透过绿色玻璃看周围，绿色的叶子会变得更绿更明亮，叶子上边开着同样明亮的白色花朵。黄色和天蓝色变暗了许多，淡紫色变得有些类似暗淡的玫瑰夹杂着一些灰的那种颜色，红色则变得非常黑，就连野蔷薇花那样的鲜艳紫红色都黯淡了。

"最后，透过蓝色玻璃看周围，我们会发现红花和黄花变成了黑色，白花则更加明亮，平时的蓝色花朵也变成了白色。

"根据这些现象很容易就能得出结论：红色花朵提供的红光比别的花朵多很多；黄色花朵中，蓝色光很少，红绿则各占一半；紫红色花朵中，红蓝光很多，绿光很少。"

这些颜色的变化生活中还有很多，并且往往出人意料。

22. 银色的金子

【题目】何种情况下金会呈现银色？

【题解】如果想让金呈现银色，首先就需要使其失去金色。牛顿曾经做到过题目中的现象，他用某种东西挡住了黄光，之后用透镜收集其他的光。对于此他是这么说的："若想使金子呈现银色，只需要将黄色的光线用透镜过滤即可。"

23. 日光和灯光

【题目】印花布在日光下显示为淡紫色，在灯光下显示为黑色。这是为何？

【题解】灯光相比日光，其蓝光绿光相对较少。淡紫色印花布能反射的颜色并不能接收到，导致没有什么光线反射到人的眼中，所以它就会显得漆黑。

24. 天空

【题目】为何天空在白天时呈现蓝色，在日出日落时呈现红色？

【题解】屠格涅夫曾说过："天空如此蔚蓝，正是因为大地"。太阳光照在大气层上的确呈现白色，但是在我们抬头看向天空时，光已经被空气分子和尘埃散射。蓝色光波长较短，于是被散射了出来，其他的光波长长，于是"绕过"了这些分子和尘埃。于是，蓝光最容易被大气层禁锢，而红光则最容易透过大气层。

白天的天空散射蓝光，天空呈蓝色，日出日落时阳光几乎和大地平行，穿过的大气层变厚，导致只有穿透力强的红光穿过，于是天空呈红色。月全食的现象也能证明这一点：现象发生时，月亮的边缘出现红边。

《宇宙的运动》一书中，基恩斯解释了这种情况：

"对于这一点，就类似我们在码头观察大浪撞击码头的柱子，这些汹涌的海浪就当柱子不存在一样，绕过柱子继续汹涌着。

"然而那些小浪涟漪什么的可就没这种气势了，对于它们来讲柱子就是非常巨大的障碍了。它们撞上柱子之后就会被反弹，化作更小的波纹四散而去，这就类似'散射'。所以，那些柱子对长波没影响，但是可以让小波发生'散射'。

"根据这个例子，我们可以解释太阳光穿越大气层时的情况。星球周围存在很多气体分子、灰尘或其他一些什么的障碍，就和例子中的柱子一样。然后，太阳光相当于海浪。我们知道太阳光有好几种色光，波长最长的红光就像大浪，能够无视这些障碍继续传播，但是诸如蓝光等波长较短的光只相当于涟漪，会被这些障碍物散射。

"蓝光被各种散射后才得以从不同角度传到我们眼睛内，所以我们看天空都是蓝色的。然后，那些能够越过障碍的红光直接就被我们看到了。"

还有一种解释是由美国气象工作者提出的：

"光波到达观察者眼中时的相对亮度不同导致了看到的天空颜色不同。这个亮度取决于单位大小的障碍物对它的散射能力。如果大气中这些障碍比较少比较小，那么天空将呈现蓝色，如果这些障碍比较大比较多，那波长相对短的波就会更加明显地被散射，衰弱也更明显。此时的天空将依次呈现绿黄甚至红色。最后，当所有的光波都被散射，也就是障碍的大小或者密度非常大，天空就会呈现白色。

"这样看来，我们似乎能够得知早晨或者晚上天空中出现渐变颜色的原因了：地平线附近是红色，高一点是橙黄，其次是绿、蓝绿，等等。这正是由于太阳光线穿过大气层被我们看到时，穿过的尘埃等粒子数量大小不同。"

于是，按照这个理论，我们可以通过观察夜晚天空的颜色来判断晴雨。比如，如果天空呈红色，那就代表空气中小水滴很少，这晚没有雨；如果地平线呈现黄色绿色等，那就证明天气即将放晴；最后，如果看到天空灰沉沉的，就证明马上就要下雨了。

25. 宇宙中的生命

【题目】一篇名叫《进化论基础》的文中记述了一种生命起源的可能：宇宙中存在的微生物（物种孢子）在太阳光所发出的压力作用下渐渐远离太阳，当它们到达适合微生物发育繁殖的星球，就会将生命带到该星球上。文中是这么写的：

"阿列纽斯[1]认为，如果物种孢子从火星而来，那么需要20天到达，如果物种孢子从海王星而来，那么需要14个月到达。"

能够明确的是，这一段话中有明显的错误。那么，错误在哪儿？
【题解】书中明确指出物种孢子是在太阳光的压力作用下才在宇宙中

---

[1] 瑞典人，化学家。1903年曾获诺贝尔化学奖。

运动，那么阿列纽斯的话就不该被引用在这里，因为按照他的说法，物种孢子是在向着太阳的方向移动，这与书中提到的观点相左。当然，如果像下边这样说才符合实际：

"现在假设有一些离开地球的物种孢子，它在太阳光的压力下开始在宇宙中移动。这时，它从地球到达火星需要20天，从地球到达木星需要80天，从地球到达海王星则需要14个月。"

这本书中的数字的确正确，但是说法正好相反。

26. 警示灯的颜色

【题目】铁路的停车警示灯为何是红颜色？

【题解】红光的波长较长，穿透性强，不易被散射，相较其他色光来说能够传播更远。因为警示灯需要在很远的距离外做到紧急情况的提示，比如火车司机需要在障碍物很远的地方就开始刹车才能避免危险，于是红色自然成为最好的选择。

红光由于良好的穿透力，同样被应用在了灯塔上。雾天，红色信号灯4 km外依然能看到，然而白光信号灯在2 km之内才能被看到。并且，天文摄影中也有红光的应用，比如红外望远镜及滤光镜。普通的摄影无法详细拍摄火星表面的情况，只能拍摄行星的大气层，而红外摄像机却可以拍摄行星的表面。

除此之外，此种技术还被应用在了军事领域，能够远距离对敌方控制区进行观测和拍摄。

27. 光的折射率

【题目】光的折射率取决于介质的什么属性？

【题解】有一种"介质密度越大折射率越大"的说法，还有人说"光从密度小的介质进入密度大的介质会近似垂直"。这两种说法的确大部分情况下适用，但并非全部适用。

众所周知，两种不同介质的相对折射率取决于两种介质的绝对折射率。那么，光在某种介质中传播速度越小，介质密度是否就越大呢？

绝对真空、空气和水中并没有这种关系。现在将空气密度设为1，那么绝对真空的密度就为0，水的密度则为770。然而，如果设光在空气中的速度为1，那么真空中光的速度为1，水中光的速度为0.7。可以很明显地看出并没有什么特殊的比例关系。并且，还有一些非常少见的情况：某两种介质密度相同，但是光在其中的传播速度并不相同。比如稀释硫酸锌和氯化物。同样的，光在某两种介质中的传播速度相同，但是这两种介质密度却不同。比如，光在玻璃和松油中的传播速度相同，但是玻璃的密度却是松油的两倍。这也是在松油中的玻璃无法被看到的原因。

当且仅当同一种介质处于不同温度和压力的条件下，折射率和密度成反比。

除了上边这种误解，还有一种对"密度"一词的解释不正确引起的误解。其实，有一个名词"光学密度"，可以对比两种介质的折射率。介质的光学密度越大，折射率越大。

28. 透镜问题

【题目】爱迪生曾经问过一个问题：

"（1）将折射率分别为1.5和1.7的两块玻璃做成两个相同大小相同形状的双面凸透镜，它们的聚光效果有何区别？（2）如果将它们置于折射率1.6的无色透明液体中，再向它们发射平行光束，后果如何？"

【题解】（1）它们的焦距不同。形状和大小相同的两块透镜，折射率不同则焦距不同。题目中的这种情况，后者（折射率较大）的焦距比前者短28%，焦距越短聚光效果越好。

（2）这种情况下，透镜对光的影像也是不同的，由于前者折射率小于液体折射率，导致光线发散；后者折射率大于液体折射率，导致光线聚合。

29. 地平线

【题目】见图116，为何月亮在地平线附近时显得比高挂在空中的时候大些？为何我们无法看清楚"大月亮"上的细节？

【题解】如果试图去找这个"大月亮"上更多的细节是不可能的，毕竟如果想找到新的细节，需要用更大的视角去观察月亮。然而，观察地平线附近的月亮时视角并未扩大，甚至反而比高挂当空时距离我们更远一些。

玛丽雅·契诃娃在对哥哥契诃夫的回忆中曾经提到：

"在一个晴朗的夏天傍晚，地平线附近那个太阳非常红，非常巨大。我们忽然想，为何它比正午时候更大更红呢？我们讨论了一番之后认为，也许太阳早已经在地平线下面了，然而大气层像棱镜一般将它的光折射了过来。虽然，我们看到的依然是太阳，但这个时候已经不是它原来的大小和颜色了。"

图116　什么时候能看到月亮上更多的细节？月亮当空时，还是落在地平线附近时

除了契诃娃的这段话，某个科学杂志上也记载了这样一段并没有比契诃娃高明多少的言论：

"因为地平线附近的折射率骤增，导致太阳和月亮在地平线附近看上去要大一些，使它们在地平线附近时显得又大又红。"

　　然而，折射率并没有像这段话中所说那样增加，并且在地平线附近，太阳和月亮甚至会变得椭圆（图117），上下距离减小。于是，太阳和月亮在地平线处疑似"变大"的情况实在有些匪夷所思，谁也说不出个所以然。只是，被公认的事实是，大气折射和这个一点关系也没有。

　　所以，我们看到的"增大"现象并非相同于显微镜或望远镜下物体的放大。光学仪器通过改变光线照进眼中的方向改变视网膜上的物体影像，使影像被拉伸，落在视网膜的更多地方，而并不会改变物体本来的大小和到眼睛的距离。

图117　大气折射对于地平线附近太阳形状的影响

　　月亮和太阳在接近地平线时，我们眼中的景象并没有扩大，不可能看到更多的细节。

30. 孔板放大镜

　　【题目】观察图118，为何带孔的硬纸板能够充当放大镜？

　　【题解】虽然达到的效果相似，但是小孔的原理和放大镜并不同，透镜改变了光传播的路径，而小孔则是通过阻碍一部分在视网膜上形成模糊影像的光，从而使被观察物既不会损失清晰度又向眼睛靠近，起到光阑的作用。此时和上一节中太阳在接近地平线时的视觉假象不同，透过小孔可以看到很多被观察物的新细节。

　　当然，由于透镜并没有阻碍任何光，于是其影像更明显，小孔还是无法完全取代它。

图118中，被观察物位于眼睛2 cm的地方。一般来说，不近视的人如果想使落在视网膜上的影像最清晰，应该选择25 cm这个距离，也就是说，现在我们自然的拥有了12.5倍的线性放大率，只是，这只在光线充足的时候管用。

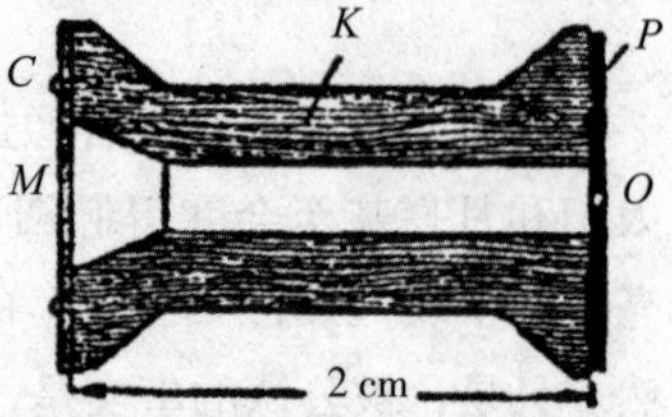

图 118　木板筒做的放大镜。被观察的客体被贴在透明的玻璃纤维圈 C 上，通过纸板 P 上的细孔 O 在被看到。纸板中呈现出一个放大的影像

31. 太阳常数

【题目】太阳常数指太阳和地球连线的中点处，垂直太阳光束方向的单位面积上在单位时间内接收到的总辐射能，是一个能量单位。

现在来思考一下，冬天的回归线附近以及夏天的极地哪个地方的太阳常数要大一些？

【题解】太阳常数是一个固定值，不管哪个纬度哪个时间点都一样，都是8 J/cm² · min，太阳直射时无论哪里无论什么时间，1 cm²内获得的能量是一个固定值。当然，虽说如此，但是在地表的太阳常数因为气候、季节、照射角等等的原因而不尽相同，毕竟极地没有直射，赤道一年内也仅有两次直射而已。

不过，用最精准的话说，太阳常数在一年内并非一成不变。毕竟地球的公转轨道并非圆形而是椭圆，导致地球和太阳的距离在一年之内不断变化。一月一日的时候，二者间距要比七月一日的二者间距小上3.5%左右，也就是说，一月份的太阳常数比七月份的太阳常数大7%，也正因为此，冬天并不会特别严寒，夏天也不会特别酷热。

32. 最黑的物体

【题目】最黑的物体是什么？

【题解】说起黑色，一般人会认为没有光照到眼睛里的事物叫作黑色。不过，自然界里，似乎并没有真正的黑色物体，任何物体都是多少会有一点反光的，比如炭、黑金、氧化铜等，都只是某一部分没有被光照射

而已。不过，虽然没有绝对黑的物体，总该有最黑的物体。这个最黑的物体就是"洞"。

"洞"？为何是洞呢？令人费解。

这里的"洞"并非天下所有洞，而是一些有某种环境条件的洞。比如在内部涂黑的盒子上打一小洞，或者将煤油罐塞子弄开，那么这两个洞是最黑的。以第一个为例，通过小洞进入盒子的光线被盒子吸收了极大一部分，之后反射的那极小一部分又很难从小洞出来，结果再次反射到黑色的盒子内壁，然后再次被吸收极大部分，就这样吸收几次之后，基本就不会有光进入眼睛了。

这么看可能有些不好理解，那么可以用代数的形式来使这一过程更加直观。现在假设黑色盒子内壁会吸收的 $\frac{9}{10}$ 光，反射 $\frac{1}{10}$ 的光，那么反射第一次的时候，光剩下了 $\frac{1}{10}$；反射第二次的时候，光剩下了 $\frac{1}{10} \times \frac{1}{10} = \frac{1}{100}$；反射第三次的时候，光剩下了 $\frac{1}{10} \times \frac{1}{10} \times \frac{1}{10} = \frac{1}{1000}$。基本上已经没有了。假设初始光强度为1，那么可以得出，反射20次之后，光的总强度会剩下 $\frac{1}{10^{20}}$，也就是0.000 000 000 000 000 000 01。

这么点光强，眼睛基本看不到了。

假设这种光来自太阳并有100 000 lx，那么反射20次后就剩下了0.000 000 000 000 001 lx。然而，肉眼能看到的最低光强为0.000 000 04 lx，反射20次后的数值比这个数字小好几个数量级，并不会被看到了。

所以，这种有小洞的盒子确实是最黑的物体了，物理学上，它被称作"人工的绝对黑色物体"，即不论在何种温度都能100%吸收照射光线的物体。

33. 太阳表面

【题目】如何得知太阳表面的温度？

【题解】一般我们依靠上节中提到的"绝对黑色物体"及其辐射来计算太阳表面的温度。斯捷潘发现的物理定律表明，绝对黑色物体具有一个特性：其能量和其开尔文温度的四次幂成比值关系。比如，2 400 K时绝对黑色物体释放的能量是800 K时的3^4倍。

　　现在我们假设地球就是一个绝对黑色物体，地球表面平均温度是290 K。当然，这就是个假设，地球并非绝对黑色物体，地球表面温度也并不平均，这些都会对计算结果造成影响……然而我们目前必须暂且忽略这两类变量。

　　按照几何学的说法，太阳球的面积占据了天球的$\dfrac{1}{188\,000}$，现在假设地球处于半径为日地间距即150 000 000 km的公转中心并且太阳占据整个天球，那么地球得到的辐射将是实际数值的188 000倍，那么根据热传递的原理，地球获得热量后达到的温度应该和热源（太阳表面）温度相一致，地球的辐射和太阳的辐射也应该是相等的，获得多少能量就释放多少能量。

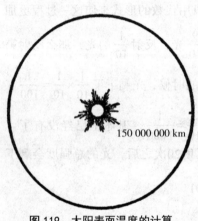

150 000 000 km

图119　太阳表面温度的计算

　　现在，正常情况下的地球辐射能量仅为上述假设下的$\dfrac{1}{188\,000}$，此刻根据上文提到的关系式，辐射量增大188 000倍，则温度升高$\sqrt[4]{188\,000}$倍，求得：$\sqrt[4]{188\,000} \approx 20.8$，那么太阳的温度就大概是地球温度290 K的20.8倍：$290 \times 20.8 \approx 6\,000$ K。这种方法依据几何学进行辅助，可以帮助解决很多难题。

34. 宇宙里的温度

　　【题目】宇宙空间和宇宙空间中的物质分别是什么温度？

　　【题解】很多人认为"宇宙空间温度"就是绝对零度即−273℃，天体大气层外所有的物质都会是这个温度。然而这种说法仅仅是他们没有体会这个词的意思。这说法并不正确，首先"空间"就是什么也没有的，就是真空，真空怎么可能有温度呢？"宇宙空间温度"只不过是概括而已，并非真正"空间"的温度。当然，除了这一点，宇宙中不在天体大气层里的物体也并非全是–273℃，"宇宙空间温度"的真正含义，是受到恒星辐射的绝对黑色物体的温度。

当然，在找到这个词的真正定义之前，已经有很多人计算过了，并且赋予了它不同的含义：布里埃（Claude Mathirs Pouillet，1791—1868，法国物理学家）和弗莱利赫分别得到了–142℃及–129℃的结果。当然，最准确的结果是斯捷潘计算得出的，根据就是上一节提到的计算太阳表面温度的方法。

半个天球的所有天体辐射量之和等于太阳辐射量的 $\frac{1}{5\,000\,000}$，那么如果太阳占据整个天球，其辐射总量将为整个天球所有天体的

$$2(\frac{5\,000\,000\times188\,000}{1})=470\,000\,000\,000 \text{ 倍。}$$

这些天体给地球的辐射比太阳自然少得多，仅为太阳辐射的 $\frac{1}{470\,000\,000\,000}$。于是根据上节中提到的温度和能量的关系可以得出，太阳表面温度是其他物体温度的 $\sqrt[4]{470\,000\,000\,000}=700$ 倍。太阳表面温度为 6 000 K，那么其他在宇宙中的物体温度就为 $\frac{6\,000}{700}=\frac{60}{7}$ K，比绝对零度高 $\frac{60}{7}$ K，约是–264℃。这个温度也就是所谓的"宇宙空间温度"（图120）。

假设地球不受太阳照射而仅仅受其他天体照射，那么地球同样会变成–264℃，变成一个酷寒的行星。

现在的我们已经得知，在宇宙空间内没有被太阳照射到的物体温度也并非–264℃，真正的温度要比这个数字高一些。只是，高出多少就要看这个物体的特性了，比如热传导能力以及形状等。

在《走向星际空间》一书中，奥博托教授曾经举了一些例子来说明：

（a）将直径1 cm的良好导热小球置于距太阳1.5×10^9 km的地方，小球会被加热到12℃（图121）。

（b）令一根细长的金属圆导线接受阳光垂直照射，其会升温到29℃。如果令其受阳光平行照射则无法达到29℃。若令被拉伸过后的物体接受阳光照射，其温度将在12℃~29℃这个范围内（图122）。

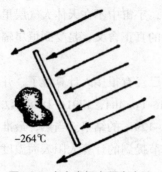

图 120　宇宙空间中距离太阳
1.5 亿千米的物体，接收太阳
光照，温度约为 -264℃

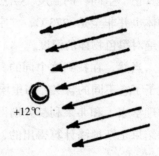

图 121　1 厘米的金属球，被放
置于距离太阳 1.5 亿千米的宇
宙空间中，会被加热到 12℃

（c）距离太阳正好为日地距离的金属板垂直太阳光放置，会升温到
77℃。如果将其光滑的一面背对阳光，粗糙发暗的一面向着阳光，则会被
加热到147℃（图123）。

然而，现实中的金属板并不能达到这么高的温度，因为地球外边包裹
着大气层，空气在不断地对流，热量无法积累下来。不过，如果把金属板
放在月球上，那么这个温度就能够达到。众所周知，月球温差非常巨大，
如果将（c）中金属板翻面，令光滑的一面朝向太阳，那么它的温度只会
是-38℃。

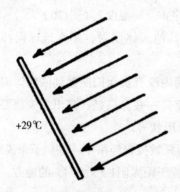

图 122　细长金属导线在垂直太阳光
直射时温度会达到 29℃

图 123　金属薄片在相同的情况下
会获得 77℃的温度

星际以及平流层航行中必须要知道飞行器外表的温度。

皮卡曾经坐着一个一半涂黑一半涂白的舱体在16 km高的地方飞行，
黑色的一面朝向太阳。之后他发现，尽管白色的那半边非常寒冷甚至达到了–55℃，但船舱还是起火了，并且把他弄了个半死。他在回忆这一段的时候写道："黑色那半实在太热了，太阳甚至把它加热到了38℃。在里边就算脱掉衣服也还是很热。"

不只是他，一位俄罗斯飞行员也有同样的感受："17.5 km高的外界温度非常低，大约是–46℃，但是飞机里边至少有14℃。""C-OAX-1"飞行事故中的某位飞行员也曾记录："现在高度是20 500 m，内部温度15℃，外界温度–38℃。"

由此看来，环境温度即使非常低，太阳光也能将物体温度升到很高。

1928年到1930年之间，一些探险者参与了在南极的探险。当时的探险家们就能够证明上述说法。贝尔德的记录是这样的："我们发现，即使在这种低温下，原本指示温度不超过18℃的感光计显示的自身温度却达到了46℃。"同样的，1925年7月，弗里德曼教授在一次热气球飞行时也体验到了这种情况。事后他记录道："我们虽然处于7 400 m的高空，但是依旧是20℃的环境，并不像想象中那么冷。之后我向着巴黎那边前进，一路上温度居然越来越高，太阳比在南方时还要炽热。"

工业生产中这种现象同样非常重要。特拉费莫夫是一位地质物理学家，他在塔什干地区建造了一个太阳能收集器，不必透镜聚光就能轻松拥有制造200℃高温的能力。即使是在–14℃的严寒下，这个太阳能收集器同样能够将水烧开。

然而，宇宙中的物体并非绝对黑色的物体，它们虽然只能吸收一部分光线，但是就算如此，它们的温度依旧可以惊人。法国天文学家布法尔曾经计算过，地球公转的轨道上，吸收了波长为0.004 mm蓝光的某种物体温度甚至可以达到2 000℃，金属片在这种环境下没多久就会被烤化。这也是彗星在近太阳的情况下会发光的原因。

第六章

其他问题

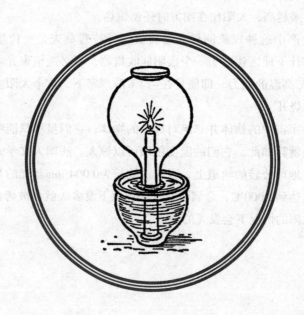

1. 带磁性的金属

【题目】什么金属磁化后磁性比电磁铁还强？

【题解】有一种被叫作"帕明瓦恒磁合金"的合金，其在某种条件下磁化作用甚至盖过了电磁铁。其成分为镍45%、铁30%、钴25%，磁导率比磁铁大2倍。

同样的，铁钴镍融合成的透磁合金及铁铜镍融合成的缪合金拥有和帕明瓦恒磁合金相同的性质，除了磁导率更强这一个特点外，在切断电源之后，它们的导磁性会立即消失。

使用这种合金制作的电缆外壳能够以三倍于普通电缆的速度更快地传递信号，并且1根能够代替普通的3根，节约原料。同样的，发电机和变压器中也能利用这种合金来降低剩磁引发的磁性损失，从而提升有效功率。

2. 磁体分段

【题目】现在将一整根磁体分割成几段，试分析是中间的磁段磁性强还是两边的磁段磁性强。

【题解】按照推论，一般来说越靠近零磁力中线磁力越小，于是我们断定两边的那些磁段磁性更强。然而事实证明不仅并非如此，还正好相反，中间的磁段磁性更强。

其中原因并不难想到。现在观察图124，如果磁体被如此切开，那么它的每一部分都是一个有S极和N极的独立磁体，其方向也如图所示。现在若a段磁性大于b段，a的S极磁性将大于b段N极，所以a段S极磁力将抵消所有b段N极磁力，导致b段N极呈现S极；从原磁铁N极附近分割下来的小磁铁其S极都会抵消N极磁力，导致整体上呈现S极。同理，从S极附近分割下来的小磁铁也是一样，N极都会抵消S极磁力，以至于这边其实是N极。

图124　哪段磁体磁性更强呢

这样看来，正好就是越靠近零磁力线的磁铁段磁力最强。

3. 天平两端质量真的相等吗

【题目】如图125，天平上两端保持着平衡，一端放置着一块圆柱形铁块，另一端放置着铜砝码。现在如果要考虑地磁场的作用，那么这两边的铁和铜质量还是相等的吗？

铁块　　　　　铜砝码

图 125　天平

【题解】如果忽略了地球体积巨大质量庞大这一点，就会得出"地球是一个磁体，对铁块那边的秤盘引力相对另一边要大，所以铜砝码的质量其实是大于铁块的质量"这一错误说法。其实，以铁块的质量和体积来说，对地球的作用是微不足道的。

磁体并非只对铁块有吸引作用，还对它有排斥作用。铁块上接近磁体N极的一端会产生S极，那么另一端产生N极，从而被磁体N极排斥。由于磁体和铁块间同级相隔较远，异极相隔较近，所以总引力能够克服总斥力。

这一点对一般的磁体来说确实适用，但是地球不一样，地球太大了。这种情况下，铁块两端和地球的距离差实在太小了，受力也不会有多大差别。毕竟地球两极间距离有几千千米，铁块两端仅仅相距几厘米，差着非常多的数量级。

于是，放在秤盘上的铁块质量和铜砝码质量相当，地球磁场带来的影响根本就可以忽略不计。当然，同样是由于这个原因，将被磁化的铁块固定在木塞上并放入水中，它只会在地磁线面上打转，而不会浮向地球的近端磁极。

4. 电磁引力和电磁斥力

【题目】（1）如果一个轻质小圆球被棍棒吸引，那么是否可以断定棍棒带电？反之，若轻质小圆球被棍棒排斥，是否可以断定棍棒带电？

（2）如果铁棒能够吸引铁针，那么是否可以断定铁棒先被磁化了？反之，如果铁棒排斥铁针，是否可以断定铁棒先被磁化了？

【题解】（1）第一种情况并无法断定棍棒带电还是小球带电，因为就算小球带电棍棒不带电棍棒也会吸引小球。反之，如果两方互相排斥那情况就不同了，因为只有小球和棍棒都带同种电荷的时候才会互相排斥。

（2）和带电体类似，磁体同样如此。铁棒吸引铁针不能说明是铁棒先被磁化，如果是铁针先被磁化，出现的现象是相同的。

5. 人体带的电

【题目】人体带电量约是多少？

【题解】如果人距离接地线较远时，带电量一般相当于半径30 cm的导体球所带电量。

6. 灯丝电阻

【题目】众所周知，在温度不同的情况下，灯丝的电阻也是不相同的。现在有一盏50 W的真空灯，其灯丝的电阻差别是多少？

【题解】和温度升高电阻减小的炭棒正好相反，温度升高，金属丝的电阻反而会明显增大。

50 W的真空灯灯丝高温下的电阻是常温下的12~16倍之多。

7. 玻璃的电阻是多少

【题目】玻璃的电阻是多少？电流是否可以通过玻璃？

【题解】都说玻璃是绝缘体，但是那只是在某一温度范围内。当温度升高到300℃时玻璃就变成了导体。先将玻璃棒接到照明电路中，之后用酒精灯对玻璃棒的某部分或者对长度1 mm~1.5 mm的玻璃管加热。我们可以发现，刚一开始电灯是不亮的，但是仅仅过了一会儿，电灯亮了起来。

其实高温下的玻璃能导电这一现象早就被发现了，它比较类似电解液离子的导电方式而非金属离子的导电方式，这在固体中还是很罕见的。

8. 频繁开关灯

【题目】如果频繁的开关灯，某些类型的电灯泡会受到很大伤害。这是为何？

【题解】如果钨丝灯泡被频繁地开开关关，冷却的灯丝会吸附灯泡里的残留气体，并在加热时排出，破坏灯丝。所以，频繁地开关钨丝灯，对灯本身是不好的。

9. 灯丝

【题目】如图126，一般的灯丝都很细，几乎是看不见的。但是为何只要一通电就会变粗能被看到了呢？

【题解】灯丝在通电之后发出高温，之后在高温下会"膨胀"几十倍之多。然而这并非因为"热膨胀"，因为金属的膨胀系数最多也就几百分之一，就算2 000℃的高温下也不过才膨胀几百分之一罢了。实际上，灯丝并没有真的膨胀，而只是一种名为"光晕效应"的视错觉而已，比如我们总觉得白色区域比同大小的黑色区域要大一些等等。

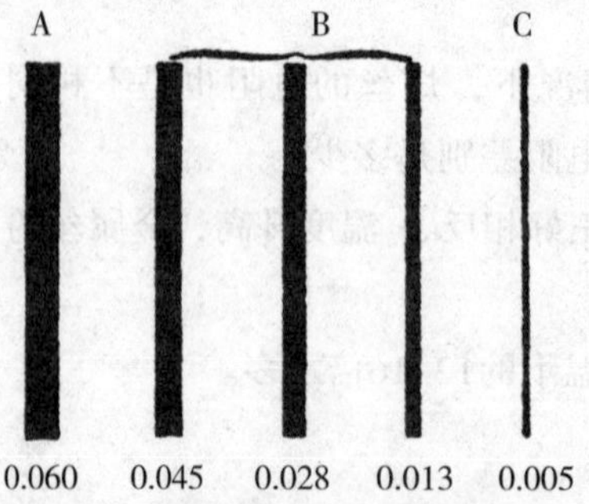

图126　受热的灯丝 B 的厚度与人的头发丝 A 及蜘蛛网丝 C 的直径的对比
（单位：mm）

A　　　　　B　　　　C

0.060　0.045　0.028　0.013　0.005

这种错觉在物体极亮时变得更加明显，0.03 mm直径的灯丝看起来却像1 mm那样粗，就像是膨胀了30多倍。

10. 闪电到底有多长

【题目】闪电有多长呢?

【题解】很少有人对闪电长度有正确的概念。不过能够得知的是闪电长度要用km来当单位,并且有记载的最长闪电长达49 km。

11. 线段长度

【题目】如果测量一段线段的长度时测量了两次,第一次读数为42.27 mm,第二次读数为42.29 mm,那么这个线段到底多长呢?哪一个数字正确呢?

【题解】大部分人倾向于将这两个测量结果求平均值,之后求得算术结果。此时得出的答案自然是:

$$\frac{42.27 + 42.29}{2} = 42.28 \, \text{mm}$$

然而,如果说42.28 mm就是这段线段的长度就并不正确了,这种情况下的长度增减并非真正的增减,真正的长度并不能因为这些数据而改变。所以,42.28 mm这个结果有可能非常准确,也有可能误差巨大。

12. 电梯问题

【题目】现在有一部电梯,其从最底端升到最上端需要80 s。同样的,如果电梯静止,从最底端步行到最上端需要240 s。那么现在有人在电梯运行过程中同时向上走,那么需要多长时间到达最上端?

【题解】根据题目中意思,电梯1 s上升总长度的$\frac{1}{80}$,乘客1 s步行上升电梯总长度的$\frac{1}{240}$,那么电梯和乘客一起运动则1 s上升电梯总长度的

$$\frac{1}{80} + \frac{1}{240} = \frac{1}{60}$$

所以,可知电梯运动过程中,人同时向上步行的话,到达最上端需要

60 s，即1 min。

13.《小棍子》

【题目】如图127，人们为何在操控手动重锤机的时候唱《小棍子》？他们如果不唱会有什么后果？

【题解】《小棍子》决定了工作的节奏，能够把握工作和休息的时间，保证工作的强度。《实践力学工作者的讲义》一文中，尼·巴·德隆教授指出："赫尔曼教授发现，人们在操纵手动重锤机的时候需要4个人，他们将50 kg的重物提升到1.25 m高然后落下。这个过程每分钟需要做34次，然后每工作260 s就会休息260 s。他们的工作效率非常高，并且不用100个206 s来计时，而是用《小棍子》这首歌。"

图 127

《小棍子》正是为这种机器的工作而写出来的，它不仅能够有上述保证节奏的作用，还能避免让工人们处于危险之中。虽然这种陈旧的手动重锤机早已不再使用，但是当时这首歌确实能够起到上述作用。气锤的质量非常大，虽然必须小于4个人的总重量。但是如果他们没有同时松开绳子，后果非常严重，没有松开的那个人将会被气锤吊到空中。这非常危险，要么碰到支架，要么从高空坠落。

于是，《小棍子》就能够很好地避免这个情况发生了，它能发出"信号"，提醒所有的工作人员松开绳子。但是现在的新型机器气锤到最高点时会与绳索自动分离，避免了这个危险的发生，于是这首歌也就失去了应有的作用。

14. 相隔河流

【题目】在某次爱迪生知识竞赛中有一道题，说是有一条无法渡过的河，两岸各有一座城市，两城之间直线距离为1.6 km。现在因为某种原因两座城之间通信和电力全部中断了，那么如何向另一座城市发送信号建立联系？

【题解】这个问题十分类似爱迪生年轻时的经历，当时也是通信中断，爱迪生通过控制鸣笛长短发送摩尔斯码来和河对岸进行交流，声学电报也由此应运而生。

在现在，这道题有更多的解决办法，比如使用光学电报装置，也可以达到和声学电报同样的效果。当然，如果想要把物品送过河，则可以用火箭投射器等物品将绳索的一端带到河对岸，然后架起简易索道。

15. 瓶子

【题目】1 km深的海底，敞口瓶子的容积会变大还是变小？

【题解】海水对瓶子内壁和外壁的压力似乎是相同的，于是瓶子的体积似乎并不会变化。然而，《物理教程》一书的作者洛伦兹表达了不同的看法，并且观察了气体对空心球的压力：

"现在假设球的内壁能够收到和外壁同等的压力。那么我们向球内填充和球本身同样材质的物质，并且使填充物和球完全契合。此刻对球外壁施加压力p，内壁也会受到相同的压力p。然而，虽然内外压力相同，但是小球还是会收缩，收缩的比例和其压缩系数有关。

"现在我们能够得出：若某容器内外壁都受压力p，那么内腔容积的缩小程度等于同条件下充满物质核子时的缩小程度。现在设收缩系数k，压力系数E，那么，在受到1p的压力时，物体将收缩$\dfrac{3(1-2k)}{E}$。

"如过容器材质是玻璃，那么式中$k=0.3$，$E=6\times10^{10}$CN。于是1 1的玻璃瓶在受到1km高的水柱压力时将会缩小

$$10^{-3}\times10^7\times3\frac{(1-0.6)}{(6\times10^{10})}=0.2\times10^{-6}\text{m}^3=0.2\text{cm}^3$$

"当然，这看起来很是匪夷所思。

"对内壁外壁均受压力f_1的实心容器进行分析可以断定与它受力相

同，大小形状相同的空心容器的容积变化。这个变化同样源于f_1，这个力称作张力。当然，上边我们也已经提到可以用填充相同材料的办法使空心容器变成实心容器，之后压力作用于各层，则每层所受的压力都会正比于f_1，于是填充物也会受到和内壁所受等大的力f_1。于是f_1决定了容器容积的变化，和内壁是否受填充物压力无关。所以，容器容量减少的部分等于填充物缩小的部分。"

在用雷诺仪精确测量大量液体时必须考虑这个因素。

16. 约翰松背标尺

【题目】如图128，一种名叫"约翰松背标尺"的精确测量工具能够在不磁化的条件下紧密附着在一起。其中的原因是什么？

【题解】在这种测量工具刚出现时，人们认为是大气压阻止了两部分分离，人们认为两部分之间没有空气，是外界大气压将它们牢牢压在一起。然而，这个假设在得知分开它们需要用30 N/cm²~60 N/cm²或更大的压强后就被得知是错误的了，这个压强比大气压大多了。

图128　为什么约翰松背标尺紧密地附着在一起

这两部分不会分离的真正原因是这两块钢板上边都或多或少沾上了空气中的水，其分子引力导致了这一现象：两块钢板非常光滑，二者吸附在一起时其间距不超过0.0002 mm，并且也正是因为空气中的水（没有水，这两块钢板并不会吸附在一起）才能做到接合如此紧密。如果这两块钢板大小为$1 \times 3.5\ \text{cm}^2$，那么就需要大约$30 \times 9.8 \approx 300$ N的力才能使其分开。

17. 紧闭的瓶子

【题目】一本儿童杂志上记载了一个演示大气压的简单试验：

"在一个玻璃容器底部固定一根蜡烛，燃烧一段时间后将容器紧闭。如图129，火焰会渐渐熄灭。之后，你会发现打开盖子非常难，需要用很大力气才行。

"其中原因是，燃烧消耗了其中的氧气，空气被稀释，导致外界大气压比内部大气压大，瓶盖自然很难打开。"这种说法正确与否？

图129 玻璃杯中的蜡烛燃烧试验

【题解】并不正确。

燃烧消耗了氧气不假，但是同样会生成二氧化碳和水蒸气。虽说水蒸气可以在容器壁上凝结了，但是二氧化碳气体并未消失。但是这并不是说瓶盖就真的好打开了，毕竟这个现象是真实存在的。只是答案并非题中所说而已，真正的答案是物理方面的。燃烧的热量使内部空气膨胀，内部空气受热逸出，之后燃烧完毕内部开始冷却，导致空气收缩，气压降低，瓶盖也就很难打开了。

之前，我们应该见过另一个类似的试验，将放有燃烧物的杯子倒扣在水中，水会被吸进杯子。很多人认为这就是氧气消耗的结果[1]。一些自然课的老师甚至认为水会被吸到杯子20%的高度，也就是说正好是氧气占空气的比例。然而，这种现象并没有人能够观察到，因为根本不正确。

自然科学史学家丹涅曼曾在《自然科学的发展及其相互关系》一书中证实了这种观点非常普遍：

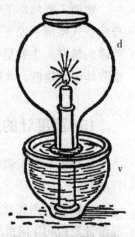

"如图130，它是费隆的吸水蜡烛试验。现在在v中灌水，并放置一根燃烧的蜡烛，最后在蜡烛上罩一密闭容器d。费隆曾说：'d中的空气因为燃烧而被挤了出来，导致d内的水面上升，此时可以得知，排出的空气体积就等于水面上升的体积。'然而，古代的物理学家们可并不认为是d内的空气被挤出去

图130 费隆蜡烛燃烧试验

---

[1] 虽然氧气的确消耗了，二氧化碳也被水吸收了一部分，但是这并非此现象的真正原因。

了。当然，还能够列举很多证明空气由两种气体组成的试验，比如舍勒在18世纪所做的那个试验。"

他的结论是在燃烧过程中代替氧气的二氧化碳要么被吸收，要么就是根本没有生成，比如说燃烧的产物是固体。

除此之外，一位《火星》杂志的读者曾经问过一个和我们讨论的试验直接相关的问题：

"倒扣在油布上的湿热玻璃杯为何能够把油布吸入杯内呢？"

杂志上给出了答案，然而这个答案能够很好地告诉我们，为何人们的基本物理学概念是模糊的。

"湿热的玻璃杯里空气膨胀并部分逸出。现在，如果玻璃杯被封得很严实，那在玻璃杯冷却的过程中空气收缩，密度变小，于是大气压将油布压入了杯子内，杯子也被吸附在油布上。"

然而，既然杯子密封，那么里边冷却的气体并不会变得稀薄，被压缩导致空气稀薄一说更是牵强，毕竟空气一直占据着整个玻璃杯。做出这样荒谬的解释，主要是由于不清楚事实导致的，他们忽略了一点：密闭容器里气体温度越低，其压力也越小。

18. 温度计的历史

【题目】摄氏温度计、华氏温度计及列氏温度计出现的先后顺序是怎样的？

【题解】列式寒暑表最先与17世纪初问世，之后是1730年问世的华氏温度计及1740年问世的摄氏温度计。

19. 温度计发明者

【题目】摄氏温度计、华氏温度计及列氏温度计的发明者都是谁？

【题解】列氏温度计在英美最先普及，摄氏温度计最先在法国普及，然而列氏温度计并非英国人发明，摄氏温度计也并非法国人发明……列氏温度计的发明者是法国物理学家列奥弥尔，摄氏温度计的发明者是瑞典的物理、天文学家A.摄尔修斯，华氏温度计的发明者是德国物理学家华伦海特。

20. 地球有多重

【题目】"科学家通过一系列的测量得出地球的整体密度约是5.5，并且地球的直径也已经明了，那么体积可以方便地测出，质量也自然不在话下。"这是某科普读物上的一段话。

这种方法正确与否？

【题解】很多科学读物上都介绍过先测地球平均密度再测地球总质量（体积×平均密度）的方法。

然而，地球的平均密度如何得知呢，毕竟地球内部的密度并不能直接测量。事实上，这种计算方法正好是逆向的，求地球平均密度需要用地球的质量除以地球的体积，最后得出结果。地球质量是通过测量两个相距1 m的1 kg的物体之间的引力来计算的，其方法是：

众所周知，地心距离地表6 400 km，地心对地表上的1 kg物体引力约是9.8 N。那么，由于引力和产生此引力的质量成正比，和距离的二次幂成反比，那么就可以根据这些条件求得地球的质量，并不需要地球的平均密度。所以，两个相距1 m的1 kg物体间的引力约是

$$\frac{1}{15\,000\,000\,000}\text{N}$$

于是，设地球质量M，若地心和1 kg物体相距1 m，那么地心对该物体的引力为

$$\frac{M}{15\,000\,000\,000}\text{N}$$

现在知道地球的半径6 400 km。假设地球的全部质量集合在地心，相距6 400 km时此引力就是 $\frac{M}{15\,000\,000\,000}$ 的 $\frac{1}{6\,400\,000^2}$ 倍即 $\frac{M}{15\,000\,000\,000\times6\,400\,000^2}$ N。

现在，我们知道地表处的重力加速度为9.8 N/kg，则：

$$\frac{M}{15\,000\,000\,000 \times 6\,400\,000^2} = 9.8$$

所以，$M = 15\,000\,000\,000 \times 6\,400\,000^2 \times 9.8$ kg。

计算得出 $M = 6 \times 10^{24}$ kg $= 6 \times 10^{21}$ t。

21. 运动的太阳系

【题目】"天文学家认为太阳系并非静止的，而是在以约17 km/s的高速靠近天琴座。如果太阳系的运动并非匀速而是有一个正向或者反向加速度，那么我们在地球上会看到什么现象？"这是一本物理问题合集中的某个问题，看上去毫无头绪。那么答案到底是什么呢？

【题解】这个问题确实很有意思，该书的编者也给出了回答：

"如果太阳系加速前进，那么相对于匀速而言，地球上所有的物体都将'变重'，反之则都将'变轻'。"

这个说法是对的——当然，仅在太阳系受外力且这个外力无法影响地球上的物体时是对的。然而，使太阳系加速运动的正是万有引力，对任何物体都有效果的万有引力，它能够使所有物体获得同样的加速度。于是，在题中情况下，地球上的物体和地球运动趋势相同，没有任何相对运动或相对运动的趋势，所以物体的重量并不会有变化。不仅如此，我们在地球上是根本无法分辨我们的星球到底是在匀速运动还是有一个加速度。

22. 飞向月球

【题目】一位天文学家曾在读完我有关未来宇宙火箭飞行的报告后说：

"朋友，我不得不告诉你，飞船不可能到达月球的。火箭质量和天体相比太渺小，它在某个力下会获得非常大的速度。这个力确实很小，但是火箭的质量也很小，导致它只能在大天体的引力作用下诡异地飞行，永远无法降落在月球上。"

这个说法正确吗?

【题解】这个说法看似很对，但是不对。虽然和天体比起来火箭的质量确实"微小"，但是这不代表它真的能获得巨大的加速度和速度。因为它受到天体给它的力也近乎0。毕竟两个物体间的引力和其质量积成正比，如果其中某个质量为0，那么就算另一个物体质量再大其之间引力也是0，没有质量的物体如何产生引力?

通过计算可以使结果更加直观。现在设两个物体质量分别为M、m，两物体间距r，万有引力常数k。那么两物体间的万有引力为:

$$f = \frac{kMm}{r^2}$$

于是，m物体的加速度为:

$$a = \frac{f}{m} = \frac{kMm}{r^2 m} = \frac{kM}{r^2}$$

这个式子告诉我们物体受到的加速度跟本身质量无关，只取决于另一个物体及两物体间的距离。所以，在天体引力的作用下，火箭会获得一个加速度（如重力加速度g）。然而，其他天体对火箭的影响是微不足道的。于是宇宙飞船可以很放心地接近月球，并不用担心会被别的天体吸走。

23. 失重

【题目】除了上边一节中的观点，还有认为星际飞行不可行的观点，比如某位天文学家的论述:

"无重力条件下我们的身体将会非常机敏地作出反应。如果倒立或抬起腿，血液循环就会被破坏。这是重力方向的变化引起的，试想，如果失去了重力，那会如何?"

这一观点是否正确?

【题解】星际航行学的课堂里，有很多人用这个观点反驳"人在失重环境下可以生存"这一观点。然而，"人在倒立时无法生存"和"人在失重条件下无法生存"不清楚到底有何联系，也不清楚他们为何会相信这二者有联系。人们似乎认为重力在某些情况下有害，完全失重就一定有害。

然而，失重状态并不会对人的身体造成什么危害。当然，其中细节可以在我的《星际旅行》一书中得知，我只指出一点：如果人体本来是竖直的，那如果改成水平，就像是在休息。然而，水平时，血液循环并没有出现什么不适，所以说明血液的重力并不会影响血液循环。

虽然身体确实会明显感觉到失重，但是无害。

24. 开普勒第三定律

【题目】不同的书中，这一定律的表述方法也有不同，比如某些书中指出：不管是行星还是彗星，其公转周期的二次幂等于其和太阳间距的三次幂；又有一些书中指出：行星或者彗星公转周期的二次幂等于其公转轨道半长轴的三次幂。这两种说法中哪种是正确的？

【题解】其实和太阳的平均间距或轨道半长轴都是正确的，然而这个平均间距并非行星到太阳最大间距及最小间距的算术平均值，而是行星公转轨道上各点和太阳间距的算术平均值。比如图131，太阳位于焦点F_1，此时计算行星位于a、b、c、d时和太阳的间距，求得aF_1、bF_1、cF_1、dF_1的算术平均值。得出的结论是：此算术平均值等于行星公转轨道长轴的一半。

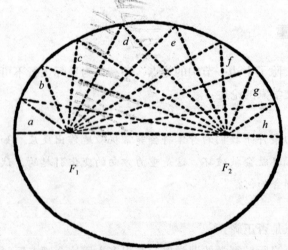

图131　行星距离太阳的平均距离的计算方法

如何计算呢？根据椭圆曲线性质，此时将轨道上的任意点与F_2相连并设长轴长$2x$，将得到：

$$F_1a+aF_2=2x$$

$$F_1b+bF_2=2x$$

$$F_1c+cF_2=2x$$

……

此刻将这些等式相加，得到：

$$F_1(a+b+c+\cdots)+F_2(a+b+c+\cdots)=n\times 2x$$

现在等号左边两个式子在椭圆中对称，并且每个式子都能看出是行星在公转轨道上与焦点（F_1、F_2）距离的和。设此和为S，则等式简化：$2S=n2x$，求得

$$\frac{S}{n}=x$$

此时我们已经知道x为公转轨道半长轴长，而$\frac{S}{n}$是行星公转时和太阳的平均间距，于是得出结论，公转轨道半长轴长度等于行星公转时和太阳间距的平均值。

25. 永动

【题目】如果行星们的公转轨道都是圆形而非椭圆，行星距离恒星的距离就不会变，那它们将不会做功（因为并没有远离恒星）。然而，地球的公转是椭圆轨道，在近日点转向远日点时地球消耗能量（为了克服太阳引力），反之又会获得能量，此刻的公转也同样是一直进行下去的，是永恒的。

然而，物理学认为永恒运动是不可能的，那么行星的公转又作何解释？

【题解】物理学上并不会认为永恒运动不可能，比如牛顿第一定律就指出，如果物体处于匀速运动，若其所受外力矢量和为0，则会一直处于匀速运动状态。物理学上认为不可能的是永动机，而非永动本身，永动机因为需要对外做功，导致能量不守恒，而行星运转过程中并未对外做功，所以并不会违背物理学定律。

最近人们发现了超导体内可能存在不会中断的持续电流。虽说因为超导时的电流并非电子的单个运动以至于超导并非我们研究的对象，然而这一点也确实符合物理定律，毕竟这些电流没有做功。

曾经有一篇关于星际航行的文章，其中写道：

"未来可能会有一种能够持续供给电流的小型发电机问世，它可以装在飞船外，可以在绝对零度下工作。因为不管是行星也好月亮也好，在绝对零度下都拥有永恒的运动，以至于这个发电机同样能够在绝对零度下源源不断地给飞船供给电流。"

现在看来就算不深究其他方面，仅仅是"永动机"和"永恒运动"这两者的概念就已经被搞混了，这一段也必然是错的。

26. 人体热源

【题目】人类机体是否可以看成热源？

【题解】并不可以，尽管有些人的确认为动物机体完全就是热源。这种看法并不正确，物理学上并不可行。表面上看，这两者的确很相似，都会消耗燃料（人体消耗食物的能量）并释放热量，就好像机器运作来源于气缸中的热，动物机体运动来源于动物产生的热。

然而，如果这么说的话，又有一个点不太好理解：为何我们在寒冷天气里什么也不做就会觉得冷，而运动运动就会暖和呢？按道理来讲，运动对外做功时热量应该消耗，而什么也不做，不对外界做功的话，热量应该会存起来才是。

其实，人体就是热源这一说法并不符合热力学原理，人体并非热源。

热力学上认为，热量转化是热量由高温物体向低温物体传递时形成，而转化的热量值可以计算出来。现在设高温物体绝对温度 T_1，低温物体绝对温度 T_2，那么其传递热量系数k为：

$$k = \frac{(T_1 - T_2)}{T_1}$$

现在我们知道人体体温大约是37℃，人的能量利用率（热传递系数）

为0.3。那么此刻这个37℃要么是T_1，要么是T_2，因为没有温度差热源是不会做功的。

那么假如T_1=37℃，此时将T_1=37℃即310 K与k=0.3代入 $k = \dfrac{(T_1 - T_2)}{T_1}$ 得：

$$0.3 = \frac{(310 - T_2)}{310}$$

解得T_2=217 K，即-56℃，也就是说想要进行从T_1开始的热传递，人体的某个部位须有-56℃才行。那么，如果人体热传递效率提高到50%也就是0.5，那么推算下来人体某个部位须有-118℃，这显然不科学。

当然，如果假如T_2=37℃，同时k=0.3，那么将这两个数值代入 $k = \dfrac{(T_1 - T_2)}{T_1}$ 得：

$$0.3 = \frac{(T_1 - 310)}{T_1}$$

解得T_1=443 K，即170℃，意为如果想要进行从T_2开始的热传递，人体某个部位须有170℃，而如果k=0.5，那么结果更离谱，人体某个部位须有620 K即347℃。

当然上述假设也不正确，于是人体并非热源。

《医生和生物学家的物理学》一书中，莱赫尔教授指出：肌肉并非热力学意义上的热源。那么我们经过上述讨论可以得出一个结论，我们肌肉中的化学能只会间接做功。

27. 流星

【题目】流星发光的原理是什么？

【题解】天文学方面的书籍中并没有对这个问题的记详细解释，不仅如此，科普类天文学书籍和物理教科书中甚至都不会出现这样的问题。很多人对这个问题的看法不一，其中有很多不切实际的答案。

现在能够知道的是流星本身温度非常寒冷不会发光，在进入地球大气圈之后才开始发光。当然，它并非在燃烧——要知道在100多千米的高空空气密度是非常非常稀薄的（大约只有地面的几千分之一）。

那么流星会以怎样的方式发光呢？

大部分人认为它是和空气摩擦生热，导致了燃烧。比如某些"科学解释"："流星运动时克服了空气阻力，损失的动能转化成了热能。"这种解释并不科学，因为如果损失的动能转化为热能，流星内部的分子运动将会加剧，整体都会热起来，然而经过探究发现流星的内部依然非常冰冷，所以这个"科学解释"就不是什么正确答案了。并且，流星速度降低并不意味着流星温度降低，因为动能有可能转变成其他形式的能，比如背离地球的物体动能将转化为势能，温度不会升高。

事实上，流星并不会和周围的空气发生摩擦，而是会吸附它们。流星的一部分动能将转化为吸附的空气的涡流动能，剩下的一部分才转化为热。然而低速的分子运动并不能转化成高速的分子热运动。

流星发光的真正原因就在于它吸附的空气。

流星高速运动时，其前方空气在被压缩的情况下温度急速升高，热量传给了流星的表面。由于流星速度很快，导致这种压缩类似绝热压缩，所以热量无法充分传给流星。现在计算一下空气在压缩到什么程度才会燃烧。设气体两次比热之比 k（空气的 k 值为1.4），起始绝对温度 $T_i=200$ K，终止绝对温度 T_k，初始气压 P_i，终止气压 P_k（当空气从0.000 001个大气压变更到10个大气压时，$\dfrac{P_k}{P_i}=10^8$）。

现在得知各个数据间的关系式：

$$T_k - T_i = T_i[(\frac{P_k}{P_i})^{1-\frac{1}{k}} - 1]$$

根据关系式以及上述数据，得出：

$$T_k - 200 = 200 \times (10^8)^{0.29}$$

$$T_k \approx 40\,000 \text{ K}$$

虽然这是个近似值，并不十分精确，但是我们足以得知被流星冲压的空气温度能够达到几万摄氏度，根据流星的亮度推测的话结果同样应该是10 000K到30 000K。其实流星本身并不会被我们看到，它们可能仅有核桃或豌豆那么大，我们看到的是被流星弄燃烧的空气，这些空气体积非常大，比流星本身大很多倍。

当然，除了流星，发射的炮弹升温也是同样的原理，虽然流星的速度比炮弹速度快50倍之多，并且近地空气密度也比高空空气密度大，但是温度升高的幅度只取决于初始温度T_i和终止温度T_k，和它的绝对数值无关。

现代流星天文学曾提到：

"大气层外部空气稀薄，流星飞入大气层之后和空气分子碰撞，使其离开流星前方与流星发生新碰撞，或者去碰撞别的空气分子。大气层密度较大时这种碰撞必然会很频繁，所以流星的前面形成了由高速运动的分散电离空气分子组成的墙。这堵墙形成时流星的亮度渐渐增强，导致我们能够看到它进行了燃烧。"

现在，我们要明白的问题只剩下了"空气为何会压缩升温"这一个。

当我们观察流星冲压空气的模拟试验时，被撞到的空气分子速度会比之前快很多。比如，打羽毛球时如果要想让羽毛球获得更快的速度，我们需要用力击打飞过来的球而并非等它落到球拍上再出力。那么，当分子被飞过来的流星撞击时，它会获得一部分流星的能量，而分子动能的增加就是我们常说的温度升高。

28. 大雾

【题目】大雾是常见的气象现象，但是相比林地和农田，为何工厂区的大雾天气出现得更频繁呢？就像伦敦，大雾天气已经如同家常便饭一般了。

【题解】这一问题可以用分子物理学来进行解释。因为凸出液体的表面分子比平液体表面的分子更容易离开液体表面，所以在同样温度下靠近液体凸面的饱和水蒸气压大于靠近液体平面的饱和水蒸气压。如果水滴非常小，水底球面凸度就非常大，当它在水蒸气已经饱和的空间里依然会蒸发，将原本水蒸气饱和的空气变得过饱和。虽然水蒸气只有在过饱和状态下才会凝结成小水珠，但是只要一凝结马上就会再次蒸发，无法真正形成水珠。

当然，假如水蒸气饱和的空气中掺杂了某些微粒，那么水蒸气就会附着在这些比分子大很多的微粒上，形成很大的水滴。并且由于水滴的表面凸度大，不会使水蒸发，雾气也就形成了。

29. 烟、尘和雾

【题目】这三者有什么区别？

【题解】这三者既有人为形成，也有自然形成，有时有害，但有时也可以被人们利用。比如利用悬浮微粒位置以及大小达到隐蔽的效果等。如果是雾，那么微粒就是液体；如果是尘或烟，那么微粒就是固体。当然，就算微粒同为固体，烟和尘之间也是有区别的，烟中的微粒直径大约是 0.000 000 1 cm，香烟中的烟颗粒直径大约是氢原子直径的10倍。而尘的颗粒更大些，约是0.01 cm到0.001 cm。

除此之外，烟微粒如果直径小于0.000 01 cm就不会沉降（此时其布朗运动速度要大于微粒沉降速度），不小于0.000 01 cm就会匀速沉降，而尘颗粒则是加速沉降。

30. 月光下的云

【题目】如何解释云会在月光下消散这一现象？

【题解】云确实会在月出时分消失，然而这和月亮本身并无关系。云在夏季的晚上会随着下降的空气一同下降，然后因为下层空气更热，导致蒸发。当然，这和有没有月亮无关，只是在月光照射下会显得更加明显罢了。

31. 分子能量

【题目】分子在0℃的固态、液态、气态水中动能是否相同？哪个更大些？

【题解】物质分子的热运动能量取决于其温度，并非取决于其所处介质。所以，虽然冰分子、水分子和水蒸气分子并不相同，但是其动能相同。

32. 绝对零度时的热运动

【题目】在-273℃环境下，氢分子热运动速度是多少？

【题解】"绝对零度下分子热运动等于0，并且-273℃即绝对温度，所以在这个温度下氢分子处于静止状态，运动速度为0。"这是其中一种回答。

这回答并不正确，其中错误之处就在于，绝对零度并非真的就等于-273℃，而是-273.15℃。

然而，只不过相差了0.15℃，差距真的这么大吗？

现在来计算一下。

由气体动能的关系推算得知在0℃时氢分子运动速度为1 843 m/s。现在设温度为-270℃（3.15 K）时其运动速度为s，则根据分子的速度比是其所处温度平方根的比，可以列出等式：

$$\frac{s_1}{1843} = \frac{\sqrt{3.15}}{\sqrt{273.15}}$$

求得$s_1 \approx 198$ m/s。这就意味着，在-270℃的环境下，分子的运动速度要快于手枪子弹。现在再看-273℃的情况下氢分子的运动速度，设为s_2：

$$\frac{s_2}{1843} = \frac{\sqrt{0.15}}{\sqrt{273.15}}$$

解得$s_2 \approx 43$ m/s。（图132）

图 132　接近绝对零度时氢分子运动的速度

这个速度相当于155 km/h，比一些老式的飞机还要快，于是这个速度无论如何不能看成接近于0。

33. 能否达到绝对零度

【题目】能否真正达到绝对零度？

【题解】莱顿试验室在1935年曾经制造出相当接近绝对零度的低温。

但是依然没有低于 $\frac{1}{200}$ 绝对零度。虽然如此，人们还是坚信在将来一定会突破这个限制并且真正达到绝对零度。然而，物理学中的"热力学第三定律"或叫作"能斯脱热力学定律"却否认了这一观点，它指出真正的绝对零度无法达到，它也并非基础物理学的研究对象。其实有很多物理方面的作者都把热力学第三定律叫作"无法达到绝对零度原理"，很多物理爱好者也会去看波利奈尔教授在《物理学教程》一书中关于这一点的通俗解释。

现在，我们列举一下热力学三大定律中的三种不可能：

不可能存在第一类永动机——热力学第一定律（能量守恒和转换定律）。

不可能存在第二类永动机——热力学第二定律。

绝对零度无法达到——热力学第三定律。

当然，即便是在我们所能达到的最低温度–273.145℃下，设氢分子运动速度为s_3，则根据上节中公式可得：

$$\frac{s_3}{1843}=\frac{\sqrt{0.005}}{\sqrt{273.15}}$$

解得$s_3 \approx 8$ m/s，和老式火车的速度（29 km/h）相差无几。可以看出，即便是在如此接近绝对零度的超低温下，氢分子的运动速度依旧很快。

34. 真空到底是什么

【题目】何为真空？

【题解】真空并非容器内最大程度稀释空气后的状态，因为空气再如何稀释，再如何稀薄，容器也并非真正的真空，分子运动自由路程的平均范围超出空气所在的容器才是真正真空的标志。

　　分子运动的自由路程即分子两次相碰之间所经过的距离，众所周知，分子时刻都在进行热运动，他们在一秒钟之内会互相碰撞几十亿次。那么现在设自由路程的平均值为l，分子平均热运动速度v，分子碰撞次数x，那么可以得出公式：$l=\dfrac{v}{x}$。

　　常规压强下零度时分子的热运动速度约为500 m/s，碰撞次数约为5 000 000 000次/s。那么此时根据公式得出：

$$l=\frac{v}{x}=\frac{500}{5\,000\,000\,000}=0.000\,000\,1\,m=0.000\,1\,mm$$

　　（当然，真正的情况并非从v和x得出l，而是测定出v和l之后才会确定的x。这里仅仅为了指出l，v，x三者之间的关系。）

　　如果气体被稀释n倍，则气压为常规压强的$\dfrac{1}{n}$，此时单位体积内的分子数也为原来的$\dfrac{1}{n}$。

　　现在有$x=\dfrac{1}{n}$，并且由于分子热运动速度和气体压强无关，则v恒定，将x代入$l_n=\dfrac{v}{x}$得出此时的l_n将是l的n倍。那么将气体稀释1 000倍，则此时$l_{1000}=1000l=10\,cm$。

　　电子灯泡长度大都小于10 cm，也即小于分子自由路程的平均值，那么此时在平均状态下分子从灯泡一端向另一端运动时不会碰到其他分子。并且，由于灯泡内部的压强非常小，甚至小于0.000 000 1 mm汞柱，在此情况下灯泡内分子的自由路程平均值将达到几千米，气体的特征将有别于常规气体，此时的气体物理学上称之为"真空"。

　　当然，体积大一些的容器内气体稀释1 000倍则并不会出现"真空"，因为容器的分子间仍然存在着碰撞。

35. 宇宙物质的平均温度

　　【题目】所有宇宙物质的平均温度是多少？
　　【题解】这个问题取决于我们以一般情况进行探究还是以特殊情况进

行探究。当然，结果令人大出所料，宇宙所有物质的平均温度竟然高达几百万摄氏度。

　　当然，整个太阳系的所有行星加起来的质量也不过太阳的七百分之一，其他恒星系之中同样很有可能出现这种情况。在此种状况下，我们可以认为整个宇宙千分之九百九十九的质量都集中在平均温度为几百万摄氏度的恒星及行星上。

　　见图133。

　　太阳是个很典型的星体，其表面温度不过6 000℃，然而内部温度要大于40 000 000℃。如果都按照这样来算，那么宇宙平均温度是几百万摄氏度也就不难想象了。

　　当然，如果换一种角度，从爱丁顿的观点去看，可以得出其他的结论：宇宙空间中充满了非常稀薄的物质，1 cm³的空间内大约平均有几十个分子。这种稀薄，比电子灯泡内的气体还要稀薄20倍。在这

图133　获得20 000℃高温的试验。试验者穿着防止冲击波的特制衣服

种状态下宇宙空间的总质量要比恒星和行星大3倍，即宇宙空间总质量占整个宇宙总质量的四分之三。此刻，宇宙空间内物质的温度为−20℃或以下，而另外四分之一的物质将处于2×10^6℃的高温下。由此看来，宇宙间所有物质的平均温度就为5×10^5℃左右。

　　可是不管用哪种思路去想，都能得到结论：宇宙的平均温度不低于几十万摄氏度，其中一部分温度超过2×10^6℃，其中有一部分低于−200℃，适宜生存的温度仅仅是其中的非常小的一部分。

　　根据这一结论，我们所知道的物理学只不过是很小温度区间内的物理学，是偶然的，我们认为的极端温度也不过是典型温度而已。那么，在探究整个宇宙使我们几乎相当于什么都不知道的状态，毕竟物质在绝对零度时的性质我们所知甚少，物质在几百万摄氏度下的性质我们更加不得而知。

　　当然，地球上的最高温度我们曾经得到过。1920~1922年间，安德森在芝加哥维尔松山天文台及汶汤姆天文台中发现了这个最高温度。当时他

用一根细短的小金属丝给电容放电，之后的十万分之一秒内，这根金属丝产生了125 J热量，其温度达到了20 000℃甚至27 000℃，这是到当时为止实验室里所能获得的最高温度了，金属丝发出了比太阳光亮度大200倍的强光。

如果把这根金属丝放入盛水的玻璃器皿内，器皿会直接被粉碎成微粒尘。如果试验者不穿防护服站在半米开外，他将感受到极其强烈的冲击，这时的冲击波扩散速度超过了10倍音速，如果氢分子处在这种环境下，它的速度将达到16 km/s。

虽然2×10^4℃~2.7×10^4℃这个温度比高温星体表面温度高得多，但是依旧比不上高温星体的内部温度，这个内部温度之高是我们无法想象的。这一点，在《我们的宇宙》一书中也有所涉及：

"类似3×10^7℃~6×10^7℃这样的星体中心温度，试验中根本无法达到，这种温度无法想象，也不知道其中的真正含义。要知道，将1 mm³的物质加热到5×10^7℃，仅仅因为它的辐射就需要依赖3万亿马力的机器不停工作才能弥补消耗……这是多么的不可思议！"

当然，正如我们前文所说，整个宇宙至少四分之一物质都处在这种"不可思议"的情况之中，所以物理学要走的路还很长，之前涉足的只不过是重力方面的规律。

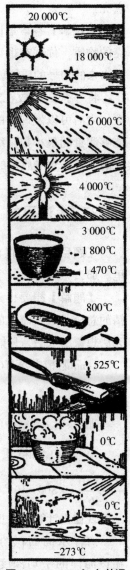

图134 20 000℃之前温度坐标

36. 1 g 的千万分之一

【题目】如果某种物质只有千万分之一克，那么我们能否用肉眼看到它呢？

【题解】答案是肯定的，不仅如此，我们还经常看到这种千万分之一克的物质，你现在也正在看着它。是的没错，它就是"。"——印刷或书写出来的句号的质量就约是千万分之一克。那么，如何测量它的质量呢？

将一张白纸放在最灵敏的秤上，之后在上边画一个句号之后再看读数。之后可以发现它的质量为0.000 000 13 g。当然，这个数量级并非我们能够测量的最小数量级，电子测重能够测出十万亿克分之一的物质，这物质的质量是句号质量的百万分之一。

37. 大海里的1 L酒精

【题目】现在将1 L酒精倒入大海，过不了多久它就会完全分散在海里。那么想要得到一个酒精分子，平均需要取多少海水？

【题解】想要得到这个问题的答案，需要进行一系列的计算，比较酒精的总分子数及海水的总体积。这两个数字数量级都非常大，所以想象是无法想象出来的，只能计算。

1 mol酒精中含有6.02×10^{23}个酒精分子，那么这1 mol酒精的质量是：
$$（C_2H_6O）=2 \times 12+6+16=46 \text{ g}$$

那么，1 g酒精中的酒精分子数量就为：$\dfrac{6.02 \times 10^{23}}{46} \approx 1.3 \times 10^{22}$。

由于1 L酒精质量为800 g，则1 L酒精中含有的酒精分子数为$\dfrac{6.02 \times 10^{23}}{46} \times 800 \approx 10^{25}$个。

现在再计算海洋里含有多少升水。

海洋水面面积约3.7×10^{8} km^2。现在设海洋的平均深度4km，则海水总体积为148×10^{2} km^3，换算成升则大概是148×10^{19} L $\approx 15 \times 10^{20}$ L。经过计算可得，1 L海水中大海含有7 000个酒精分子，这就意味着我们不管在哪里取海水，只要取到1 L，其中就会包含7 000个酒精分子。见图135。

图135　一滴水中的分子数量比黑海水滴的数量还要大

这里还有一个对比：一滴水中的分子数量大致相当于黑海中所有水滴的数量。读者们可以根据上述办法自行计算来验证该对比的正确性。

38. 气体分子间距

【题目】处于0℃状态下的氢气分子间距大概是其直径的多少倍？

【题解】常压下，气体分子的间距远比我们想象的大，比如氢分子在1个大气压下的0℃环境中分子平均间距为0.000 003 cm即3×10^{-6} cm，而氢分子的直径为2×10^{-8} cm。将这两个数做比值$\dfrac{3 \times 10^{-6}}{2 \times 10^{-8}}$后得出结果是150，也就是说氢气分子在这种状态下间距是其分子直径的150倍。

39. 氢原子和地球

【题目】现在得知：$\dfrac{氢原子质量}{x} = \dfrac{x}{地球质量}$，试求$x$。

【题解】通过资料可知氢原子的质量为1.7×10^{-24} g，地球质量为6×10^{27} g，于是它们的几何平均值

$$x = \sqrt{1.7 \times 10^{-24} \times 6 \times 10^{27}} \approx 100 \, \text{g}。$$

40. 分子大小

【题目】当地球上的物体被放大100万倍后，分子会发生怎样的变化呢？

【题解】如果地球真的进行了这样的变化，那么在这种情况下：

埃菲尔铁塔的顶部已经接近月球轨道，人类的身高达到1 700 km，头发丝的直径变为100 m，血红细胞的直径变为7 m。除此之外，就连老鼠都会有100 km长，苍蝇都会有7 km长。再来看我们提到的问题，分子在这种情况下会变得和这本书的字一样大。

要知道，就算是倍数最大的显微镜也无法观察到直径0.0 001 mm以下的物体，而棱长为0.0001 mm的立方体中却可以包含100万个分子。其中的意思我们自然能够明白，就算是用最高倍数的显微镜，我们也只是能看到

包含了100万个或以上的分子的集合体罢了。

41. 电子和太阳

【题目】现在得知：$\dfrac{电子直径}{x}=\dfrac{x}{太阳直径}$，求$x$。

【题解】此时x是电子和太阳直径的几何平均值，而这个值同样非常小。

现在我们知道：

电子直径为4×10^{-13} cm。

太阳直径为14×10^{10} cm。

将这两个数字代入$\dfrac{电子直径}{x}=\dfrac{x}{太阳直径}$得：

$$x=\sqrt{4\times10^{-13}\times14\times10^{10}}=\sqrt{0.56}\approx2.4\ \text{mm}$$

按照这种思维，假设一个球是太阳的$\dfrac{1}{n}$大同时是电子n倍大的球只有弹丸那么点。

在此，我摘抄了A.B.金格尔教授给我写的信中的一段，这一段中他对宏观和微观世界的比较做出了解释，并且非常经典：

"想象出一个1 mm直径的针和1 km直径的大球是非常容易的，这个大球比针大100万倍。然后如果想象一个比这个1 km直径的大球大100万倍的球，你将得到一个和太阳差不多大的球，仅仅小一点点。那么：

"针头，直径1 km的球，太阳，大小的公倍数是100万。

"现在顺着针头向小的方向推，那么直径是针头直径100万分之一的小球大概和简单分子差不多大小，然后直径是简单分子100万分之一的小小球又和电子差不多大。所以，现在公比是100万的等比数列增加到了5个项：电子，分子，针头，直径为1 km的球，太阳，等等。"

42. 宇宙有多大

【题目】（1）现在将电子、质子及最小的细菌同比放大，令最小的细菌等同地球的大小，那么电子和质子将会变到多大？

（2）现在将电子和头发同比放大，令电子的直径等于原来头发的直径，那么头发的直径将变为多大？

（3）现在将海王星和地球同比缩小，令海王星等大于原来的地球，那么地球将缩小到多大？

（4）现在将宇宙同比缩小，令地球直径缩小为1 mm，那么它同天狼星座的距离将是多少？

（5）现在将宇宙同比缩小，令太阳系缩小到头发的尺寸，那么它同仙女座流星群间距将是多少？

【题解】如果直接去计算，可能会很麻烦，毕竟这些物体的数量级实在太大了，要想一一计算计算量非常的大。但是如果用下边这个《自然界从质子到宇宙结构物体大小比例》表格来计算就简单的多了，表中长度数量级从10^{20} cm到10^{-20} cm，对应了现实世界中不同的物体。除此之外这个表格还有一项"变动比例"，能够明显的凸现物体尺寸的对比。下边这些，既是对问题的回答，又是这张表格的运用方法。

（1）若要"实现"细菌和地球一样大，那么在"变动比例"中将"地球直径"一行放在主表格"最小的细菌"一行后。

那么此时，肥皂泡厚度将等于铁路支线长度；

氢原子直径将相当于大拇指直径[1]；

质子直径将相当于头发直径。

（2）在"变动比例"中将最后一行移到主表格"电子半径"一行后。此时将会发现头发直径将增大到与地球直径相当。

（3）在"变动比例"中将"地球直径"一行移到"海王星轨道直径"一行后。于是得到的答案是"大厅的宽度"。

（4）将"变动比例"后置，此时它和天狼星的距离将等于地球直径。这种方法可以更直观地展示难以想象的，数量级巨大的星际距离。

（5）如果将宇宙同比缩小并令太阳系变更到头发的尺寸，那么它和仙女座流星群的距离大约是100 km。

据爱因斯坦的相对论并用表格来"说明"宇宙半径真的很有趣，现在如果宇宙的半径缩小到地球直径，我们和大熊星座就仅有拇指之隔了，和

[1] 个人认为是两个拇指的大小。这里必须要精确一些，毕竟是在确定物体大小顺序。

天狼星只有一根金属丝直径那么点距离。并且在这种情况下，使用我们现在能够动用的最高倍显微镜，也无法在这里找到地球。

长度		物体
10^P cm	P	
10^{25} km	30	
10^{24} km，1 000 亿光年	29	宇宙的半径
10^{23} km，100 亿光年	28	
10^{22} km，10 亿光年	27	
10^{21} km，1 亿光年	26	距远星云距离
10^{20} km，1 000 万光年	25	距螺旋星云距离
10^{19} km，100 万光年	24	距仙女座流星群距离
10^{18} km，10 万光年	23	距马格兰诺夫星云距离
10^{17} km，10000 光年	22	
10^{16} km，1000 光年	21	距第十大行星的平均距离
10^{15} km，100 光年	20	距大熊星距离
10^{14} km，10 光年	19	距天狼星距离
10^{13} km，1 光年	18	
10^{12} km，0.1 光年	17	
10^{11} km，0.01 光年	16	彗星远日点
10^{10} km	15	海王星轨道直径
10^9 km	14	
10^8 km	13	巨星直径
10^7 km	12	
10^6 km	11	太阳直径
10^5 km	10	木星直径
10^4 km	9	地球经线长度的四分之一
10^3 km	8	莫斯科至伏尔加格勒的距离
10^2 km	7	多瑙河支流长度
10 km	6	奥运会女子马拉松游泳赛程
1 km	5	街道长度
100 m	4	百米赛跑距离
10 m	3	大厅的宽度
1 m	2	桌子高度
1 dm	1	手掌宽度
1 cm	0	手指粗度
1 mm	−1	金属丝直径

长度		物体
0.1 mm=100 μm	−2	头发直径
0.01 mm=10 μm	−3	肉眼看到的最低程度
0.001 mm=1 μm	−4	最小的细菌
0.000 1 mm	−5	显微镜看到的最低程度
0.000 01 mm	−6	小气泡最薄处
0.000 001 mm=1 nm	−7	分子直径
0.000 000 1 mm=1 Å	−8	氢原子直径
	−9	
0.000 000 001 mm	−10	伽马射线波长
一个单位射线波长	−11	
0.000 000 000 01 mm	−12	宇宙射线波长
0.000 000 000 001 mm	−13	电子半径
	−14	
	−15	
	−16	质子半径
	−17	
0.000 000 000 000 000 01 mm	−18	
0.000 000 000 000 000 001 mm	−19	
	−20	

趣味力学

第一章

基本力学定律

1. 碰鸡蛋

美国杂志《科学与发明》曾经提出了这样一个问题：两只手各拿一枚鸡蛋，并用其中的一枚撞击另外一枚（见图1），如果这两枚鸡蛋的硬度和碰撞的部位都一样，那么是被撞的那枚鸡蛋会碎，还是用来撞击的那枚鸡蛋会碎？

图1　哪一枚鸡蛋会被撞碎

该杂志根据实验的结果得出结论：在大多数情况下，"运动着的那枚鸡蛋"——也就是被用来撞击的那枚鸡蛋会碎掉。

该杂志认为："运动着的鸡蛋在撞击静止的鸡蛋时，将压力施加在对方的蛋壳上。正像我们所知道的那样，鸡蛋的外壳并不是平面的，而拱形物体对外来压力的承受能力比较强，但当受力者为运动着的那枚鸡蛋时结果就不一样了。相对来讲，拱形物体对来自内部的压力明显抵抗力不足，当鸡蛋处于运动中时，其内部物质同样呈运动状态，在撞击的瞬间，这些物质从内部挤压蛋壳，蛋壳就会轻易地碎裂开。"

列宁格勒（今圣彼得堡）的一家颇有影响力的报纸曾刊出这个问题，并从广大读者那里得到了五花八门的答案。在这些答案中，有一部分人认为那枚被用来撞击的鸡蛋会碎，但另一部分人却认为它毫无"性命之忧"。尽管两种观点都有着极具说服力的论据，但它们全部都是错误的！事实上，任何论据都不可能确定两枚鸡蛋中会碎的是哪个！因为两枚鸡蛋——无论是被撞击的还是被用来撞击的，都是没有差别的。

其实，强调哪一枚鸡蛋是运动的或是静止的是毫无意义的，因为静止或运动都是相对的。假如参照物为地球，我们都知道，处于星际之间的地球本身就以自转和公转的方式进行着运动，而位于地球上的这两枚鸡蛋无疑也同样处于这种运动中，哪一枚鸡蛋在星际间运动得更快或者更慢，我们根本无须考虑。但如果一定要以运动或者静止的特征来判断这两枚鸡蛋哪个先破碎，那恐怕就得求助于大量的天文书籍，参照处于静止状态的星球，来确定这次撞击过程中的每一枚鸡蛋的运动状态。但即便这样也是白忙一场，因为我们所看到的星球都是在运动着的，就算是这些星球所属的银河系，相对于其他星系来说也是处于运动中的。

现在这两枚鸡蛋已经把我们的思路引向了浩瀚的宇宙深处，可是问题仍旧没有解决。但这个观察星空的过程毕竟是有意义的，它让我们得到了一个有助于解决这一问题的结论，那就是物体的运动必须以另一物体作为参照物。只有当两个物体相互接近或者相互远离的时候才能够实现位置的移动，单独的一个物体是没有运动可言的。事实上，对于这次撞击来说，两枚鸡蛋处于同样的运动状态，也就是说，它们在相互靠近，而这也恰恰是我们的答案。这个结果并不是由我们认为哪一枚鸡蛋静止或运动来决定的。

匀速运动和静止具有相对性，这一"经典力学相对论"最早是由意大利数学家伽利略提出的，尽管20世纪初提出的"爱因斯坦的相对论"使它得到了进一步发展，但我们却不能把它们当作一回事儿来看待。

2. 骑着木马旅行

根据前面的分析我们可以知道，当物体做匀速运动时，与"处于静止状态，但其周围物体在做反向匀速运动"是同一现象。确切地说，物体的运动与其周围的环境所做的运动是彼此相对的。遗憾的是，并非所有力学与物理学的研究者都认同这一点。不过我注意到，早在三百多年前，从未读过伽利略著作的塞万提斯就在他的著作《堂吉诃德》中使用过这一结论，这是我们伟大的骑士与他的仆从骑木马旅行的场景——

人们对堂吉诃德说道："请您上马吧，只要转动嵌在马脖子里的机关，马就会飞起来，它会把你们带到玛朗布鲁诺的身边！不过，木马在空中飞行时，你们会感到头晕的，还是把眼睛蒙起来吧。"

于是堂吉诃德和他的仆人蒙住了眼睛，并转动了机关，人们开始用他们的办法使骑士确信自己像离弦的箭一样飞了出去。

"一切顺利！"堂吉诃德郑重其事地对仆人桑丘说，"这是我这辈子乘坐过的最平稳的坐骑，你感觉到了吗？这扑面而来的风！"

"是的，风很大！"桑丘回答道，"就像一千个风箱在吹！"

是的，事实上这猛烈的风真的来自好几个巨大的风箱。

现在，我们在公园或者各种展览会里能够看到各种各样的娱乐设施，它们的原型就是塞万提斯在作品中设计出来的木马，它们的设计依据就是"不能将静止与匀速运动分割开来"的力学原理。

3. 常识与力学的分歧

大多数人习惯于将静止与运动彼此对立，好像天壤之别、水火不容一样。但他们在火车上过夜的时候可不会计较火车是停着还是在行驶中，因为他们根本不认为在某种程度上行驶中的火车是静止的，也完全不相信车下的铁轨、大地甚至周边环境都在与火车做着相反的运动的说法。

"那么，一位有经验的司机是否认同这种说法呢？"爱因斯坦曾这样问道，"不，他只会认为，他烧热并润滑了机车，他做的一切理所当然应该作用于机车，使它运动。"

这似乎颇有些道理，竟让人无可辩驳。但我们不妨做一个假设：假设有一条顺着赤道铺设的铁路，一列火车在这条铁路上由东向西疾驰，也就是朝着与地球自转相反的方向行驶，这时对于火车来说，周围的环境就像是迎面扑过来的，而车上的燃料只能使火车不被拉向后退——也就是说，火车向前行驶就是为了不那么快地向后运动。在整个旅途中，如果司机不想使火车受到任何来自地球自转的影响，他唯一能做的就是使车速达到2 000千米/小时（也就是地球旋转的速度）。

但这世上根本找不出这样的机车，这种速度是时速为2马赫的喷气式飞机才能达到的速度！

对于一列保持匀速行驶的火车来说，没有人能够确定它或者它周围的环境到底谁处于运动或谁处于静止状态，这是由物质世界的构造决定的。对于匀速运动或静止状态是否存在这种问题，无论在任何类似的情况下都无法得到真正意义上的解决。由于观察者本身的匀速运动对于被观察者的现象及规律并未产生影响，所以我们所能研究的只是物体之间相对的匀速运动。

4. 轮船上的较量

我想现在对很多人来说，相对论的实际运用都是颇有难度的。设想一个场景，假设两个有仇的人面对面站在航行的轮船甲板上，他们各拿一把手枪互相瞄准对方（见图2）。此时此刻他们处于完全相同的环境中，那么背向船头而立的那个人射出的子弹是否会比对方的子弹飞得慢？

相对于海面来说，从船头射向船尾的子弹的运动方向与船航行的方向相反，这颗子弹的速度自然慢于从静止的船上射出的子弹，而船尾射向船头的那颗子弹的运动速度要快一些。但这并不影响两人的决斗，因为当船头的子弹射出时，船尾的子弹也正好射过来，所以当船匀速运动时，子弹速度上的差异恰好被相互抵消了——船尾射出的子弹必须追赶上正在远离自己的目标，而目标的速度正好是这颗子弹比对方快的那部分。

最后的结果是，对于两个仇人各自的目标而言，航行中的船上射出的这两颗子弹的运动与它们在静止的船上做出的运动是相同的。

当然我们必须说明，这种情况只限于在做匀速直线运动的船上。

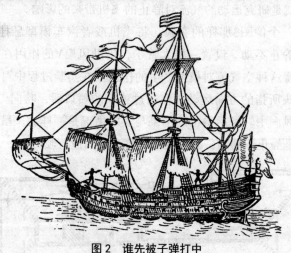

图2　谁先被子弹打中

"有一艘做匀速运动的大船，假如你和朋友同时被关进船甲板下的一个大房间里，你们肯定不能马上判断出船是否在运动。但如果你们在房间里跳远，那么肯定与在静止的船上跳出的距离相等。即使你面向船尾的方向腾空跳起时，甲板的地面正向相反的方向运动着，你也不会因为船在高速运动而向船尾跳得更远，向船头跳得更近些。如果你向位于船头方向的同伴扔东西，你用的力气绝不会比向反方向扔东西时用的力气更大。房间里的苍蝇同样会到处乱飞，不会只停在靠近船尾的位置……"

这段话引自伽利略第一次提到经典相对论的那部作品，值得一提的是，作者本人差点儿因为这本书而被宗教裁判所下令烧死。

根据这段话，我们更容易理解用来诠释经典相对论的常用定义：

"某个体系中运动的特性，并不取决于该体系正处于静止状态还是正在做与地面相对的匀速直线运动。"

5. 风洞实验

经典的相对论原理在实际生活中能起到很好的作用，比如依据这一原理将静止与运动相互替代，在恰当的时候会收到非常好的效果。我们在研究空气的阻力对行进中的飞机或汽车所造成的影响时，就会研究与之相反的现象，也就是研究运动的气流对静止的飞机带来的影响。

可以做一个像图3那样的实验：将飞机或者汽车模型悬挂在工作舱X中，并使其静止不动。设置一根大管子，借助风扇V的作用在管子中形成空气流，观察这种空气流对模型产生的作用。在实验过程中可以看到，空气流沿着箭头所指的方向运动，在通过狭窄的喷口后，吹向工作舱X，最后又被吸回风洞中。最后得出的结果与实际情况是一样的。虽然在实际情况下，空气是静止不动的，而飞机或者汽车是高速行驶的。

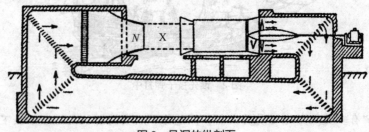

图3　风洞的纵剖面

这种实验现在已走出实验室，巨大的风洞已被制造出来，工作舱中悬挂的不再是飞机或者汽车模型，而是整架飞机或整辆中型汽车。在这种巨大的风洞中，空气流动的速度已经可以与音速相媲美了。

6. 给飞驰的列车加水

如图4所显示的那样，把一根下端弯曲的水管垂直放入水中，使下端的管口迎向水流的方向。这根管子被称为毕托管，水流入这根管子里，会使管子里的水平面高于水流的水平面，高出的部分用 H 表示，水流的速度决定着 H 值的大小。这个实验所显示的是我们熟知的力学现象，而铁路工程师们将这一现象加以转换，用静止代替运动，用运动代替了静止。

图4　行驶中的火车利用毕托管为煤水车加水

火车在行驶的途中需要给装有煤和水的车厢加水，为了应对这种需求，可以在一些车站的两条铁轨间修建如图4所示的长水槽，火车经过车站时将下端的毕托管（图4左上小图）浸入水槽中，弯管下端的开口向前，管子中的水平面上升，水就会进入行驶中的火车的车厢中（图4右上小图）。

那么这个方法会使水平面上升多少呢？力学中有专门研究液体运动的水力学分支。根据水力学的原理，毕托管中的水平面提升的高度，与用水流的速度垂直向上抛掷物体的高度应该是相等的。在忽略因摩擦、涡流等方面导致的能量消耗的前提下，这一高度可用公式表示：

$$H = \frac{v^2}{2g}$$

其中，v 为水流速度，g 为重力加速度，$g=9.8$米/秒^2。

上例中，相对于毕托管来说，水流的速度与火车的速度是相等的，在这里我们使用一个保守的数值36千米/小时来计算$^{[1]}$，则 $v=10$ 米/秒$^{[1]}$，管中水平面提升的高度为：

$$H = \frac{v^2}{2 \times 9.8} = \frac{100}{2 \times 9.8} 米 \approx 5 米$$

显然，即使将因摩擦、涡流以及其他任何未被考虑在内的原因消耗掉的能量计入其中，利用这种方式为煤水车加满水都不成问题。

7. 惯性定律

现在我们来简单研究一下产生运动的原因。首先要明确为经典力学奠定基础的牛顿三定律之中的第二定律的结论——力的独立作用定律：力对物体的作用与该物体是否处于静止状态，或是否受惯性作用而运动，以及与是否受其他力的作用而运动无关。

在牛顿三定律中，第一定律是惯性定律，第三定律是作用力与反作用力相等定律，我们会在下一章对第二定律进行专门的讨论。简单地说，第二定律就是：速度变化的量是与作用力成正比例且与其方向相同的加速度。我们用 F 表示作用于物体上的力，m 表示物体质量，可将这一定律用公式表示为：$F = m \cdot a$（a 是物体的加速度）。本式中让人最难理解的是质量，人们通常以为质量就是重量，事实上它们根本不一样。根据公式，当力作用于物体时，物体得到的加速度越小，其质量就越大。也就是说，物体的质量可以依据它在同一个力的作用下得到的加速度来比较。

惯性定律尽管与人们的习惯性看法完全相反，但却是三个定律中最易于让人理解的一个$^{[2]}$。遗憾的是有些人对这个定律产生了错误的认识，他

---

[1] 在本书中，千米/小时表示的是每小时的千米数，米/秒表示的是每秒钟的米数，米/秒^{2}是加速度单位，表示的是在匀加速运动中每秒钟改变的速度为1米/秒。

[2] 惯性定律的一部分说，做匀速直线运动的物体是无须外力作用的，而不掌握物理知识的人常会习惯性地认为，物体必定要受到外力的作用才会运动，当这个外力停止作用时，物体就会停止运动，可见这两种观点是完全相反的。

们常会认为惯性是物体有"在被外因破坏了原有状态前保持着原有状态"的特性。换句话说，他们认为没有原因，一切都不会发生，任何物体也都不会改变状态——这种观点将惯性定律错误地理解成了原因定律。真正的惯性定律与物体的任何物理状态都没关系，它只与静止和运动有关。惯性定律的内容是：在物体的状态被外力的作用改变之前，所有的物体都保持着原有的静止或匀速直线运动的状态。

换句话说，物体受到力的作用时有三种表现，分别是：①进入运动状态；②由直线运动改变为非直线运动或原本就进行着的曲线运动；③停止运动，运动速度加快或变慢。

如果某一物体在运动过程中没有出现上述的任何一种变化，那么就算它的速度像飞机一样快，它也没有受力。你必须记住：所有处于匀速直线运动之中的物体都没有受到外力的作用，或者说它所受到的外力处于平衡状态。这是现代的力学理论与伽利略之前的古代和中世纪思想家们的观点之间最大的区别，人们通常的思维与科学的思维之间差异很大。

此外，通过上面的描述，我们还可以发现，尽管摩擦看上去不大可能造成什么运动，但力学上却仍然把静止物体的摩擦看作力。为什么会有这样的观点？很简单，摩擦能够阻止运动，所以它就是力。

我们有必要再强调一遍，物体并非是趋向于静止的，它只是停留在静止的状态。这种区别就相当于一个人每天都待在家里，偶尔让他外出办事，和一个难得在家一次的人从家里出发外出办事之间的差别。就物体的本质来说，它压根儿就不是"待在家里"的，相反，物体有着高度的运动性，一个自由的物体哪怕只受到一丁点儿的力也会运动起来。我们说"物体趋向于静止"的说法有误，还有另外一个原因，那就是一旦物体脱离了静止状态，就再也不会恢复静止了，如果不阻碍它的运动，它会永远保持被赋予的运动状态。

"物体对施加于它身上的作用力有抗拒作用"的说法是错误的。如果它是对的，那么当我们往茶水中加糖时，茶水也会为了不被改变口味而果断发出反作用力。人们之所以对惯性定律产生误解，在很大程度上是由于很多的物理与力学课本中都使用了类似"趋向于"这种有失严谨的词汇。当然，正确地理解第三定律并不轻松，现在就让我们对这一定律进行详细的分析。

8. 作用力与反作用力

拉开房门时，你必须把门把手朝自己的身体拉过来。在做这个动作时，你手臂上的肌肉会收缩，以便使两端靠近，与此同时，门与你的身体会彼此靠近。你会很明显地感觉到在自己的身体和门之间有两种力发挥了作用，一种力施加于门，一种力施加于你的身体。当然，也可能门是向外推的，这也没有什么区别，力的作用是将门与你的身体分离开。

我们讨论的有关肌肉力量的情况对所有的力都适用，无论这些力本质如何。任何一个力都作用于两个相反的方向，更形象的说法是，每个力都有两个端点，一端施加于受力物体上，另一端施加于施力物体上。力学中对这一内容有简短到甚至影响理解的描述：作用力等于反作用力。

这个定律认为自然界中所有的力都是成双成对的，无论任何时候，只要有力的作用出现，你就能在与之相反的方向找到一个与之相等的力。这两个力作用于两点之间，使它们互相接近或彼此分开。

图5中有一个氢气球，有三个力作用于它下面的坠子上，这三个力分别是 P、Q 和 R。其中 P 为气球的牵引力，Q 为绳子的牵引力，R 为坠子的重力。表面上理解起来，这似乎是三个单独的力，但事实上它们都有一个相等的但是方向相反的力。

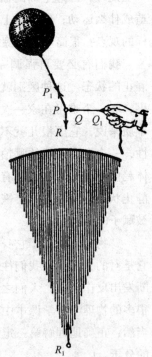

图6所示的是图5中三个力的反作用力。力 P_1 是力 P 的反作用力，它作用于绳子并通过这段绳子传到气球上；力 Q_1 是力 Q 的反作用力，它作用在手上；力 R_1 是力 R 的反作用力，它作用

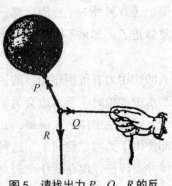

图 5 请找出力 P、Q、R 的反作用力

图 6 图 5 的答案

于地球，原因是坠子在受到地球引力的同时也吸引着地球。

　　还有一点需要引起我们的注意。假如在绳子的两端分别施加1千克（1千克≈10牛顿）的力，并向两端反向拉这根绳子，那么绳子的拉力是多少呢？这个问题就像问你面值为1元钱的邮票的价格一样，答案就在问题里。是的，绳子受到的拉力是1千克。"两个1千克的力分别在绳子的两端向两边拉"和"绳子受到的拉力是1千克"是两个完全相同的概念。但是为什么呢？理由在于除了由两个相反方向的作用力组成的1千克拉力之外，没有其他的1千克拉力作用于绳子。你必须牢记这一点，否则就会犯很多无知的错误。下面我们来看几个这种类型的例子。

9. 两匹马的拉力

　　【题目】在图7中，两匹马分别用100千克的力拉一个弹簧秤，你能猜出此时弹簧秤的指针读数吗？

图7　向相反方向拉弹簧秤的两匹马

　　【解题】很多人会下意识地脱口而出：答案是100+100=200千克！这是不对的。根据我们在前一小节进行的分析，两匹马在相反的方向各用100千克的力同时拉中间的弹簧秤，弹簧秤受到的力只有100千克，并不是200千克。

　　因为同样的道理，如果将马德堡半球两边分别安排8匹马，让它们同时向相反的方向拉扯半球，千万不要认为马德堡半球受到了16匹马的拉力。因为如果没有相反方向的另外8匹马，任何一边的8匹马都不足以对半球产生作用，用一堵坚固的墙来代替其中一边的8匹马，结果也是一样的。

10. 两船竞速

　　【题目】图8中的两只船上各有一个人，他们手里都拿着绳子的一

端，两只船都在利用绳子的拉力靠近码头。左侧船上
那根绳子的另一端拴在码头的柱子上，右侧船上那根
绳子的另一端在码头上的一位水手的手中，他正用力
将右侧的船向码头这边拉。这三个人用的力一样大，
哪只船最先到达码头？

【解题】很多人会认为右侧的那只船会先到，理
由是有两个人在拉它，它得到的力量是双倍的，速度
会更快，但这只船真的得到了双倍的力量吗？

如果船上的人和码头上的水手都在把绳子向自
己的方向拉，那么船受到的拉力就只是一个人的力。
也就是说，右边船只受到的拉力与左边船只的相同。
可见这两只船被同样的力拉向码头，所以它们会同时
到达[1]。

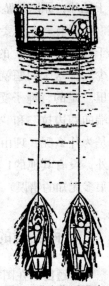

图8　谁先靠近码头？

11. 前行的奥秘

作用力与反作用力施加于同一物体的不同部位，这种情况在现实生
活中并不少见。"内力"的例子有很多，比如肌肉的拉力，还有机车汽缸
内的蒸汽压力等。这种"内力"有一个鲜明的特点，那就是在改变物体相
互联系的各部位间的相互位置的同时，并不会使物体的各部分产生共同运
动。比如在射击的时候，火药产生的气体会作用于一个方向，将子弹推向
前方，但同时这种气体产生的压力又会作用于相反的方向，使枪体向后运
动。在这个过程中，作为内力的火药气体压力不可能做到使子弹和枪体都
向同一方向运动。这一结论难免使人迷惑，既然内力不能使整个物体产生
共同运动，那么步行者怎样走路？火车怎样行驶？如果将这些原因全部归
结为摩擦力的作用是不全面的。

---

[1] 曾有一位读者对这一结论表示质疑，他认为右边的船会先到，因为人们会以收绳
子的方式使船靠岸，右边有两个人在收绳子，必然会收得多，所以会先到。在看这本书时，
读者可能也会有这种想法。这个简单的推理看上去似乎很有道理，但却并不正确。为了使右
侧的船得到更大的速度，两个人就必须用更大的力拉绳子才行，只有这样，他们才能在同样
的时间内收更多的绳子。但题目中已经说明"三个人用的力同样大"，在绳子张力相同的前
提下，就算这两个人再怎么拼，也不会比左侧船上那个人收的绳子更多。

不可否认的是，人走路和火车行驶都必须有摩擦力的作用，不然，人在极滑的冰上是不能走动的，火车在结冰的铁轨上也会"打滑"，车轮在转，火车却还在老地方。我们在"惯性定律"一节中也提到过摩擦力有阻止已有运动的作用，但它是怎样使步行的人与火车运动的呢？

其实，这并不是什么奥秘。两个同时作用于物体的内力只能使物体的各部分分离或靠拢，却不能使物体产生运动。但如果能有第三个力将两个内力中的其中一个平衡甚至削弱，另一个内力就能毫无妨碍地使物体产生运动。这个起到决定性作用的第三个力就是摩擦力，它将作用于物体的两个内力中的一个减弱，使物体受另一个内力的作用而运动。

假设你站在冰面上想向前走，先要向前移动右脚，这时，就开始有内力在你身体的各部分之间依照作用力等于反作用力的规律发挥作用了。这些内力不止一个，但最终作用于你双脚的力大致有两个，其中一个力 F_1 负责向前推动你的右脚，而另一个同样大小但方向与之相反的力 F_2 负责使你的左脚向后移动。要注意，它们只能使你的双脚一只向前一只向后，却不能牵制你身体的重心，它仍旧停在原地。如果你左脚下的冰面恰好撒了一层沙子，这个表面就变粗糙了，作用于左脚的力 F_2 就会完全或部分地被左脚底受到的摩擦力 F_3 平衡，这时，作用于右脚的力 F_1 就在推动右脚前移的同时，成功地把你身体的重心向前推动了（见图9）。同样的，我们走路时会先向前抬起一只脚，这时脚与地面之间的摩擦就会减少，作用于未离开地面的那只脚的摩擦力会使这只脚避免向后滑动。

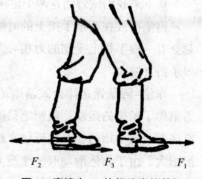

图9　摩擦力 F_3 使行路人能前行

对于火车来说其原理就复杂多了，但简单总结一下也可以理解为：作用于火车主动轮的摩擦力与两个内力之中的一个相互平衡，另一个内力便成功地推动火车向前运动了。

12. 令人费解的铅笔

像图10那样，将一根长铅笔放在水平伸出的双手食指上，慢慢地将两根手指互相靠近，同时保持铅笔始终处于水平状态。注意观察铅笔，它会轮番在两根手指上移动——先是这边，然后那边，然后又这边，又那边……假如用一根更长的棍子代替铅笔，这样轮番移动的次数就会更多。应该如何解释这个令人费解的现象呢？

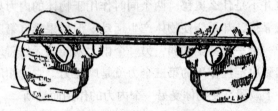

图 10　铅笔在两根手指移近时交替向两个方向移动

这里用到两个对我们有帮助的定律——库伦–阿蒙顿定律和物体滑动时的摩擦力比物体静止时的摩擦力小的定律。前者的内容是，物体开始滑动时受到的摩擦力 T 是某个表示相互摩擦物体特征的数值 f 与物体作用于支点的压力 N 的乘积。用公式表示为：

$$T = f \cdot N$$

接下来我们试着用这两个定律来解释一下铅笔移动的问题。

铅笔被放在两根手指上的时候很难使压在两根手指上的力完全相等，总会有一根手指上受到的力相对大些，所以那根手指上的摩擦力就比另一根手指上的大。

库伦–阿蒙顿定律公式清晰地向我们展示了这一点。这个较大的摩擦力阻碍了铅笔的运动，使铅笔只能在压力较小的支点上移动。但铅笔的重心随着两根手指的相互接近越来越靠近滑动的支点，使该支点上的压力渐渐增大。由于物体滑动时的摩擦力比物体静止时的摩擦力小，所以这个滑动会持续一会儿，直到滑动支点上的压力增加到一定的程度，同样增加到极限的摩擦力就会使这一支点上的滑动停止，这时另一个支点——也就是另一根手指就成了滑动的支点。这种现象会轮番出现，在两根手指互相靠近的过程中，它们会轮流成为铅笔的滑动支点。

13. "克服惯性"，克服了什么

这一小节，我们来分析一个常会使人误解的问题。只有"克服"某个静止物体的"惯性",才能使它运动起来——你一定对这种说法并不陌生。我们都知道,自由物体不可能抗拒任何使它运动的力,但这里所要"克服"的究竟是什么呢?

事实上这种"克服惯性"的说法所要表达的是:要使某个物体以某种速度运动起来需要足够的时间。任何一个力都不可能使物体瞬间达到要求的运动速度,不论这个力的质量有多小或者有多大。

公式 $Ft = mv$ 能够证明这一结论。我们会在下一章对这一公式进行详细的介绍,但愿你在物理课本中已经对它有所了解。当时间 $t = 0$ 时,质量 m 与速度 v 的乘积 mv 一定也是0。此时可以断定速度 $v = 0$,因为质量 m 绝对不会为0。也就是说,如果不给力 F 足够的时间来施展自己的作用,它不可能赋予物体任何速度,不可能使物体运动。对于一个质量非常大的物体来说,必须给力较长的时间以发挥作用,从而使物体呈现明显的运动状态,所以在一开始的时候,我们会感觉物体没有立刻进入运动中,并且在抵触力的作用,就是这一点让人们误以为物体在运动之前必须"克服惯性",或者说"克78服惰性"。

14. 车厢的运动

在读过前一个小节之后,相信也会有读者想到这样的问题——为什么在铁轨上让一节车厢运动起来比使一节车厢保持匀速运行更难?

其实难度比这要大得多,如果不对其施加足够大的力,根本就不可能令车厢成功运动起来。要知道,在润滑状况良好的前提下,使一节空车厢在水平的轨道上保持匀速运行,有15千克的力就足够了。但同样是这一节空车厢,如果它是静止的,那就很困难了,不用上60千克的力绝对不可能使它动起来!

造成这种差距的原因是什么呢? 使一节静止的车厢运动起来,最初的几秒钟里必须施加足够的力使车厢达到所需要的速度,但这里所需要的力相对来讲并不大,主要的原因也不在这里,导致难度增大的最主要原因在于静止车厢的润滑状况。静止的车厢刚开始运动时,润滑油还没有均匀分布到所有轴承上,移动起来当然就很费力。但当车轮艰难地转完第一周后,润滑状况立刻有了明显的改善,接下来维持以后的运动就容易多了。

第二章

重要的力学公式

火药气体的压力

1. 力学公式

在这本书里我们会遇到不少力学公式，下面我们把一些重要的力学公式列成一个简单的表格，以帮助那些学过力学但忘记这些公式的读者记起它们。这个表格是根据乘法表的形式绘制的，两栏栏头的两个量的乘积写在这两栏相交的单元格里。

	速度 v	时间 t	质量 m	加速度 a	力 F
距离 s	—	—	—	（匀加速运动 $\dfrac{v^2}{2}$）	功 $A=\dfrac{mv^2}{2}$
速度 v	（匀加速运动）$2as$	距离 s（匀速运动）	冲量 F_t	—	功率 $W=\dfrac{A}{t}$
时间 t	距离 s（匀速运动）	—	—	速度 v（匀加速运动）	动量 mv
质量 m	冲量 F_t	—	—	力 F	—

下面我们举例说明一下这张表格的用法。

在匀速运动中，速度 v 与时间 t 的乘积表示距离 s（公式 $s=vt$）；用不变化的力 F 与距离 s 的乘积表示功 A，它同时也是质量 m 与末速度的平方 v^2 的乘积的 $\dfrac{1}{2}$（公式 $A=Fs=\dfrac{mv^2}{2}$[1]）。

我们能在乘法表里找到相应的除法结果，也同样能从这个公式表格里推导出下面的关系：

加速度 a 是匀加速运动的速度 v 与时间 t 相除得到的商：公式 $a=\dfrac{v}{t}$；

力 F 与质量 m 相除得到的商是加速度 a：公式 $a=\dfrac{F}{m}$；

力 F 与加速度 a 相除得到的商是质量 m：公式 $m=\dfrac{F}{a}$。

----

[1] 公式 $A=Fs$ 只在力的方向与距离的方向相同的情况下才能适用，大多数情况下要使用比较复杂的公式 $A=Fs\cos\alpha$（α 为力的方向与距离方向间的夹角）。公式 $A=\dfrac{mv^2}{2}$ 只在物体的初速度为零时才适用，假设初速度为 v_0，末速度为 v，想要计算导致这种速度变化所花费的功，所使用的公式就是 $A=\dfrac{mv^2}{2}-\dfrac{mv_0^2}{2}$。

在做力学计算题时需要计算加速度，按照我们给出的表格，你可以列出所有涉及加速度的公式，比如公式 $as = \dfrac{v^2}{2}$，$v = at$，$F = ma$，从中还可以得到 $t^2 = \dfrac{2s}{a}$ 或 $s = \dfrac{at^2}{2}$。

在根据这个表格列出的公式中，你一定会找到适合你题意的那个。

比如你想要计算力的公式，那么就从下面这些公式中选一选吧：

$$Fs = A \text{（功）}；$$
$$Fv = W \text{（功率）}；$$
$$Ft = mv \text{（动量）}；$$
$$F = ma 。$$

有一点要注意：重量 P 也是力，因此从公式 $F = ma$ 中可以导出公式 $P = mg$（g 为物体接近地面时的重力加速度）。当重量为 P 的物体被提高的高度为 h 时，我们可以使用从公式 $Fs = A$ 中导出的公式 $Ph = A$。

在这个表格中有很多的空格，空格的意思是相关两个量的乘积没有物理意义。

2. 后坐力

我们来研究一个对上题中的公式表格进行实际应用的例子。

枪膛里的火药产生的气体压力把子弹向前推，同时也把枪体向后推动，我们习惯把这种向后推动枪体的力称为"后坐力"。

你一定好奇枪体在这个后坐力的作用下产生的运动速度有多大。根据作用力与反作用力相等的定律，火药产生的气体对枪体造成的压力应该等于它对子弹造成的压力，这两个力不仅大小相等，作用的时间也相等（见图11）。

在公式表格中你会看到，力 F 与时间 t 相乘，会得到"动量" mv，也就是等于质量 m 与速度 v 的积，即 $Ft = mv$，这是当物体由静止状态转变为运动状态时的动量定律表达式。简单来说，动量定律的内容就是物体的动量在一定时间内的改变与在同一时间内作用于该物体的力的冲量相等：

火药气体的压力

图 11 射击时枪体会发生后坐现象

$$mv - mv_0 = Ft$$

其中，v_0是初速度，F是恒定不变的力。

对于子弹和枪体来说，冲量Ft的值没有任何不同，因此二者的动量也同样相等。我们用m表示子弹的质量，用M表示枪的质量，用v表示子弹的速度，用V表示枪的速度，可列出公式：

$$mv = MV，\qquad \frac{V}{v} = \frac{m}{M}$$

现在我们给出已知的数值：步枪的质量为4 500克，其子弹的质量为9.6克，子弹的初速度为880米/秒。将这些数值代入公式：$\dfrac{V}{880} = \dfrac{9.6}{4\,500}$，求得步枪的速度$V$=1.9米/秒。

经过简单的计算就能知道，步枪后坐时造成的破坏力相当于子弹的$\dfrac{1}{470}$。尽管我们都知道子弹和步枪的动量相等，但对那些射击新手来说，枪体后坐力对身体造成的撞击仍然称得上非常强烈，甚至会把射手撞伤。

我们来举一个更大的例子，比如速射野战炮，它的质量是2 000千克，它能将重达6千克的炮弹以600米/秒的速度发射出去，而炮体产生后坐的速度大约是1.9米/秒，这与步枪大致相同。但相对于步枪来说，速射野战炮的质量实在太大，它的运动产生的能量是步枪的450倍。

你也许见过旧式的大炮，它的炮身在射击时会向后退，但现代大炮却有了很大的改进。现代大炮炮身末端的炮架被固定住了，不会发生移动，炮弹发射时产生的后坐力只会使炮筒向后滑动。

舰炮就更先进了，虽然它在发射时也会出现后坐现象，但是由于安装了特殊的装置，炮筒在发生后坐之后会自动返回到原来的位置上。

　　认真阅读的读者应该已经注意到了一个问题，那就是在我们所举的例子中，动量相等的物体，它们的动能却不相等。这并不值得大惊小怪，毕竟根本不可能从 $mv = MV$ 推导出 $\frac{mv^2}{2} = \frac{MV^2}{2}$。

　　对于 $\frac{mv^2}{2} = \frac{MV^2}{2}$ 来说，只有当 $v = V$ 时才会成立。但缺乏力学知识的人常会错误地以为只要动量相等（或者说冲量相等），动能就一定相等。这种事并不是没有发生过，甚至曾经发生在一些发明家的身上。他们认为有相等的功就会有相等的冲量，于是致力于发明一种不必费什么能量就能工作的机器，结果当然是白忙一场。这充分说明，不能掌握充足的理论力学知识，是做不成发明家的。

3. 经验背离了真相

　　在研究力学的时候我们常会有令人惊讶的发现，那就是在一些非常简单的事情上，我们凭借日常的思维做出的判断居然与科学背道而驰。

　　比如某个物体受到一个不变的力的作用，那么这个物体会怎样运动？在我们看来，这个物体一定会做匀速运动。反过来讲，如果我们看到一个物体在做匀速运动，也会认为这个物体正在受一个不变的力的作用，比较明显的有火车或大车的运动等（见图12）。

图 12　火车在匀速行驶的过程中机车的牵引力克服对运动的阻力

　　但在科学面前，我们的判断败下了阵来。在力学原理中，一个不变的力不会产生匀速运动，它产生的是加速运动！其原因在于这个不变的力会不断在原本积累的速度上增加新速度，而物体做匀速运动的时候根本就没有受力，否则它不可能做匀速运动。

那么我们在日常生活中通过不断观察所积累的经验难道都错了？

不能这么说。事实上这些经验并非是完全错误的，只不过日常所观察到的现象发生的范围极其有限。我们在生活中观察到的物体运动都是在有摩擦和介质阻力的情况下发生的，但力学定律中所提到的却是自由运动的物体。

如果想使一个物体在受到摩擦力的前提下仍然能够保持同样的运动速度，的确必须有一个不变的力施加于它才行。但这个力的作用并不是使物体运动，而是用来克服运动的阻力，为物体的自由运动创造条件。因此确切地说，在存在摩擦力的前提下，将一个恒定不变的力作用于某个物体，是完全有可能使它做匀速运动的。

这也让我们认识到了自己在日常生活中积累的力学经验，都是根据不完整的材料，在头脑中推测出来的，而要做出科学的结论必须有广泛的研究基础。力学的定律不仅来自于火车或汽车的运动，也同样来自于行星与彗星的运动。

想得出正确的结论，我们必须不断扩大自己的视野，将事实存在的现象与偶然出现的现象加以区分，只有这样才能深刻揭示现象存在的根本原因，从而使这些知识在实践中得到有效的应用。

从下面分析的一些现象中，我们能够明确地看到推动自由物体的力的大小与物体得到的加速度之间的关系，这种关系就是牛顿第二定律中所确定的关系。我们应该会为自己没有在学生时期学到这一定律而感到遗憾。下面这个例子是虚构出来的，但是这个现象的本质清楚地说明了这个重要的关系。

4. 在月球上发射大炮

【题目】在地球上发射炮弹，炮弹的初速度可以达到900米/秒。我们知道，物体在月球上的重量是地球上的 $\frac{1}{6}$。如果这门大炮是在月球上发射炮弹，炮弹的初速度是多少呢（不考虑因月球没有大气层而导致的差别）？

【解题】有相当一部分人会给出这样的回答——无论在地球还是在月球上，火药气体的压力都相等，但物体在月球上的重量却是地球上的 $\frac{1}{6}$，那么炮弹在月球上的速度一定是在地球上的速度的6倍，也就是$900 \times 6 = 5$ 400米/秒，所以炮弹在月球上的速度是5.4千米/秒。

这个答案看上去无懈可击，但很遗憾它并不正确。

力、加速度和重量之间根本没有前面分析过程中提到的关系。牛顿第二定律的力学公式（$F = ma$）告诉我们，与力和加速度有关的是质量，不是重量。炮弹在月球上的质量与在地球上相同，那么火药气体产生的压力作用于炮弹而产生的加速度无论在月球上还是在地球上都是一样的。在加速度和距离都相等的情况下，速度当然是一样的（这个结论可在公式$v = \sqrt{2as}$中得到，这里的s指炮弹在炮膛中运动的距离）。

可见，大炮即使挪到月球上发射，炮弹的初速度也与在地球上相等。但如果真的在月球上发射，那么这枚炮弹究竟能射多高、多远呢？这是一个完全不同的问题。但可以肯定的是，月球上那少得可怜的重力对这一问题的结果产生了重大的影响。

假设这门大炮在月球上将炮弹以900米/秒的速度垂直向上发射出去，那么炮弹可达到的最高高度可以表示为：$as = \dfrac{v^2}{2}$，这个公式可以在本章第一节给出的公式表格中找到。

我们已经知道月球上的重力加速度是地球上的$\dfrac{1}{6}$，那么a的值就是$\dfrac{g}{6}$。将a值代入上式，可推出：$\dfrac{gs}{6} = \dfrac{v^2}{2}$，则炮弹垂直向上最大可达的高度：$s = 6 \cdot \dfrac{v^2}{2g}$。如果是在地球上发射，不考虑大气层的影响，炮弹垂直向上最大可达的高度：$s = \dfrac{v^2}{2g}$。

结论是：炮弹在月球上和在地球上的初速度相同，但在月球上发射可达的高度却是在地球上的6倍（未计入地球上的空气阻力）。

5. 水下射击

【题目】菲律宾群岛的棉兰老岛附近的水深可达11千米，这里是世界海洋最深的地方之一。

假如在这里的海底有一支子弹上膛的气枪，并且枪膛里是压缩空气，那么在水下扣动扳机的话，能否将子弹发射出去？

关于这支气枪的子弹射出速度，我们用转轮手枪的270米/秒来表示。

【解题】子弹在水下"射出"时，有两个相反的压力作用于它：水的压力和枪膛中压缩空气的压力。这两个压力的大小很重要，如果水的压力大于空气压力，子弹就不可能被射出枪膛，但如果情况恰好相反，子弹就能被射出了，所以我们最好把这两个压力计算出来进行一下比较。

计算水的压力很容易：每10米水柱的压力相当于1千克/厘米^{2}的压力，也就是一个大气压，那么11千米水柱的压力就是1 100千克/厘米^2。假设这把气枪的口径与转轮手枪一样都是0.7厘米，那么枪膛的截面积就是 $\left(\frac{1}{4} \times 3.14 \times 0.7^2\right)$ 厘米^2=0.38厘米^2，子弹发射瞬间所能承受的水压为：（1 000×0.38）千克=418千克。

接下来该计算枪膛中的压缩空气的压力了。子弹在枪膛中的运动一定不会是匀加速运动，但为了演算起来更清晰简洁，我们假设它是匀加速运动，然后计算出通常情况下子弹在枪膛中运动的平均加速度。

在公式表格中我们找到了公式 $v^2 = 2as$。用 v 代表子弹在枪口时的速度，a 表示平均加速度，s 表示枪膛的长度，也就是在压缩空气的作用下子弹走过的距离，假设这个值为22厘米。将 v =270米/秒=27 000厘米/秒与 s = 22 厘米代入公式中，可推出27 000^2=2a×22，计算结果为 a =16 500 000 厘米/秒^2。

这个加速度似乎大到超乎我们的想象，但这并不奇怪，因为通常情况下子弹通过枪膛的时间都是极短的。假设子弹的质量为7克，现在我们用公式 $F = ma$ 来计算空气作用于子弹的压力：

F=7 × 16 500 000达因=115 500 000达因≈1 150牛顿

由于1千克≈10牛顿，而115千克≈1 150牛顿，因此空气作用于子弹的压力大约是115千克。

可见，子弹发射的瞬间受到了来自压缩空气的115千克的推力，同时受到了来自相反方向的418千克的水的压力。在这种情况下，子弹不仅不会被射出枪膛，甚至还会被水的压力往枪膛的深处猛推。

当然，气枪不可能产生这么大的压力，但现代科技完全有能力制造出能与转轮手枪一争高下的气枪。

6. 地球的速度

对力学知识了解较少的人通常会认为，不可能用很小的力推动质量特别大的自由物体，这又是一个常识性的错误。

力学给出的真实答案与此完全不同：任何力都能使任何自由物体运动，哪怕是最微小的力也可以做到，就算物体的重量再大都不会影响结果。这一定理的公式是我们多次提到过的：$F = ma$，由它可以推出：$a = \dfrac{F}{m}$。

我们通过加速度的公式可以知道，只有当力 $F = 0$ 的时候，加速度 a 才会等于0，所以任何力都可以使任何自由物体运动。

但由于运动阻力——或者说由于摩擦的存在，我们很少有机会碰到自由物体，因此就不能在日常生活中随时见到可证明这一定律的实例。想要使物体运动，必须对它施加大于摩擦力的力。

举个例子来说，由于干燥的橡木与橡木之间的摩擦力约为物体重量的34%，如果想要推动一只放在干燥的橡木地板上的橡木箱子，我们要用的力至少得是木箱重量的 $\dfrac{1}{3}$，但如果橡木与橡木之间没有摩擦力，那么一个小宝宝随便伸出一根手指轻轻一碰，沉重的箱子就会移开了。

自然界中极少有不受摩擦和介质阻力的影响而自由运动的物体，真正达到这种自由程度的物体只能在天体中寻找，比如太阳、月球、行星，甚至也包括地球，那么这是否意味着人仅用自己肌肉的力量就能推动地球呢？

的确如此，人在运动的同时也带动了地球的运动！

当我们跳跃时，双脚跳离地球表面的同时，不仅使身体得到了速度，也有一个相反的力作用于地球并使它向相反的方向运动，那么这个运动的速度是多少呢？

依据作用力与反作用力相等的定律，我们跳跃时，将身体向上抛起的力与作用于地球的力是相等的，所以这两个力的冲量也相等，那么身体和地球所得的动量也一样。将地球质量用 M 表示，人体质量用 m 表示，将地球得到的速度用 V 表示，人体速度用 v 表示，我们可以得到公式

$MV = mv$ ，并推出：$V = \dfrac{m}{M}v$。

地球的质量比人体的质量大得多，因此人跳跃时施加于地球的速度比将自己从地球上抛起来的速度小得多。由于地球的质量是可测的，因此它在这种情况下的速度的具体数值是可以计算出来的。

我们知道地球的质量 M 约为 6×10^{27} 克，现在假设人体的质量 m 为60千克（即 6×10^4 克），则 $\dfrac{m}{M}$ 的值为 $\dfrac{1}{10^{23}}$ ，可见人跳起的速度是地球速度的 10^{23} 倍！

如果人跳离地表的高度 h 为1米（100厘米），使用速度公式 $v = \sqrt{2gh}$ ，可得到其初速度 $v = \sqrt{2 \times 981 \times 100}$ 厘米/秒 ≈ 440 厘米/秒 。那么，地球的速度就是 $V = \dfrac{440}{10^{23}}$ 厘米/秒 $= \dfrac{4.4}{10^{21}}$ 厘米/秒。

这个数小到令人失望，但它毕竟大于零。为了加深对这个概念的理解，我们假设地球将会在得到这个速度后的10亿年内一直保持这个速度，那么在这10亿年里地球会移动多远呢？我们用公式 $s = vt$ 来计算。

取 t 的值为 $10^9 \times 365 \times 24 \times 60 \times 60$ 秒 $\approx 31 \times 10^{15}$ 秒，代入公式：

$$s = \dfrac{4.4}{10^{21}} \times 31 \times 10^{15} \text{厘米} = \dfrac{14}{10^5} \text{厘米}$$

将单位转换为微米（1微米=1‰毫米），可得 $s = \dfrac{14}{10}$ 微米。

现在你应该意识到这个速度小到多么令人不可思议的程度了吧？假如地球用这个速度持续做匀速运动10亿年，它移动的总距离连 $\dfrac{1}{6}$ 微米都不到。也就是说，即使过去了10亿年，我们用肉眼也根本看不出它移动过！

好在人跳起时赋予地球的速度并没有持续下去，因为人的脚刚跳离地球表面，地球引力就开始使他的运动减慢了。假设地球吸引人体的力是60千克，那么人体吸引地球的力也同样是60千克，人体的速度越来越慢，地球得到的速度也会越来越慢，最后这两个速度同时归零了。

可见，人可以在极短的时间内赋予地球一个速度，即使这个速度非常小，甚至不能使地球移动。事实上，只要找到一个和地球完全无关的支点，人是可以仅凭自己肌肉的力量移动地球的。遗憾的是，无论运用多么丰富的想象力，也很难想象人的两脚应该支撑在哪里。

7. 蹩脚的发明

如果发明家们想要使不懈的探索结出技术发明的果实，避免把探索的过程变成证实空想的过程，他们就必须坚定地在自己的探索过程中严格遵循力学定律，其中绝对不能违背的除了能量守恒定律，还有一旦被忽视就会置发明于绝境的重心移动定律。

重心移动定律认为，物体或物体系统重心的移动并非只受内力的影响。比如炮弹在飞驰的途中爆炸，炮弹的碎片在落到地上之前，这些碎片的共同重心仍会沿完整炮弹的重心移动路线而移动（未计算空气阻力）。这个结论只在一种情况下存在差异，那就是如果物体本来就是静止的。如果物体的重心本来就是静止的，那么没有哪个内力能使它的重心移动。

重心移动定律也能对前面我们提到的结论"人不能靠自己的力量站在地球表面上，让地球有丝毫的移动"做出解释。无论是人施加于地球的力，还是地球施加于人的力都属于内力，所以它们无法做到使地球和人体的共同重心发生移动。当人在跳起后落回原地时，地球也回到了原位。

举一个有教育意义的例子。这是一位蹩脚的发明家设计一种新型飞行器的过程。你会在这个例子中看到，如果忽视重心移动定律，发明的过程将会陷入怎样的迷途。

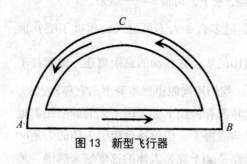

图13　新型飞行器

"假设有一根闭合的半圆形管子，组成它的两个部分分别是直线部分 AB 和它上面的弧线部分 ACB（见图13）。管子里装着螺旋桨，有一种液体正在螺旋桨的推动下向着一个方向不停地流动。液体在流经弧线 ACB 部分时会对管子外壁产生压力，也就是离心力。于是一个向上的力 P 产生了（见图14），由于液体在流经直线 AB 部分时没有产生离心力，所以力 P 不受任何反方向的力的作用。"发明家根据这些内容做出了结论，认为当水流达到足够大的速度时，整个装置会被力 P 向上抬起。

让我们来判断一下这个发明家的结论对不对。

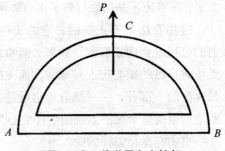

图 14 力 P 将装置向上抬起

其实只看字面上的描述，我们就能断定这个装置不可能移动。因为这个装置中的力都是内力，内力不可能使包括管子、管内的液体以及螺旋桨在内的整个系统的重心发生移动，所以这个装置像发明家所描述的那样产生一般的前进运动是不可能的，他的论证过程存在非常重大的疏忽。

错误很明显：其实离心力不仅在液体流经弧线 ACB 部分时出现，在水流转弯处，也就是在 A 点和 B 点也有离心力。在 A、B 两点的这两个弯转得比较急（曲率半径很小），而转弯越急离心

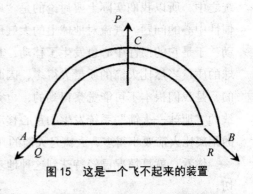

图 15 这是一个飞不起来的装置

效应就越大，所以在这两点处应该还有两个离心力 P 和 Q（见图15），它们形成的合力向下平衡了力 P。遗憾的是发明家在设计这个飞行器时忽视了这两个重要的力，可见他对重心移动定律是不了解的，否则就算没有注意到这两个力，他也会发现自己的设计并不合理。

400多年前达·芬奇的一句名言令人颇为回味，他说力学定律"对工程师和发明家们形成了很强的约束力，使他们不敢凭空向自己或别人许诺根本不可能实现的东西"。

8. 飞行中的火箭重心

喷气式发动机是基于新技术之下的重大发明，有些人认为它打破了重心移动定律。他们的理由是，火箭飞上月球完全是靠内力的作用，很明显它是带着自己的重心一起飞上月球的。那么用重心移动定律如何对这种情况做出解释呢？火箭的重心本来是在地球上的，但发射后却被带到月球上

去了，这难道不是彻底打破了重心移动定律的鲜明实例吗？

　　这种看法是不正确的，它的出现与一种误解有关。我们观察火箭发射的过程就会明显看到，如果火箭喷出的气体没有接触地球表面，火箭是无法将自己的重心带上月球的，而飞向月球的并非完整的火箭整体，它只是火箭的一部分，另一部分（也就是燃烧的产物）的运动方向是完全相反的，所以说整个火箭系统的惯性中心[1]仍然留在原位。

　　事实究竟是怎样的呢？

　　其实火箭喷出的气体冲击到地球的表面，使整个地球包括到火箭系统之中，所以我们实际上要讨论的是"地球—火箭"这个巨大的系统保留惯性中心的问题。气流对地球上的大气形成冲击，使地球发生了轻微的移动，于是它的惯性中心也发生了移动，其方向与火箭运动的方向相反。地球的质量当然比火箭的质量大得多，因此即使地球发生的移动是极其微小的，是我们根本不可能觉察得到的，也完全能够将因为火箭飞向月球而导致的"地球—火箭"系统发生的重心移动抵消掉。从理论上说，地球移动的距离比火箭要小得多，大概是火箭的几百万亿分之一。

　　你看，就算情况已经特殊到这种地步，重心移动定律也仍旧能解释一切。

---

　　[1]　力学中谈到由几个物体或许多粒子组成的系统时一般不说它的重心，而是说惯性中心，只有当整个系统与地球相比非常小的时候，才认为它的惯性中心与重心重合。

第三章

重　力

1. 悬锤与摆

　　在人们看来，悬锤与摆恐怕是最简单的科学仪器了，但就是这么简单的工具，却帮助人们取得了神奇的科学功绩。在它们的帮助下，人们深入到了地球的核心！想象一下深入我们脚下几十千米深的地方究竟意味着什么？要知道世界上最深的钻井也达不到 $\frac{3}{4}$ 千米，这与地面上的悬锤和摆探测出的深度根本难以相提并论！

　　这一科学功绩的力学原理并不难理解。如果地球具有完全均匀的结构，我们就能计算出悬锤在任何地点上的方向。但事实上地球浅层与深

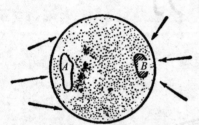

图 16　地层中的空隙 A 与密层 B 都能使悬锤偏斜

层的质量分布并不均匀，因此悬锤理论上的方向就被改变了（见图 16）。比如说悬锤在山峰附近会略微偏向山峰的方向，离山峰越近，山峰的质量越大，悬锤的倾斜程度就越大（见图 17）。然而地层里的空隙对悬锤是近乎排斥的，它会使悬锤被周围的质量吸引到相反的方

向，这时的排斥力有多大？相当于能够填满这个空隙的所有填充物的质量能够产生的引力。不仅如此，当蕴藏的物质密度小于地球基本地层的密度时，悬锤就会受到排斥，只不过力度上略小一些罢了，所以悬锤是能够帮助人们判断地球内部构造的比较理想的工具。

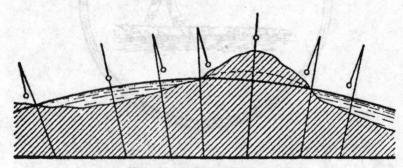

图 17 地表的剖面与悬锤的方向

　　相对而言，摆在这方面的能力更加突出。这种装置的性能在于：如果摆动幅度非常小，那么每摆一次所用的时间与摆幅的大小几乎没什么

关系,因为摆动的时间是相同的。我们研究一下与摆动的时间真正有关的因素,即摆的长度和它在该地点的重力加速度。在摆动幅度比较小的情况下,任何一次全摆所用的时间(周期 T)都可以用下面的公式表示:

$$T = 2\pi\sqrt{\frac{l}{g}} \quad (\text{l 为摆长,g 为重力加速度})$$

假设摆长为1米,重力加速度的单位就应该是米/秒²。我们把每秒向一个方向摆动一次的摆叫作"秒摆",在研究地层的结构时,如果使用秒摆,就有下面的公式:

$$\pi\sqrt{\frac{l}{g}} \quad \text{与} \quad l = \frac{g}{\pi^2}$$

很明显,任何重力的改变都会对摆的长度产生影响,为了真正实现秒摆,就必须对摆的长度进行调整。使用这种方法,即使是重力的千分之一的变化都能探测到。

使用悬锤与摆进行类似研究的方法比想象中要复杂得多,但在这里就不赘述了,我想利用有限的篇幅为大家指出几个饶有趣味的结果。

我们会很自然地认为,悬锤在山的旁边时会向山倾斜,那么它在海岸边的时候也一定会向陆地倾斜。但实验结果恰好相反,摆能够证明,重力在海洋和海岛上的作用要大于在海岸边的作用,而它在海岸边的作用又要大于在远离海洋的陆地上的作用。这足以说明,组成海底地层结构的物质要比组成陆地地层结构的物质重,地质学家们推测出地壳的岩石构成的依据就是这些物理学事实探测到的珍贵资料。

这种研究方法在探查"地磁异常区"的原因时同样功不可没。

现在,另一种可以精确地记录重力异常的科学方法已经被发明出来了。由于地球的形状并非正圆形,构造也并非绝对均匀,这使人造地球卫星的运行受到了影响。从理论上讲,当卫星在山脉或者岩层密度很大的位置上空飞过时,这些地方的大质量物质会对卫星施加引力作用,导致卫星的飞行高度略有下降,并加大卫星的飞行速度,而事实上,只有当卫星为避免受大气阻力的影响而将飞行高度提升到极限时,才可能使这些效应被记录下来。

2. 在水中摆动

【题目】把一只挂钟的钟摆放进水里，钟摆的摆锤呈流线型，它几乎能将水对摆锤的阻力降低为零，那么钟摆在水中的摆动周期会有变化吗？或者说，钟摆在水中摆动的速度与在空气中有什么不同？

【解题】直觉上来看，钟摆在几乎没有阻力的介质中的摆动速度似乎不大可能发生明显的改变，但实验结果却证明，钟摆在水中摆动的速度比介质阻力所能解释的速度要慢。

这个像谜一样的结论是怎样得出的呢？事实上，物体浸入水中会受到水的排斥作用，这个作用看上去似乎使钟摆的重量有所减轻，但却不可能使它的质量发生改变，所以此时的钟摆就像是被放到了一个重力加速度很小的星球上。根据前面所提到的公式 $T = 2\pi\sqrt{\dfrac{l}{g}}$，可以知道当重力加速度减小时，摆动的周期 T 会变大，所以摆动的速度会变慢。

3. 在斜面滑行

【题目】如图18所示，一个盛有清水的大烧杯被放置在斜面上。当烧杯静止时，水面 AB 呈水平状态，在大烧杯沿润滑状况非常好的斜面 CD 下滑的过程中，大烧杯中的水面还能保持水平吗？

【解题】实验中（见图19），当大烧杯在没有摩擦的斜坡下滑时，水平面与斜面是平行的。其原理在于：每个质点的重量 P 都能分解为力 Q 和

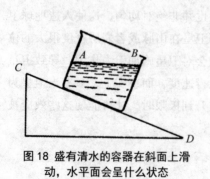

图18 盛有清水的容器在斜面上滑动，水平面会呈什么状态

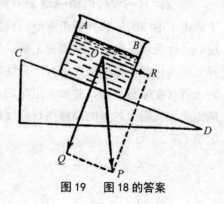

图19　图18 的答案

力 R。其中力 R 的作用是使大烧杯与水沿斜面 CD 下滑，由于水与大烧杯的速度相等，这时水的质点作用于大烧杯内壁的压力就与静止时相等。力 Q 的作用是使水的质点压向大烧杯的底部，我们知道，力 Q 对水的作用与重力对静止液体质点的作用是相同的，所以水面垂直于力 Q，即与斜面的长 CD 平行。

但是，如果在摩擦力的作用下，盛有清水的大烧杯沿斜面匀速下滑，水面会发生变化吗？

根据经典相对论的定理，匀速运动不会使力学现象产生任何不同于静止状态的变化，所以水面不可能是倾斜的。显然，事实正是如此。

用经典相对论是否能解释这一现象呢？没问题。在大烧杯沿斜面匀速直线下滑时，烧杯壁的质点并没有得到加速度，但烧杯内的水的质点却在力 R 的作用下压向杯的前壁，所以水的质点受到了力 R 与力 Q 的合力 P 的作用，也就是垂直于质点重量 P 的方向的作用，这就是本题中的水面为什么呈水平状态。事实上在大烧杯下滑的整个过程中，只有最初开始运动的时候，因为烧杯当时还处于加速运动中，尚未实现匀速运动，所以水面会在相当短的时间里发生倾斜[1]。

4. 倾斜的水平线

假如有一个人手拿着木工用的水平仪被装进了一个大容器，当容器在没有摩擦的斜面下滑时，这个人会惊奇地发现，自己的身体贴在倾斜的容器底部的状态，与静止时贴在水平的容器底部的状态一模一样（只是力量略小）。或者说容器倾斜的底面对他来说仿佛水平的一样，而此前他认为是水平状态的方向现在看来却变成了倾斜的。这时他眼前的景物完全不一样了，房屋、树木、池塘的水面，甚至整个世界都倾斜了。当他对自己的眼睛产生了怀疑时，会把手中的水平仪放在容器底部，证实一下真相，但水平仪告诉他容器底部的确是水平的！简单地说，这个人眼中的"水平"方向已经与平常意义上的"水平"不一样了。

有必要指出的是，在意识到自己的身体与垂直状态产生了偏差之前，

---

[1] 物体不会立刻从静止状态转匀速运动状态，在这中间必定有一个时间极短的加速运动的过程。

我们都会以为周围的事物出现了倾斜。比如飞行员开着飞机转弯或者我们骑在旋转木马上的时候，都会有一切都发生了倾斜的错觉。

即使是你站在水平的地面，甚至是在绝对水平的道路上运动的时候，你都有可能出现这种错觉。比如火车进出站的时候，一般来说，车辆加速或减速时，车上的人都会感觉似乎发生了倾斜。

火车减速时，车厢里的人会感觉地板似乎在向火车运动的方向倾斜。此时若沿车厢向火车运行的方向走，会觉得似乎正在走向低处。如果转过身来向相反的方向走，又会感觉在走上坡路了，而当火车出站时，车厢里的人又会觉得地板向相反的方向倾斜了。

为什么人会觉得水平的地板是倾斜的呢？我们不妨做一个实验。把一个装有黏滞性液体（比如甘油）的杯子放在火车车厢里，当火车加速的时候，我们会清楚地看到液体表面发生了倾斜。相信读者曾多次在观察车厢顶部的排水槽时见过与此相似的现象，当火车冒雨进站时，积存在车顶排水槽中的雨水会向前流出，但当火车冒雨出站点时，水却向后流了。其原因就在于，与火车加速度方向相反的方向的水面升高了。

我们来对这个现象进行一下研究，不过最好把观察的视角放在车厢内，亲身体验一下这个加速运动。在这个视角内，相对于观察到的一切，我们本身是相当于静止的。我们会在火车做加速运动的时候感觉自己是静止的，车厢后壁施加于我们身上的压力在我们看来就像是自己用同样的力靠向车厢壁，或者说当座位带动我们的身体向前时就像是我们的身体用同样的力带动了座位一样。作用于我们的似乎是两个力：一个是与火车运动方向相反的力 R，另一个是将我们向地板方向压的重力 P（见图20）。

在体验的过程中，我们会认为力 R 与力 P 的合力 Q 的方向是向下垂直的，而与它垂直的方向 MN 在我们看来似乎才是水平的。真正的水平方向 OR 呢？它在我们的眼中已经成了倾斜的，就像是火车运动方向的那一边升高了一样，而另一边似乎降低了（见图21）。

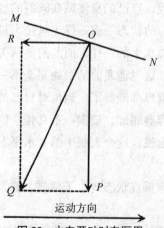

图20 火车开动时车厢里的物体受到的力

假如此时车厢里恰好有一个盛了液
体的盘子，它会怎样呢？此时液体的水
平面方向也不是原来的水平面方向了，
而是我们头脑中新定义出来的方向，也
就是 MN 的方向，见图22（a）。在图中
我们可以很清晰地看到这个现象（箭头
代表火车运动的方向）。

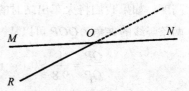

图21 火车开动时车厢地板似乎
倾斜了

如果火车开动的时候，车厢里的一
切都按照我们新"定义"的水平线的方
向倾斜，会导致什么样的结果呢？你应
该已经知道了，所以现在你应该明白为
什么火车顶上的水槽里的水会向后流，
为什么盘子里的水会从后边缘溢出了。
当然，你也会明白一个常见现象的原
因——为什么火车开动时站在车厢里的
人的身体会朝后倾。通常在解释这个现

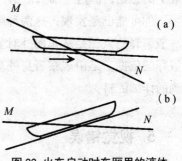

（a）

（b）

图22 火车启动时车厢里的液体
会从盘子后部边缘溢出来

象时，人们都会认为火车开动时车厢地板将人的双脚向前带动，而人的身
体和头仍旧呈静止状态。

类似的解释伽利略也做过，下面摘录一段他的论述：

假设有一只装着水的容器正在做直线运动，但却并不是匀速的。有时
加速，有时还会减速。在这种运动过程中水与容器运动的速度并不一致。
当容器的运动减速时，水仍旧使用着前面得到的速度，这个速度比容器现
在的速度快，所以水就涌向了窗口的前端，导致了前端水面的升高；而当
容器的运动加速时，水的速度仍旧和原来一样，这个速度比容器的新速度
要慢，所以水发生了滞后，导致了容器后端水面的升高。

将这种解释与前面我们的解释做比较，其实都与实际的情况相符。不
过对于科学来说，最有价值的是既能符合实际情况，又能使人们以量化的
形式表达出来，所以我们在前面对地板变倾斜现象做出的解释相对来讲更
有价值，因为它可以让我们进行量化思考，这是大多数的解释无法达到的

高度。如果我们将火车出站时的加速度定义为1米/秒², 则图20中"新旧"两条竖线的夹角∠QOP 可以从三角形△QOP 中计算出来：

$$\frac{QP}{OP} = \frac{1}{9.8} \approx 0.1 \; ; \quad \tan \angle QOP = 0.1 \; ; \quad \angle QOP \approx 6°$$

这意味着，火车启动时，悬挂于车厢内的悬锤会出现6°的倾斜，而车厢的地板也仿佛倾斜了6°。人在车厢里走动时，会有走在有6°倾斜的斜坡上的感觉，而这些细节依据一般的解释是无法确定出来的。

你可能已经发现，这两种解释之间的差异只是观点的依据不同，做出一般解释的人，是从车厢外对整个运动过程进行了观察，而我们做出这个解释的依据，是由观察者身处车厢之内，亲身参与了整个加速运动之后得到的详细资料。

5. 视觉错误

加利福尼亚有一座据说有磁性的山，为什么说它有磁性？这种说法来源于山脚下的一段长度大约为60米的路（见图23）。

图 23 位于加利福尼亚的那座传说中的磁山

这段小路是倾斜的，如果汽车司机在下坡的时候关闭发动机，汽车就会向坡顶的方向后退，就像是被山的磁力给吸引过去了一样。

小路上的这个怪异的现象十分惊人，当地人甚至在路边立了一块牌子，把这个现象原原本本地写在了上面。

但有人不相信会发生这种事，为此人们对这条小路进行了水平测量，结果令人大为震惊！

人们一直以为这是一条上坡路，哪知道测量结果证明，它居然是一条斜度为2°的下坡路！而任何一条具有这个坡度并且拥有良好路况的公路都可以使汽车毫无顾虑地关闭发动机向前滑行！

这是一种视觉错误，在山区相当常见，也因此产生了许多传说。

6. 水往"高"处流

还有一种类似的现象是沿着山坡向上流动的河流，有经验的旅行者在提到这一现象时也会给出视觉错误的解释。伯恩斯坦教授有一本关于生理学的著作——《外在的感觉》，下面我来为大家摘录其中的一段：

我们常会在判断一个方向是否水平或者是否向哪一方向倾斜的时候出现错误。比如当我们走在一条略有倾斜的路上时，看到不远处有另外一条路与这条路相交，就会觉得那条路的坡度非常陡，但走着走着又会惊讶地发现，其实它并没有我们想象的那么陡。

之所以会产生这样的错觉，其实是由于我们会在行路的过程中下意识地把脚下的路当作基本的水平面，并不自觉地用它去衡量其他的斜度，所以就很自然地觉得其他道路的斜度更大。

之所以出现把上一小节中的把下坡路当作上坡路的错误，是因为在行走的时候，我们的肌肉完全感受不到只有2°～3°这么微小的坡度。但另外一种视觉错误显然更有趣，在一些地势不平的地方，人们常会觉得小河是在往山上流！

我们再从上面提到的那本书中摘录一段：

沿着河边的一条略为倾斜的小路下坡时（见图24），如果水面的坡度特别小，看上去几乎就是水平流动的，我们就会认为河水正在向着上坡的方向流（见图25）。此时，我们眼中的小路是水平的，原因是我们习惯于将自己站立的平面当作基本平面来判断其他平面是否倾斜。

图24 河畔略为倾斜的小路　　　图25 步行者感觉河水在向上流

7. 铁棒的平衡

取一根正中心有钻孔的铁棒，将一根结实的金属条穿过铁棒的穿孔，像图26中那样，使铁棒可以绕金属条转动，然后转动铁棒。你知道铁棒会停在什么位置吗？

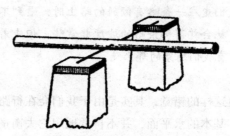

图26 铁棒处于平衡状态，转动铁棒
后，它会停在哪个位置上呢

大多数人会认为铁棒将停在水平位置上，他们认为唯一能使铁棒保持平衡的位置就是水平位置。如果想使他们相信这根支点恰好在重心上的铁棒在任何位置上都能保持平衡，根本不是一件容易的事情。

为什么说服他们这么难？这些人一定是见过用绳子绑在棒子中间并把它吊起来的情景，这种情况下的确只有在水平位置上才能实现平衡。所以他们就凭经验做出了结论，认为被支撑于轴上的铁棒想要保持平衡也必须是在水平位置上。

不过被绳子吊起来的棒子和中心穿过铁条的铁棒所处的条件不一样。对于中心穿了铁条的铁棒来说，它的支点正好在重心上，它所呈现的状态被称为随遇平衡状态；而吊在绳子上的棒子的悬挂点处于比重心略高的位置（见图27），只有在重心与悬挂点位于同一条垂线上，或者说只有当这根棒子位于水平位置时，它才能实现静止（见图27右上）。后者是人们常见的情形，它带给人们的认识颇为根深蒂固，所以他们难以相信支撑于水平轴上的铁棒能在倾斜的位置上保持平衡。

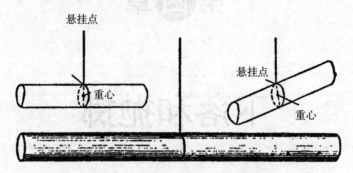

图 27　被一根绳子吊起来的棒子怎样保持平衡

第四章

下落和抛掷

1. 日行千里

在童话里，穿上一种叫"日行千里靴"的鞋子，可以实现日行千里的愿望。现实中已经有了能够实现这样的愿望的发明，只不过不是靴子，而是一种叫作"跳球"的氢气球。整套跳球装置包括一个小型气球大小的气囊和一套为气囊充气的工具，将气囊充满氢气后，它会成为一个直径为5米的气球，把人系在气球上，能跳得又高又远（见图28）。你不必担心它会把人带入高空，因为气球的上升力要小于人的体重。这种氢气球曾经为运动队帮了大忙，计算运动员在这种跳球的帮助下能跳多高，是一件令人非常感兴趣的事。

假设某人的体重比使气球升空所需的升力大1千克，你也可以理解为，系在这种气球下面的人的体重是1千克，这只是一个正常成人的体重的 $\frac{1}{60}$，你认为这个人能跳出正常高度的60倍的高度吗？

我们来进行一下计算。系在气球下面的这个人受到了1千克（约10牛顿）的地球引力，气球自身重量约20千克，这意味着，系在一起的人与气球的总质量是 $20+60=80$ 千克，约10牛顿的力作用于人与气球，使它们得到的加速度为：

$$a=\frac{F}{m}=\frac{10}{80}\text{米/秒}^2 \approx 0.12\text{米/秒}^2$$

图 28　跳球

而现实中，人原地跳起的高度很难超过1米。跳起时的初速度 v 可以根据公式 $v^2=2gh$ 计算出来：$v^2=2\times9.8\text{米}^2/\text{秒}^2$，则 $v\approx4.4\text{米/秒}$。

系在气球上的人在起跳时，会给自己的身体一个速度，这个速度一定小于没有气球的时候。我们刚刚提到的这两个速度之间的比，应该等于人的质量和人与气球总质量的比。通过公式 $Ft=mv$ 也可以看出这一点，在两种情况下的力 F 与时间 t 都是相等的，所以动量 mv 也是相等的，可见速度与质量有反比例的关系，因此，人的身上系着气球跳起时的初速度

为 $4.4 \times \dfrac{60}{80}$ 米/秒=3.3米/秒，通过公式 $v^2 = 2ah$ 可计算此时跳起的高度 h：

$3.3^2 = 2 \times 0.12 \times h$，则 $h \approx 45$ 米。

所以，一位运动员靠自己的力量最多也就能跳1米高，但系上这种氢气球，他就能跳45米高了！

这个结果是不是很有趣？我们再来计算一下进行这种跳跃需要的时间。前面已经知道，加速度为0.12米/秒²，跳的高度是45米，那么跳到这个高度所用的时间可以根据公式 $h = \dfrac{at^2}{2}$ 计算出来：

$$t = \sqrt{\dfrac{2h}{a}} = \sqrt{\dfrac{9\,000}{12}}\,秒 \approx 27秒$$

完成一次跳跃（即每跳起一次再落下）需要的时间是 $27 \times 2 = 54$ 秒。

由于加速度比较小，所以这种跳跃虽然高度比较惊人，但速度并不快。不过，如果不用气球，我们想要实现这样的跳跃，恐怕就得到重力加速度只相当于地球上的 $\dfrac{1}{60}$ 的另外某个小星球上去完成了。

在刚刚所做的计算以及后面的计算中，我们都选择将空气阻力忽略不计，但如果计入这个阻力呢？理论力学中有很多公式都可以把有空气阻力时跳出的高度和使用的时间计算出来，结论是有空气阻力的跳跃高度和使用的时间都比没有空气阻力时小得多。

我们再做一个关于跳远距离的计算。跳远运动员起跳的方向与地平线之间的夹角为 α，起跳时身体的速度为 v（见图29）。这个身体的速度可以一分为二，分成垂直速度 v_1 和水平速度 v_2，这两个速度的公式分别为：

$v_1 = v \times \sin\alpha$；$v_2 = v \times \cos\alpha$。

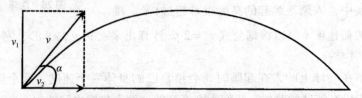

图29　人向与地平线夹角为 α 的角度跳远时身体经过的路线

人跳远的时候，身体上升的过程只用了1秒钟便结束了，这时 $v_1 = at$，时间 $t = \dfrac{v_1}{a}$，身体跳起再落下所用的时间为：$2t = \dfrac{v\sin\alpha}{a}$。

v_2在身体完成这一跳的过程中使其向水平方向做匀速运动，运动的距离是：$s = 2v_2t = 2v\cos\alpha \cdot \dfrac{v\sin\alpha}{a} = \dfrac{2v^2}{a}(\sin\alpha\cos\alpha) = \dfrac{v^2\sin2\alpha}{a}$，这就是运动员跳出的距离。由于正弦值一定小于或等于1，所以当$\sin2\alpha=1$时，这个距离达到最大。此时$2\alpha=90°$，即$\alpha=45°$。可见，在忽略空气阻力的前提下，运动员要跳出最远距离，跳的方向应该与地面呈45°角。我们根据前面得到的数值，用公式$s = \dfrac{v^2\sin2\alpha}{a}$把这个距离计算出来：将$v$=3.3米/秒，$\sin2\alpha=1$，$a$=0.12米/秒²代入公式中，可得：

$$s = \frac{3.3^2}{0.12} \approx 90米$$

这种距离的跳跃，跃过好几层的楼房都不成问题[1]。

你自己也可以做一个类似这种类型的简单实验，将一个小纸壳人吊在玩具气球上，纸壳人的重量要比气球升力大一点，这样不至于被气球拉得飞起来。然后你用手轻轻碰纸壳人，就会看到它高高地跳起来，又落回原地。要知道，虽然小纸壳人跳的速度很小，但空气阻力起到的作用可比真人跳的时候大得多呢。

2. 人体炮弹

"人体炮弹"是颇受欢迎的杂技节目。把人当作炮弹放进炮膛，像打炮一样把他发射出来，他的身影会在高空中划出一道弧线，最后落在30米外的一张大网上（见图30）。我们在杂技节目中多次看到过这种节目。我们坐在圆形的马戏场里，看演员在穹顶下冲出大炮，感觉颇为惊心动魄。

刚刚提到的"大炮"只是用于表演的道具，"发射"也只不过是以假乱真，与真正的用大炮发射炮弹不同。表演时为了加强节目效果，在人冲出炮膛之前，炮口会先冒一股浓烟，但事实上真正将演员抛出去的是弹簧，而不是爆炸的火药。当人在被弹簧抛出去之前先放一股浓烟，会使观众产生错觉，以为人是真的被火药爆炸产生的力量抛出去的。

---

[1] 一般情况下，物体被向与垂直线成45°角的方向抛出，它回落的最远距离等于以同样速度向上抛起所能达到的最大高度的2倍。在这个例子中，垂直向上抛起的最大高度是45米，应该记住这一点。

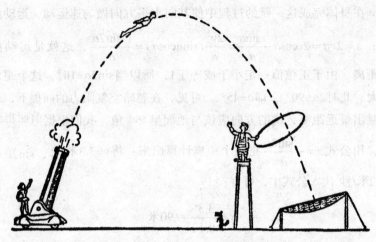

图30　杂技节目中的"人体炮弹"表演

莱涅特是著名的"人体炮弹"节目表演者，他记录了一些与表演相关的数据（见图31）：

大炮斜度···70°

飞行最高高度···19米

炮膛长度··6米

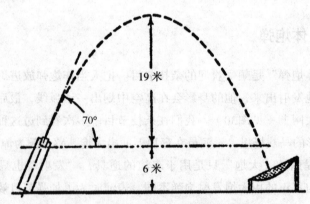

19米

70°

6米

图31　"人体炮弹"飞行轨迹示意图

杂技演员的身体在表演的过程中处于非常特殊的情况，被"发射"的一瞬间，会有一种压力作用于他的身体，让他觉得自己的体重好像增加了。而接下来的空中飞行，又让他觉得自己的身体已经没有了重量[1]。最

---

[1]　参看本书作者的《趣味物理学》续编和1934年9月出版的《星际旅行记》。

后他落到网上，又有了体重增加的感受。尽管身体承受了这样复杂的情形，但演员的健康却没有因此受到影响。这是一种非常有研究价值的现象，因为航天员们在乘坐火箭升空时有一模一样的感受。

从发动机点火到飞船达到足够的速度之间那个极短的时间里，飞船中的宇航员会有体重增加的感觉。当飞船进入轨道之后，宇航员便处于失重状态了。大家都知道，苏联第二颗人造地球卫星发射升空时载有一位特殊的乘客——小狗拉伊卡。它同样在火箭加速时感觉体重在瞬间增加了，也同样在卫星进行轨道飞行的那几天处于失重状态。经历重重考验后的拉伊卡返回地球，这样的经历没有对它造成任何伤害。

仍旧把话题转回表演"人体炮弹"的演员上来，我们将表演的过程分为三个阶段。

第一个阶段是演员身处于炮膛中的阶段。令我们最感兴趣的是冲出炮口时，在他的自我感觉中多出来的那些体重，我们称之为"人造重量"。想要计算出它的大小，先要计算出物体在炮膛中的加速度，这需要炮膛的长度和物体经过这个长度之后的速度。炮膛的长度是6米，速度是多少呢？

我们只知道它能把自由物体抛到19米的高度。上一节我们曾推出时间的公式 $t = \dfrac{v \times \sin\alpha}{a}$，在这里，$t$ 为上升的时间，v 为初速度，α 为物体被抛出时的倾斜角度，a 为加速度。物体上升高度 h 的公式可变为：$h = \dfrac{gt^2}{2} = \dfrac{g}{2} \times \dfrac{v^2 \sin^2\alpha}{g^2} = \dfrac{v^2 \sin^2\alpha}{2g}$。则计算速度的公式为 $v = \dfrac{\sqrt{2gh}}{\sin\alpha}$。现在已经知道的数据包括：$g$=9.8米/秒^2，$\alpha$=70°，物体飞起的高度 $h =$（25-6）米=19米。代入公式中，可计算出：

$$v = \dfrac{\sqrt{19.6 \times 19}}{0.94} \text{米/秒} \approx 20.6 \text{米/秒}$$

这就是演员的身体冲出炮口的速度。

根据公式 $v^2 = 2as$，我们可以计算出加速度的值：

$$a = \dfrac{v^2}{2s} = \dfrac{20.6^2}{12} \text{米/秒}^2 \approx 35 \text{米/秒}^2$$

这个加速度大概相当于一般重力加速度的3倍半，所以演员才会觉得自己在冲出炮口时体重增加了，事实上，这时演员自我感觉到的体重是原来的4.5倍。或者说，他感觉到的体重除了自己原本的体重外，还额外多了3.5倍的"人造重量"[1]。

接下来我们计算一下演员的这种体重增加的感受会持续多久。将已知的相关数据带入公式 $s = \dfrac{at^2}{2} = \dfrac{at \times t}{2} = \dfrac{vt}{2}$，可推出 $6 = \dfrac{20.6 \times t}{2}$，因此 $t = \dfrac{12}{20.6}$秒 ≈ 0.6秒。

假如演员的体重是70千克，那么在他的身体冲出炮口后的0.6秒钟内，他自我感觉到的体重大约是300千克。

第二个阶段是演员在空中自由飞行的过程。令我们最感兴趣的，是这个飞行过程持续的时间。或者换句话说，演员的失重感能够持续多久？

在上一节里我们已经得到了这种飞行的时间公式 $t = \dfrac{2v \times \sin\alpha}{a}$，将已知的数据代入其中，可计算出 $t = \dfrac{2 \times 20.6 \times \sin70°}{9.8}$秒 ≈ 3.9秒。

演员的失重感持续的时间在4秒左右。

第三个阶段是落到网上的阶段。我们感兴趣的话题与第一阶段一样，也是与"人造重量"有关的数据。如果接住演员的那张大网的高度与炮口一样，那么演员落到网上的速度就与他冲出炮口时的速度一样。但事实上网要比炮口低，所以演员落到网上的速度会相对大一点，但比较起来差距并不大，为了简化计算，我们就将它忽略了，我们在这里认为演员落到网上的速度同样是20.6米/秒。网是有弹性的，演员落到网上后会先向下陷，经过测量，这个深度是1.5米。可以说，原本20.6秒的落网速度在这1.5米中减速并最终归零了。在公式 $v^2 = 2as$ 中可以看出，网造成减速作用的过程中的加速度为常数，所以有 $20.6^2 = 2a \times 1.5$，经过计算可以得到加速度

$$a = \dfrac{20.6^2}{2 \times 1.5} \text{米/秒}^2 \approx 141\text{米/秒}^2。$$

---

[1] 这并不是一种准确的说法。正常重量的作用方向是垂直的，而"人造重量"的作用方向与垂直之间有 20° 的夹角，不过二者的差别非常小。

　　令人吃惊的是，这个数据是重力加速度的14倍。这个加速度最可怕的地方在于，它让演员在落入网中时感觉自己的体重比原来多了14倍！以70千克的体重计算，此时人能够感受到的体重要大于1吨！好在这个可怕的感受只持续 $\frac{2 \times 1.5}{20.6}$ 秒 $\approx \frac{1}{7}$ 秒，不然的话，就算技术再高明的演员在承受过这个重量之后也不可能毫发无损。如果持续的时间比较长，人很可能会被压死，至少也会无法呼吸。设想一下，谁的肌肉能承受住重量达1吨的胸腔？

3. 异地破纪录

　　【题目】女运动员西尼茨卡娅在1934年的苏联哈尔科夫运动会上，曾以73.92米的成绩创造了双手掷球项目的全国新纪录。请问列宁格勒（今圣彼得堡）的运动员想要打破这个纪录，需要把球投掷多远呢？

　　【解题】有些人也许会觉得这个题目并不难，并很快给出"至少多出1厘米"的答案，但很遗憾这个答案是错的。如果裁判员足够公正，就算哪一位运动员在列宁格勒投掷出的距离比题目中的纪录少5厘米，也应该判为打破了西尼茨卡娅创造的纪录。

　　相信有读者很快猜出了原因。是的，投掷距离的长度取决于重力加速度，而在列宁格勒的重力要大于在哈尔科夫的重力。因此忽略两地的重力差异的裁判是有失公正的，因为在哈尔科夫参加投掷比赛相对于列宁格勒来讲具有更好的自然条件优势。

　　现在我们对这种问题进行一下理论上的分析。物体被以数值为 v 的速度向与地平面成 α 度角的方向抛掷出去，它能达到的最远距离[1]是：$s = \dfrac{v^2 \times \sin 2\alpha}{g}$。重力加速度 g 不是一成不变的，它在不同的地区会出现不同的波动，这种波动的程度只有在纬度相同的地区才会较小。例如：

　　阿尔汉格尔斯克（纬度64° 30'）························· 982厘米/秒²

---

[1]　为简便起见，我们将空气阻力忽略不计了。

列宁格勒（纬度60°）·················981.9厘米/秒^2

哈尔科夫（纬度50°）·················981.1厘米/秒^2

开罗（纬度30°）·················979.3厘米/秒^2

我们可以从前面列出的距离公式中看出，在其他条件相同的前提下，距离与 g 是成反比例的。如果西尼茨卡娅把在哈尔科夫将球投出73.92米所花费的力量用在其他的地方，投出的距离就会不一样了。通过简单的计算，我们得到了这样一些结果：

在阿尔汉格尔斯克·················73.85米

在列宁格勒·················73.86米

在开罗·················74.05米

可见，要想在列宁格勒打破西尼茨卡娅在哈尔科夫创造的73.92米的纪录，只需成绩大于73.86米。但如果想在开罗打破这项纪录却不那么简单，即使投出同样的距离，也要落后于该纪录13厘米。而在阿尔汉格尔斯克，就算投掷的距离比这个纪录少7厘米，也应该被判为追平了纪录。

4. 驶过危桥

你一定知道儒勒·凡尔纳写的那本著作《八十天环游地球》，作者在书中描写了一个惊心动魄的场景——一列载满旅客的火车即将通过位于落基山脉中的一座铁路吊桥，却发现吊桥的桁架已经损坏了，随时都可能坍塌，火车该如何继续前行呢？这时，勇敢的火车司机毅然决定将火车开过这座危桥（见图32）。下面是小说中的描述：

"这座桥会塌的！火车会掉下去的！"

"不会的，只要开足马力，火车全速冲过去，就问题不大！"

于是，火车冒着浓烟全力向对岸冲刺了，它的速度之快就像根本没有碰到铁轨一样，重量就这样被速度抵消了……火车顺利地通过了吊桥，就在它刚刚驶过的那一瞬间，吊桥轰然坍塌了。

图 32 小说中危桥的插图

　　这个小说中的场景是否有科学依据呢？速度能将重量抵消，这是真的吗？我们都知道，快速行驶的火车对铁路的路基造成的压力比慢速行驶时大得多，所以铁路规定火车在路基状况比较差的部分必须减速慢行。可在儒勒·凡尔纳的小说里设置的这个场景却恰恰与之相反，居然让火车开到最大马力通过情况糟糕透顶的吊桥，这样真的可以吗？

　　答案是肯定的，这种情况的确是有科学依据的。在某种特殊的条件下，就算吊桥正处于坍塌的过程中，火车仍然能避免车毁人亡的悲剧，平安驶过。关键在于，火车必须在一个极短的时间之内通过，这个时间要短到根本来不及让桥梁坍塌下去。下面我们来做个大致的计算，假设火车主动轮的直径是1.3米，活塞的运动速度是20次/秒。在这种情况下，主动轮每秒钟能转10周，车轮每秒可走出的路程是3.14×1.3×10≈41米，因此，火车的速度就是41米/秒。位于山里的河流一般都比较窄，我们假设河上的吊桥长10米，那么火车通过这座桥只需要 $\frac{1}{4}$ 秒的时间。就算火车未过桥之前，吊桥就已经开始断裂了，那么断裂的部分在 $\frac{1}{4}$ 秒的时间内只能下落 $\frac{1}{2}gt^2 = \frac{1}{2} \times 9.8 \times \frac{1}{16} \approx 0.3$米，也就是30厘米。桥毕竟不是两端一起塌的，火车驶入的一端会先向下塌，在向下塌的最初几厘米时，对岸的那一端仍未断裂，所以一列极短的列车在桥全部坍塌之前到达对岸还是来得及的。我们的这一段分析，可以用来理解作家所描述的"重量被速度抵消了"这一惊心动魄的场面。但作家设计的这个桥段中也存在禁不起推敲的成分，比如"活塞每秒钟运动20次"，如果这种说法是真的，那么它能产生的速度将近150千米/小时，而在作者所生活的年代，火车的速度离这个速度还差得远呢。

现实生活中也有类似的例子。比如人们滑冰时对于薄薄的冰面常会冒险快速滑过，如果慢条斯理地滑过的话，冰面肯定就会裂了。

值得注意的是，"重量被速度抵消"的说法对拱形桥面上的运动是比较适用的，桥上通过的物体速度增加时，对桥梁的压力会减小。

伊格纳季耶夫少将在自己的著作《从军五十年》中记录过曾从瑞典看到过的场景：

海面结成的冰是光滑而富有弹性的，这使蹄子上打了防滑钉的马有了立足之地。但天气越来越暖，冰层变得越来越薄，骑马从冰上走过已经不那么容易了，除非策马扬鞭疾驰而过，否则就会遇到危险了。在你疾驰时，身后会传来薄冰在马蹄的践踏下破碎的声音。但有趣的是，冰层破碎的速度绝对比不上马奔跑的速度。

5. 谁先到达

【题目】在垂直的墙壁上画一个圆，使圆的直径为1米，并在圆的顶点处沿弦 AB 和弦 AC 装两条滑槽（见图33）。有三颗玻璃球从 A 点同时下落，其中的两颗分别沿着两条滑槽在没有摩擦的情况下滑落，第三颗则是自由下落的，你知道哪一颗玻璃球最先到达圆周吗？

【解题】很多人会用比较长度的方法得出结论——沿滑槽 AC 滑落的玻璃球是冠军，亚军是沿滑槽 AB 滑落的那颗，自由下落的那颗垫了底，但实验结果令人吃惊，三颗玻璃球竟然是同时到达的。

原因在于，三颗玻璃球的滑落速度不一样，速度最快的是自由下落的那颗。而对于沿滑槽滑落的两颗玻璃球来说，谁的坡度比较陡，谁的速度就比较快，从图上可见较快的是沿 AB 滑槽下落的那颗。因此可以得出结论，较快的速度能够弥补较长的路程带来的劣势。

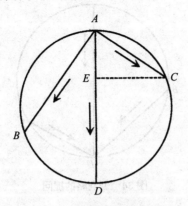

图33　三颗玻璃球滑落的路线

在图33中，垂线 AD 是自由下落的玻璃球走过的路线，也是圆的直径。在不考虑空气阻力的前提下，这颗小球下落所用的时间 t 可以根据公式 $AD = \dfrac{gt^2}{2}$ 计算出来：$t = \sqrt{\dfrac{2AD}{g}}$。根据这一公式同样可以计算出沿 AC 滑落的玻璃球所用的时间 $t_1 = \sqrt{\dfrac{2AC}{a}}$，其中 a 为玻璃球沿 AC 运动的加速度。我们不难看出，$\dfrac{a}{g} = \dfrac{AE}{AC}$，可推出 $a = \dfrac{AE \cdot g}{AC}$。

在图33中，我们可以知道 $\dfrac{AE}{AC} = \dfrac{AC}{AD}$，从而得出 $a = \dfrac{AC \cdot g}{AD}$。

因此 $t_1 = \sqrt{\dfrac{2AC}{a}} = \sqrt{\dfrac{2AC \cdot AD}{AC \cdot g}} = \sqrt{\dfrac{2AD}{g}} = t$，沿弦 AC 和沿直径滑落的两个玻璃球所用的时间相等。事实上这种方法不仅在证明 AC 弦的时候有用，它能证明沿所有从点 A 引出的弦滑落使用的时间都相等。

我们可以用另外一种形式来描述这道题目：三个物体在重力的作用下分别从 A、B、C 三点出发，沿垂直平面上的圆的弦 AD、BD、CD 向点 D 运动（图34），请问哪一个物体最先到达终点？

它们一定是同时到达的，你可以亲自动手证明一下。

伽利略曾在他的著作《两种新科学的对话》中提到过这个问题，并给出了答案。在这本书中，他对自己发现的物体下落规律进行了首次描述。

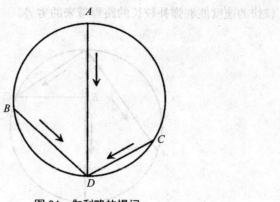

图 34　伽利略的提问

　　对于这一规律，伽利略在书中是这样说的："从高于地平面的圆的最高点上引出多条到达圆周的倾斜平面，当物体沿这些平面下落到圆周时，所用的时间都相等。"

6. 四边形的形状

　　【题目】站在塔顶用同样的速度将四块石头分别向上、下、左、右四个方向抛出。如果不考虑空气的阻力，四块石头下落的过程中，以它们为顶点的四边形是什么形状？

　　【解题】大多数人会认为这个四边形应该是风筝的形状，理由是向上的那块石头被抛起时的速度不如向下的那块石头快，而向左右抛出的两块石头则会以比较适中的速度沿曲线飞行，但这个推理的过程忽略了尚不明确的四边形的中心点的下落速度。

　　如果换一个思路，解开本题就比较简单了。我们先来假设不存在重力，很显然，这四块石头肯定始终是一个正方形的顶点。

　　那么加入重力的作用呢？我们知道，任何物体在没有阻力的介质中下落的速度都是一样的，因此这四块被抛向不同方向的石头在重力的作用下回落时，它们的距离是相等的，或者说以它们为顶点的正方形会始终与其自身平行地移动，并且不会改变形状。

　　因此，四块石头下落的过程中，以它们为顶点的四边形是正方形。

　　现在我们再来看一个问题。

7. 彼此分离的石头

【题目】站在塔顶用3米/秒的速度将两块石头同时抛出，一块垂直向上抛，一块垂直向下抛。如果不考虑空气的阻力，你知道两块石头是以什么样的速度彼此离开的吗？

【解题】这里的思路与上一题相同，结论是 $(3+3)$米/秒 $= 6$米/秒。不论你是否对此感觉一头雾水，石头下落的速度都不会对这个计算产生影响，这样的结论同样适用于地球、月球、木星等任何天体。

8. 球飞起的高度

【题目】在比赛过程中，一名运动员将球投给了一个队友，两人当时的距离是28米，球在空中飞了4秒钟，你知道球在空中达到的最大高度是多少吗？

【解题】球在空中完成了两个方向的运动——水平方向和垂直方向，这意味着球用4秒钟的时间完成了上升和下落两个运动。在力学课本中我们得到过这样的定理：物体上升的时间与回落的时间相等，所以球上升的时间是2秒，下落的时间也是2秒。球下落的距离 s 可根据已知数值求出：

$$s = \frac{gt^2}{2} = \frac{9.8 \times 2^2}{2} \text{米} = 19.6 \text{米}。$$

因此本题的答案为：球在空中达到的最大高度约为20米。题目中给出的"两人距离为28米"这一数据对解答本题没有意义，空气的阻力在这种速度较小的情形中可以忽略。

第五章

圆周运动

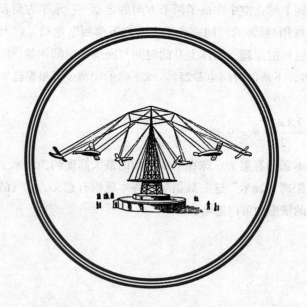

1. 向心力与向心加速度

先让我们通过例子来了解一下后面即将用到的一些知识。如图35所示，平滑的桌面正中固定着一枚钉子，一根足够长的线将一个小球系在了钉子上，用手触动小球，使其以速度 v 运动。

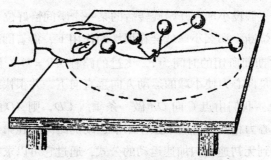

图35 被拉直的线使小球做匀速圆周运动

注意观察，在线尚未拉直之前，小球在惯性的作用下会做直线运动，但当线被拉直之后，小球就会匀速地在桌面上以钉子为圆心画圈圈了。

这时像图36那样，点燃一根火柴将线突然烧断，你就会看到小球在惯性的作用下，沿着与圆周相切的方向飞了出去。这个场景，就像你用一块钢触碰磨刀砂轮时，看到火星沿砂轮的切线方向飞出去一样。

根据这个实验我们可以发现，使小球从惯性作用下所做的匀速直线状态中摆脱出去的是线的张力。由于力的大小与加速度成正比并且它的方向与加速度相同，所以线的张力给了小球一个与力的作用方向（即圆心方向）相同的加速度。这时，惯性的作用使小球想要离开中心方向，而线的

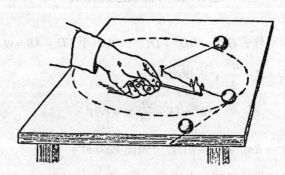

图36 将线烧断后小球沿圆周切线方向飞出

张力却又把它向圆心的方向拉。这个拉它的力就是向心力，相应的加速度就是向心加速度。

如果用 v 表示沿圆周运动的速度，R 表示圆周半径，则向心加速度的公式为 $a = \dfrac{v^2}{R}$。根据力学第二定律可知向心力的公式为：$F = m \times \dfrac{v^2}{R}$。

现在我们来看一下向心加速度公式的推导过程，图37有助于我们更直观地进行分析。假设小球在开始旋转后的某一个瞬间恰好位于点 A 处，如果在这时将线烧断，那么小球就会在惯性的作用下，沿着圆周切线的方向至 B 点，在这期间所用的时间为 t，飞过的路程 $AB = vt$。但这时，线的张力——也就是向心力使小球的运动方向垂直向下，并很快到达了位于圆周上的点 C 处。我们由点 C 向 OA 做一条垂线 CD，则 AD 的长度就是小球在一个与向心力相同的力的单独作用下运动的距离。在第二章的公式表中我们可以找到无初速度匀加速运动的公式，通过它可以求得我们这里提到的距离 AD 的公式：$AD = \dfrac{at^2}{2}$，a 是向心加速度。

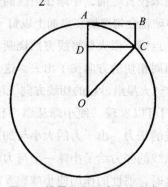

图37 推导向心加速度的公式

根据勾股定理：$OC^2 = OD^2 + DC^2$。又由于 $CD = AB = vt$、$OC = R$，$OD = OA - AD = R - \dfrac{at^2}{2}$，可推出：

$$R^2 = (R - \dfrac{at^2}{2})^2 + (vt)^2$$

或 $R^2 = R^2 - Rat^2 + \dfrac{a^2t^4}{2} + v^2t^2$。因此 $Ra = v^2 + \dfrac{a^2t^2}{4}$。

我们这里所做的研究是小球在一个非常短的时间 t（可以短到接近于

0）内所做的运动，所以公式中含有 t^2 的项 $\dfrac{a^2t^2}{4}$ 和项 Ra 或项 v^2 比较起来简直微不足道，如果将其忽略，公式可简化为：$a = \dfrac{v^2}{R}$。

2. 人造卫星的速度

由于地球引力的存在，任何从地球升向上空的物体都会落回到地球上，但为什么人造卫星就不会落下来呢？关键在于将卫星送入轨道的巨大速度，它几乎达到了8千米/秒。

物体如果得到这个速度，就会像人造卫星一样不会落回地球。这时候的地球引力所能起到的作用就只是使物体的运动路线弯曲，并使它的运动轨迹成为围绕地球的封闭椭圆。

但在比较特殊的情况下，卫星的轨道也可以不是椭圆的，而是以地球中心为圆心的圆形（见图38）。现在我们来推导一下卫星在圆形轨道上运行的速度公式，这个公式被称为圆周速度公式。

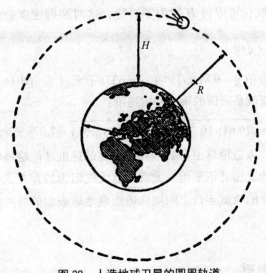

图38　人造地球卫星的圆周轨道

卫星在向心力 F 的作用下绕圆周轨道运行，这个向心力 F 就是地球引力，它的公式为 $F = m \times \dfrac{v^2}{R}$（其中 m 为卫星质量，v 为速度，R 为轨道半径）。同时，根据万有引力定律，力 $F = \gamma \dfrac{mM}{R^2}$（其中 M 为地球质量，γ

为引力常数）。显然，$m\dfrac{v^2}{R} = \gamma \dfrac{mM}{R^2}$，则圆周速度的值为：

$$v = \sqrt{\dfrac{\gamma M}{R}}$$

如果我们将卫星轨道距离地球表面的高度用 H 表示，r 代表地球半

径，则圆周速度公式可变形为：$v = \sqrt{\dfrac{\gamma M}{r+H}}$。

为了更方便地计算，上面的公式还可以进行进一步的变换。由于地球

表面的引力为 mg，根据万有引力定律，$mg = \gamma \times \dfrac{mM}{r^2}$，可得 $\gamma m = gr^2$，所以

圆周速度公式可为 $v = \sqrt{\dfrac{gr^2}{r+H}}$ 或 $v = \gamma\sqrt{\dfrac{g}{r+H}}$。但这时要注意，在这个公式

里，g 是地球表面的引力加速度。

假如卫星运动轨道距离地球表面的高度与地球半径 r 之间的比值非常

小，在这种时候，可以将 H 视为零对待，这时圆周速度公式就被简化为

$v = r \times \sqrt{\dfrac{g}{r}}$ 或 $v = \sqrt{rg}$。

将已知的数值 $g = 9.81$ 米/秒² 和 $r = 6378$ 千米（赤道半径）代入公式，

计算出的速度值就是所谓的第一宇宙速度：

$$v = \sqrt{(9.81\times10^{-3}\text{千米/秒}^2 \times 6\,378\text{千米})} = 7.9\text{千米/秒}$$

理论上讲，人造地球卫星必须具有这样的速度才能绕地球表面运行。

但事实上地球的表面并不平坦，尤其是有大气阻力的存在，所以卫星根本

不可能围绕这样的轨道运行。圆周轨道距离地球表面的高度越大，卫星的

轨道速度就越小。

3. 瞬间增重

我们平时常会对自己患病的亲友说"祝你体重增加"这种吉祥话，但

如果只看字面的意思，想见到体重增加的话，那么用不着增营养，也用不

着注意健康，只要坐上旋转车，体重就会增加了，想必乘坐旋转车的人们根本没想到自己的体重居然上升了。我们可以通过一个简单的计算来知道体重到底增加了多少。

在图39中，假设车厢围绕着旋转车的轴MN旋转。当旋转车启动时，载着乘客的车厢在惯性的作用下四周悬空并向切线方向运动，并逐渐远离传动轴，出现图39中所显示的那种倾斜状态。这时，乘客的体重P分解成两个力——水平向轴的力R（使车厢绕圆周运动的向心力）和沿绳索方向将乘客压向车厢底部的力Q。力Q就是乘客感觉到的自己的体重，这个体重要比原来的体重P大，它的值是$Q = \dfrac{P}{\cos\alpha}$。力P和力Q间有夹角，在计算α的度数之前，我们先要知道向心力R的大小。

力R产生的加速度是$a = \dfrac{v^2}{r}$，其中v代表车厢重心的速度，r代表车厢重心距转轴MN间的距离（即圆周运动的半径）。假设r=6米，车厢每分钟转4周，即每秒转$\dfrac{1}{15}$周，则圆周速度为：

图39　作用于车厢上的力

$$v = \frac{1}{15} \times 2 \times 3.14 \times 6 \approx 2.5 \text{米/秒}$$

现在可以计算出力 R 产生的加速度的值了：

$$a = \frac{v^2}{r} = \frac{250^2}{600} \approx 104 \text{厘米/秒}^2$$

由于力与加速度成正比，所以 $\tan\alpha = \frac{104}{980} \approx 0.1 \approx 0.1$，可求出 $\alpha \approx 6°$。将这个角度代入力 Q 的公式：$Q = \frac{P}{\cos\alpha} = \frac{P}{\cos 6°} = \frac{P}{0.994} = 1.006P$。

简单地解答一下这个数据：一个实际体重为60千克的人，坐在旋转车里时体重会增加大约360克。

一般的旋转车转速比较慢，人坐在上面，体重的增加并不明显。但在一些旋转半径小且转速高的离心机械上，这种重量的增加有时会特别大。读者或许听说过一种叫作"超速离心机"的设备，它每分钟可以转8万转，它能使物体的重量增加25万倍！说得形象一点，重为1毫克的一滴液体在这种机器的旋转中重量会变成250克！

研究者们目前已经使用大型的离心机来测试人对大大超过自身体重的力的耐力，这对人类实现星际航行的目标意义重大。在这种实验中，可通过某种方式选定旋转的半径和速度，从而使受试者按需增加重量。实验结果充分证明，人在几分钟内面对体重增加4倍～5倍所带来的心理及生理上的压力是可以承受的，并且不会影响身体的健康，这一结论为人类走进宇宙提供了安全保障。

今后，恐怕你会很谨慎地对人使用吉祥话了吧？我建议你不要再说"祝你增加体重"，用"祝你身体健康"应该更能令对方愉快些。

4. 被放弃的游乐设施

莫斯科的某公园有意新建一个游乐设施。

从设计图上看，它的外形和"旋转秋千"相似，只不过装在绳索末端的是飞机模型。机器启动后，绳索就开始快速地旋转，并带着飞机与乘客一起离开转塔。设计师的初衷是使转塔达到足以使绳索带着"飞机"与乘客飞升到水平位置的速度，但这一项目最终被放弃了，因为这个设计不符合力学的要求。

　　为保证乘客的安全，绳索必须有一定的倾斜度。由于人体在这种转塔上最多能够承受体重增加3倍的强度，所以计算出绳索偏离转塔的最大角度并不难。

　　上一小节的图39有助于对这道题目进行分析。我们的目标是人为制造的体重 Q 必须低于人的实际体重 P 的3倍，换言之，这两个体重的比值 $\frac{Q}{P}$ 应该为3。由于 $\frac{Q}{P}=\frac{1}{\cos\alpha}$ ，代入可得 $\frac{1}{\cos\alpha}=3$ ，推出 $\cos\alpha=\frac{1}{3}\approx0.33$ ，则 $\alpha\approx71°$ 。现在可以确定，绳索偏离转塔的安全角度最大为71°，或者说绳索与水平位置之间必须有不小于19°的夹角。

　　图40中转塔上的绳索的倾斜度并没有达到极限值。

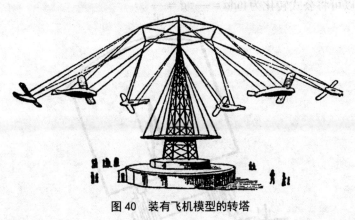

图40　装有飞机模型的转塔

5. 铁路的弯道

　　一位物理学家曾这样描述自己坐火车时的感受："当火车转弯时，我无意间看向窗外，却突然发现铁路旁边的树木、房屋，甚至工厂的烟囱都变倾斜了。"不仅如此，当火车的车速非常快的时候，车上的旅客也有可能见到这种现象。我们不能认为产生这种现象是因为火车在弯道上行驶时处于某种倾斜状态，原因在于修建铁路时，人们把外面的铁轨铺设得比里面的铁轨高。当火车在弯道上行驶时，你可以向窗外略微探头看一看，依然会出现景物倾斜的错觉，尽管这一次你的视线里并没有"倾斜"的窗框。

　　在读过前面的小节之后，我们对于产生这个现象的原因应该已经没有必要详细解释了。读者应该可以想到，当火车行驶在弯道上的时候，悬挂于车厢之内的悬锤肯定是倾斜的。在旅客眼中，悬锤现在的状态已经代替了原来的垂直状态，他们潜意识里觉得现在的悬锤就是垂直的，因此原本竖直着的东西在他们眼中反而是倾斜的了[1]。

　　在图41中我们可以看到垂线的新方向。图中的 P 代表重力，R 代表向心力，合力 Q 是车厢中的旅客感觉到的重力。当火车在弯道上行驶时，车厢内的一切物体都会向这个垂线的新方向倾斜，这个方向与原本的垂直方向之间有夹角 α，它的大小可以用公式表示：$\tan\alpha = \dfrac{R}{P}$。由于力 R 与 $\dfrac{v^2}{r}$（v 是火车速度，r 是弯道的曲率半径）成正比，力 P 与重力加速度成正比，所以可将公式转化为 $\tan\alpha = \dfrac{v^2}{r} : g = \dfrac{v^2}{rg}$。

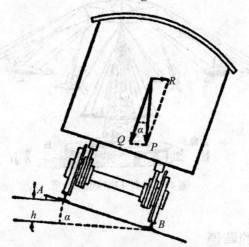

图 41 列车转弯时受到哪些力的作用？
注：下面表示路基倾斜的横截面。

　　我们假设火车的速度是18米/秒（即65千米/小时），弯道的曲率半径是600米，代入公式：$\tan\alpha = \dfrac{18^2}{600 \times 9.8} \approx 0.055$，可求得 $\alpha = 3°$。

---

　　[1] 因为地球的旋转，地面上的点其实都在沿着弧线运动，因此悬锤即使是在陆地上也不会准确地指向地心，它所指的方向与地心的方向之间会有一个很小的夹角，这个夹角在45°纬线上为6°，这是最大值，不过在南北极和赤道上悬锤是没有倾斜的。

我们下意识地将这个"虚假的垂直"[1]看作真垂直，而真正的垂直却被我们看成了3°的倾斜。实际上，当火车在弯道特别多的地方行驶时，车内的旅客有时甚至会认为窗外的景物倾斜了10°！

想要使火车在弯道上行驶时保持平稳，就要将弯道外侧的铁轨铺设得比里侧铁轨高一点，具体高多少，要根据新的垂直方向来确定。

比如图41中显示的弯道处的外侧的铁轨 A 应该铺设的高度为 h，它的值要适合公式 $\dfrac{h}{AB}=\sin\alpha$。

公式中的 AB 是两条铁轨之间的距离，大约是1.5米，现在已经知道了 $\sin\alpha=\sin3°=0.052$，代入公式可得：

$$h=AB\times\sin\alpha=1\,500\times0.052\approx80\text{ 毫米}$$

所以铺设铁轨时，外侧的铁轨应该比里侧的铁轨高出大约80毫米。当然，这个值不能随车速的不同而变化，只适合一定的车速，所以铁路部门在设计铁路弯道部分时的依据通常是最普遍的车速。

6. 倾斜的赛道

当你站在铁路弯道处的时候，很难发现外侧的铁轨要比内侧铁轨铺设得略高一点。但在自行车赛场的跑道上，这种倾斜就很明显了。由于跑道转弯的曲率半径很小，速度又非常快，所以倾斜的角度就很大。举个例子，当速度为72千米/小时（即20米/秒）、曲率半径为100米时，用公式可将倾斜角计算出来：$\tan\alpha=\dfrac{v^2}{rg}=\dfrac{400}{100\times9.8}\approx0.4$，因此 $\alpha\approx22°$。

当我们行走在这样的道路上时根本站不住脚，但对于自行车运动员来说这却是最平稳不过的道路。不仅是自行车赛道，汽车专用的赛道也是这样修建的，重力的作用可真是一个奇怪的事物！

当我们欣赏杂技表演时，常会对演员做出的一些特技难以置信，即使我们原本就知道这些特技是完全符合力学定律的。比如演员们居然能骑着自行车在半径不大于5米的上宽下窄的围栏壁上转圈圈，要知道，当他们的车速达到10米/秒的时候，围栏的倾斜度可是非常惊人的：

[1] 对于这个观察者来说，更准确的说法应该是"暂时性垂直"。

$$\tan\alpha = \frac{10^2}{5 \times 9.8} \approx 2, \quad \alpha \approx 63°$$

　　对于演员们在这种极其异常的条件下做出的表演，观众们会不由自主地赞叹演员高超的技巧与灵活的技术，但事实上，演员们必须达到这样的速度才能保证状态的平稳[1]，只有在这种平稳的状态下，他们才是最安全的。

7. 盘旋飞行

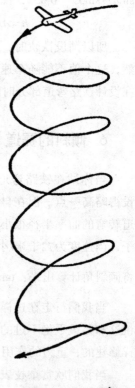

　　每当看到飞机倾斜着机身在空中绕着圈子转，我们都会觉得飞行员一定是小心翼翼地生怕自己从飞机里掉出去。但飞行员其实没有这种顾虑，因为在他的感觉里飞机是水平飞行的，而让他真正感觉异样的有两点：一是体重增加了，二是发现地面倾斜了。

　　现在我们就这两点进行一下计算，看看飞行员的体重"增加"了多少，以及他看到的地面究竟"倾斜"了多少度。

　　下面是一些可供计算的真实数据：飞机在空中盘旋飞行的速度是216千米/小时（60米/秒），飞行轨迹的直径是140米（图42）。倾斜角度 α 可通过计算获得：$\tan\alpha = \frac{v^2}{rg} = \frac{60^2}{70 \times 9.8} \approx 5.2, \quad \alpha \approx 79°$。因此，对于飞行员来说，他所看到的地面在理论上的倾斜度与垂直方向只差11°，已经接近于直立了（见图43）。

　　这个计算结果只是理论值，而在实际的飞行中，也许是受生理原因的影响，飞行员眼中看到的地面倾斜的角度要比79°小。

　　飞行员自我感觉增加的体重，与其原本的体重

图42　飞行员在盘旋飞行

[1]　在《趣味物理学（续编）》中对自行车特技有详细的介绍。

之间的比，等于它们的方向之间夹角的余弦值的倒数，角的正切值是 $\dfrac{v^2}{r \cdot g}$ =5.2。在三角函数表的帮助下，我们求出这个角度的余弦值是0.19，而它的倒数是5.3。这意味着，在盘旋飞行的过程中，飞行员的身体对座位造成的压力相当于直线飞行时的6倍，或者说，飞行员自我感觉中的体重是原来的6倍。

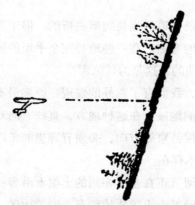

图43 飞行员眼中的大地（参照图44）

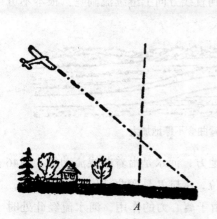

**图44 飞行员以190千米／小时的速
度做大半径（520米）的曲线飞行**

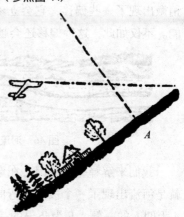

**图45 大地在飞行员看来是这样的
（参照图44）**

图44与图45向我们展示了另外一种不同的飞行情况，在这种飞行过程中，飞行员同样会认为地面发生了倾斜。

人为地增加体重会给飞行员造成生命威胁，这样的事情并不是没有发生过：曾经有一位飞行员在驾驶飞机做螺旋飞行（沿较小半径的螺旋线急速旋转下降）的任务时，不仅无法从座位上起身，就连手脚都动弹不得，差一点丢了命。经过计算才知道，在那种情况下，他的体重变成了原来的8倍！他尽了最大的努力才捡回了一条命。

8. 没有笔直的河流

自古以来，人们就知道河流是蜿蜒曲折的，但千万不要以为是由于地形的原因造成了河流的弯曲。在一些地势完全平坦的地方，河流也不是直线的，同样是弯弯曲曲的，这是为什么呢？

通过进一步研究，我们有了意外的发现：原来最不可能出现直线河流的地方恰恰是最平坦的地区，在这种地方，直线方向对于河流来说是最不稳定的，而河流想要保持直线方向，必须有理想的条件为前提，遗憾的是这种理想的条件根本不存在。

假设果真有一条河流正在基本相同的土壤上沿着一条直线流动，由于偶然的原因，比如途经某个土壤质地稍有不同的地区，河水在某一个位置稍微出现了一些偏移，它会立刻恢复到直线方向上继续流淌吗？根本不可能。不仅如此，这种偏移还会越来越大。

图46　河流极小的弯曲会不停地加大

我们来解释一下原因。在弯曲的地方，河水是沿着曲线流动的。图46就是河流出现了一个极小的弯曲的部位，A 与 B 是弯曲部位的河的两岸，A 为凹入的一侧，B 为凸出的一侧。由于离心力的作用，河水流经此处时会压向河岸 A，并不断地冲刷 A，离开 B。但此时我们并不希望它沿着曲线流，我们希望它的路线恢复成直线，想要达到这个目标，就得不断冲刷河岸 B，离开 A，这与河水的实际流淌方向是完全相反的，不可能实现。事实上，由于河岸 A 受到不断的冲刷，凹入的程度越来越大，以至于河流的曲率也开始增大了，这导致离心力的增加，河流对河岸 A 的冲刷力度就更大了。可见，如此循环下去，河流哪怕是出现了一个非常小的弯曲，这个弯曲也会不断地增大。

岸边凸出一侧的水流流速比对岸慢，所以水流带来的泥沙大部分沉积在了凸出一侧的岸边。而凹入的一侧在越来越强烈的冲刷下，河水变得越来越深，这就是为什么凸出一侧的河岸比较平缓，而凹入一侧的河岸非常陡峭。

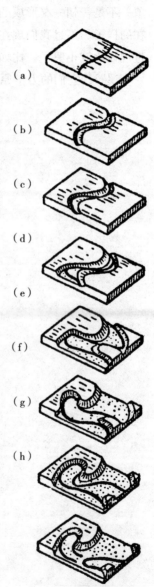

也许有人认为，导致出现河流轻微偏移的原因也有可能根本不会出现。事实上没有这么乐观，因为这是不可避免的，所以河流会越来越弯曲这个事实也不可避免。久而久之，河流便变得蜿蜒曲折了。地质学上将这种曲折称为"梅安德尔河曲"，这个词语来自位于小亚细亚西部的梅安德尔河，它的曲折的河道曾令古人大为惊奇，"梅安德尔河曲"也就因此成为复杂曲折的河道的代名词。

接下来我们做一件有趣的事情，来研究一下河流的弯曲会怎样发展下去。图47中的小图（a）~（h）表现了河床逐步改变的过程。其中小图（a）中的小河只是稍有弯曲，但在（b）中，水冲入了凹入一侧的河岸，并稍微偏离了凸出一侧的河岸。到了（c），河床明显变宽。在（d）中它已经是河谷了，河床只是它的一部分。（e）、（f）、（g）对河谷的进一步发展进行了详细的记录，在（g）中我们看到河床几乎弯曲成了一个环套。在最后的小图（h）中，河水打通了距离较近的河床弯曲处，为自己开辟了新道路，新的河床就这样形成了。此后，河谷的凹入部分以"故道"或"旧河床"的形象被河流淘汰，成为被遗弃的"死水"。

至于河流为什么不安安分分地在平坦的河谷

图47 河床的弯曲是怎样自行加大的？

中间或一边流淌，非得不厌其烦地从凹入的一侧折向新近凸出的一侧[1]，读者们应该自己就能解答了。

　　力学就像是河流的主宰，掌握着它们的地质命运。我们所说的这些现象并不是一朝一夕形成的，它们经历了几千年漫长的岁月，渐渐地变成现在的样子。不过我们现在也可以在春天里看到很多与之类似的现象，只不过规模比较小罢了。比如，当冰雪融化时，注意观察雪水在雪地上冲出的"小溪"，它们的力学原理是一样的。

─────────

[1]　在地球自转的作用下，位于北半球的河流冲刷自己右岸的力量相当强大，而位于南半球的河流恰好相反，它们把全部的力量都用于冲刷自己的左岸，不过我们在这里并未涉及这一点。

第六章

碰撞力学

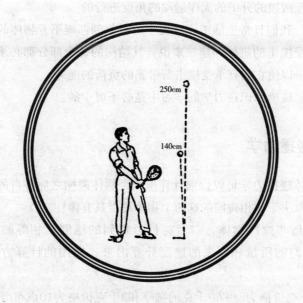

1. 碰撞知识的重要性

力学中有一个专门研究物体碰撞的章节，但学生们对这个知识的兴趣却不大，理解起来很慢，忘记又很快，原因似乎是由于这一章包含太多复杂的公式，令人难以提起兴趣。实际上这是一个有必要引起重视的章节，曾经有过那么一段时间，研究者们甚至试图证实碰撞知识是解开自然界一切现象的金钥匙。

19世纪著名的自然学家居维叶曾断定："只有碰撞才能解释原因与作用力之间的关系。"他认为，碰撞现象的原因归根结底在于分子之间的相互碰撞。

经过无数次尝试后，碰撞最终没能解释这个世界，诸如电气现象、光学现象、地球引力等许多现象都无法用碰撞来解释。但是碰撞的地位从未被忽视，当历史发展到今天，物体的碰撞在解释大自然的各种现象时发挥了重大的作用。比如对气体动力学理论的研究，就是从将各种现象看作无数不断相互碰撞的分子的无序运动的角度进行的。

此外，我们日常生活工作过程中时时刻刻都离不开物体的碰撞。对所有必须承受撞击的机械和建筑来说，其结构的每个部分都必须经过严格的强度计算，以使它们有承受撞击所带来的负荷的能力。

因此，碰撞知识在力学的学习中是必不可少的。

2. 碰撞力学

用物体碰撞力学可以提前计算出两个物体碰撞之后各自的速度，这个速度首先取决于互相碰撞的这两个物体是否具有弹性。

如果是非弹性物体，二者碰撞后得到的速度是相等的，这个速度可根据它们的质量和原来的速度计算出来，使用的计算方法被称为混合法。

将3千克价格为8卢布/千克的咖啡和2千克价格为10卢布/千克的咖啡混合在一起，混合后的咖啡价格是 $\frac{(3 \times 8) + (2 \times 10)}{3 + 2} = 8.8$ 卢布/千克。

同理，一个是质量为3千克、速度为8厘米/秒的非弹性物体，另一个是质量为2千克、速度为10厘米/秒的非弹性物体，二者相撞之后，每个物体得到的速度都是 $u=\dfrac{(3\times8)+(2\times10)}{3+2}=8.8$ 厘米/秒。

通常来讲，两个质量分别为 m_1 和 m_2，速度分别为 v_1 和 v_2 的非弹性物体相互碰撞后得到的速度可以用公式 $u=\dfrac{m_1v_1+m_2v_2}{m_1+m_2}$ 表示。

我们将速度 v_1 的方向假设为正的，当 u 为正时，说明物体碰撞后与 v_1 的运动方向相同；当 u 为负时，说明物体碰撞后与 v_1 的运动方向相反。关于非弹性物体的碰撞知识就只有这些，但关于弹性物体的碰撞知识就要复杂得多了。

两个弹性物体碰撞时，碰撞的部分发生凹陷（非弹性物体也有）后会立刻恢复原状。主动撞击的一方在发生凹陷时失去一份速度，此时还要再失去一份同样的速度。被撞击的一方在发生凹陷时会得到一份速度，此时还要再得到一份同样的速度。或者说，运动速度较快的物体要失去两份速度，而速度较慢的物体要增加两份速度，这就是需要掌握的有关弹性物体碰撞的知识。接下来的就是数学计算了，假设两个非弹性物体，运动快的速度为 v_1，质量为 m_1，运动慢的速度为 v_2，质量为 m_2，二者碰撞后的速度用公式表示为：

$$u=\frac{m_1v_1+m_2v_2}{m_1+m_2}$$

运动快的物体失去的速度是 v_1-u，运动慢的是 $u-v_2$，而对于弹性物体来说这两个值都是双倍的，所以碰撞后的速度分别是：

$$u_1=v_1-2(v_1-u)=2u-v_1 \text{ 和 } u_2=v_2+2(u-v_2)=2u-v_2$$

接下来就只要将 u 的值代入上述公式即可。

我们刚刚研究的是两种极端的碰撞现象——完全非弹性物体的碰撞和弹性物体的碰撞。但有时相互碰撞的物体并不是完全弹性的，或者说在发生碰撞凹陷后并没有完全恢复原状，关于这个内容我们会在后面进行详细介绍。

有一个简单的规则可以使你更方便地掌握弹性碰撞：物体相互碰撞后互相离开的速度就是其碰撞前相互接近的速度。怎样理解呢？碰撞前相互接近的速度是 v_1-v_2，碰撞后互相离开的速度是 u_2-u_1，将前面得到的 u_1

与 u_2 的值代入，就会得到：

$$u_2 - u_1 = 2u - v_2 - (2u - v_1) = v_1 - v_2$$

这个规则的重要性不仅在于它使我们更直观、更清晰地看到弹性碰撞的画面，还在于它所带来的另外一层道理。

我们在推导公式时，以第三物体的视角，对相互撞击的两个物体使用了"主动撞击"和"被动撞击"这样的字眼儿。但我们在本书第一章研究鸡蛋的碰撞问题时已经提到过，对于主动撞击和被动撞击的双方来说，它们之间是无差别的，甚至是可以互相变换角色的，而且不会影响现象的结果。但这一结论是否适用于本小节我们所探讨的内容呢？我们试着将撞击的双方互换一下角色，看看用前面得到的公式是否能计算出不一样的结果。

其实结论很明显，即使双方变换角色，计算结果也不会有什么不同，因为不管从哪个视角来看，物体撞击之前的速度是不会变的，那么撞击后离开的速度当然还是（$u_2 - u_1 = v_1 - v_2$）。或者说，物体碰撞之后的运动情况无论从哪个方面来讲都是一样的。

我们收集了一些与完全弹性的球体相互碰撞有关的数据：两个直径均为7.5厘米的钢球，用1米/秒的速度相撞时会产生1 500千克的压力，用2米/秒的速度相撞时会产生3 500千克的压力。在速度为1米/秒时，二者接触部位的圆的半径是1.2毫米，在速度为2米/秒时，二者接触部位的圆的半径是1.6毫米。在这两种速度下发生的撞击的持续时间均约为 $\frac{1}{5\,000}$ 秒。钢球在高达30吨/厘米^2～50吨/厘米^{2}的巨大压力下不受到损坏，正是得益于这极短的撞击时间。

但是，撞击时间极短只是相对于直径非常小的球体而言的。要知道，如果钢球的直径有一颗行星那么大，比如1万千米，那么当它们以1厘米/秒的速度相撞时，撞击时间就要持续40个小时，撞击接触部位的圆的直径就会达到12.5千米，相撞时产生的压力会达到大约4亿吨！

3. 皮球跳起的高度

实践中很少能够直接应用上节中推导出的物体撞击公式，因为"非完全弹性物体"和"完全弹性物体"并不多见，绝大多数的物体都介于二者之间，它们不是完全弹性的，也不是完全非弹性的。

就以日常所见的皮球为例，在这里我们忽略会被古寓言作家嘲笑的可能性来问自己一个问题：球是什么？力学眼中的球是完全弹性的还是非完全弹性的？

要判断皮球的弹性并不难，让它从一定的高度下落到一个坚硬的平面就行了。从物理学的角度来讲，如果它是完全弹性的，下落后它会弹回原来的高度，如果它是非完全弹性的，就不可能弹回到原来的高度。

令人好奇的是，非完全弹性的皮球落地后究竟会怎样呢？我们有必要先来探讨一下弹性撞击。

当皮球落地时，它与地面接触的部位会因受压而凹陷下去，这会降低球的速度。球落地前的速度与非弹性物体一样，我们用 u 表示，那么它落地后失去的速度就是 v_1-u。球体发生凹陷的部位开始复原时，会对影响它凸起的平面进行挤压，于是一个降低球速的新力量又出现了。而此时球面已经复原，却不得不再重复一次因受挤压而改变形态的经历。同样的，这一次它失去的速度与前一次失去的相等，也是 v_1-u，所以完全弹性的皮球撞击地面后的速度应该较之前减少 $2(v_1-u)$，变成 $v_1-2(v_1-u)=2u-v_1$。

我们所说的"非完全弹性"的球是指那些当它的形状被外力作用改变后不能完全恢复原状的球。这种球在恢复原状的过程中，作用于它的力要比使它形状改变的力小。相应的，在恢复原状的过程中再次失去的速度也要比它因撞击导致形状改变时失去的速度小，只是它的一部分，我们用小数 e 来表示这个比例，e 就是恢复系数。

显然，第一次失去的速度是 v_1-u，第二次失去的速度是 $e(v_1-u)$，这次撞击使球失去的总速度为 $(1+e)(v_1-u)$，撞击后剩余的速度为 $u_1=v_1-(1+e)(v_1-u)=(1+e)u-ev_1$。

撞击中的另外一方速度为 u_2，它在皮球的反作用的影响下发生后退，它的大小应该是 $u_2=(1+e)u-ev_2$。根据 $u_2-u_1=ev_1-ev_2=e(v_1-v_2)$ 可以得到恢复系数 $e=\dfrac{u_2-u_1}{v_1-v_2}$。如果非完全弹性的球向固定的平面上撞击，那么速度 $u_2=(1+e)u-ev_2=0$，$v_2=0$，这时的恢复系数为 $e=\dfrac{-u_1}{v_1}$。在这个

250厘米

140厘米

图 48 好的网球从 250
厘米高度落下后应该能
跳起大约 140 厘米

式子中，u_1是球的起跳速度，等于$\sqrt{2gh}$，h是球

跳起的高度，$v_1 = \sqrt{2gH}$，H是球落下的高度，

可推出 $e = \sqrt{\dfrac{2gh}{2gH}} = \sqrt{\dfrac{h}{H}}$。

我们已经找到了求系数e的方法，e的作用是
表示具有"非完全弹性"特点的球的"不完全"
程度，是要测量出球下落和跳起的高度，计算出
它们的比值后开平方，得到的平方根就是系数e。

我们用网球来举例，依据运动的规则，使一
只完好的网球从250厘米的高处落下，它与地面
碰撞后可以跳起的高度是127厘米~152厘米（如
图48所示）。网球的恢复系数e的值应该在$\sqrt{\dfrac{127}{250}}$

和$\sqrt{\dfrac{152}{250}}$之间，也就是说，e的范围是0.71~0.78。现在我们取一个平均值
0.75，也就是说假设球的弹性是75%，我们来做几个让运动员非常有兴趣
参与的计算。

【题目1】球从高度为H的位置下落，它的第二、第三次以及之后的
各次起跳的高度分别是多少？

【解题】第一次起跳的高度可将$e = 0.75$和$H = 250$厘米代入公式

$e = \sqrt{\dfrac{h}{H}}$，即$0.75 = \sqrt{\dfrac{h}{250}}$，得到$h \approx 140$厘米。

第二次起跳相当于从140厘米的位置下落，它跳起的高度h_1通过

对$0.75 = \sqrt{\dfrac{h_1}{140}}$计算可得：$h_1 \approx 79$厘米。第三次起跳的高度$h_2$通过对

$0.75 = \sqrt{\dfrac{h_2}{79}}$计算可得：$h_2 \approx 44$厘米。

接下来用同样的方法也可依次计算出每次起跳的高度值。

假设这个球是从埃菲尔铁塔上（$H=300$米）落下的，那么在不计算
空气阻力的情况下，它的第一次起跳高度是168米，第二次是94米，等等
（见图49）。但事实上由于速度太快，空气的阻力也会特别大。

【题目2】球从高度为 H 的位置上落下后，能保持多久的跳起？

【解题】根据目前已知的每次起跳的高度：

$$H = \frac{gT^2}{2} , \quad h = \frac{gt^2}{2} , \quad h_1 = \frac{gt_1^2}{2} , \quad \cdots$$

可得每次跳起的时间为：

$$T = \sqrt{\frac{2H}{g}} , \quad t = \sqrt{\frac{2h}{g}} , \quad t_1 = \sqrt{\frac{2h_1}{g}} , \quad \cdots$$

将每次跳起的时间相加，可以得到各次跳起的时间总和是：

$$T + 2t + 2t_1 + 2t_2 + \cdots$$

即：

$$\sqrt{\frac{2H}{g}} + 2\sqrt{\frac{2h}{g}} + 2\sqrt{\frac{2h_1}{g}} + \cdots$$

你可以自己做一下接下来的计算步骤，最后的结果一定是：

$$\sqrt{\frac{2H}{g}} \times (\frac{2}{1-e} - 1)$$

把已知的数值 $H = 2.5$ 米 、 $g = 9.8$ 米/秒^2 、 $e = 0.75$ 代入上式，可得到球起跳的总时间为 5秒，也就是说，球落下后，会保持5秒钟的跳起。

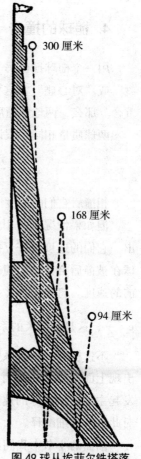

图 49 球从埃菲尔铁塔落下能跳多高

如果球是从埃菲尔铁塔塔顶落下来的，那么在不计算空气阻力的前提下，假设球在落地时没有被撞碎，它会保持大约54秒的跳起。

球从仅有几米的高度上落下来的速度不大，所以空气的阻力也小，对跳起的高度几乎没有什么影响。曾有人做过一个实验，对这一点进行了证实。他们使一个恢复系数为0.76的球从250厘米高的位置上落下来，它第二次跳起的高度是83厘米，而在真空状态下，它第二次起跳是84厘米，差距并不大。

4. 槌球的撞击

用一个槌球撞击另一个静止不动的槌球，力学上将这种撞击称为"正碰"或"对心碰"，这种撞击的碰撞方向和通过碰撞施力点的直径的方向重合。那么，两球相撞后会如何呢？

两球质量相同。假设它们是非弹性的，根据公式：

$$u = \frac{m_1 v_1 + m_2 v_2}{m_1 + m_2} \quad (\ m_1 = m_2 \ 、\ v_2 = 0\ )$$

相撞后它们的速度同样是主动发起撞击的那个球的速度的一半。

但如果情况正好相反，两个球都是完全弹性的，我们很快便可以计算出，它们的速度恰好互换，主动撞击的球在撞击后就不动了，原来静止的球在被撞后会开始沿撞击的方向运动，速度就是主动撞击的那个球在撞击前的速度。打弹子球（象牙球）时的情况与此类似，这种球的恢复系数是 $e = \dfrac{8}{9}$ ，这是相当大的系数了。

不过槌球的恢复系数可没有这么大，它的数值是 $e = 0.5$ ，因此不可能出现上面的结果。这两个球发生撞击之后会分别以不同的速度继续运动，发起主动撞击的球的速度要比被撞一方的速度小，用物体的碰撞公式可以对此进行详细解释。

前面的小节中我们已经得到两球相撞后的速度 u_1、u_2 的表达式为：

$$u_1 = (1+e)u - ev_1 \ 和 \ u_2 = (1+e)u - ev_2$$

像以前一样，这里的 $u = \dfrac{m_1 v_1 + m_2 v_2}{m_1 + m_2}$ 。已知两球的质量 $m_1 = m_2$ ，$v_2 = 0$ ，代入公式可得：

$$u = \frac{v_1}{2} \ ; \quad u_1 = \frac{v_1}{2} \times (1-e) \ ; \quad u_2 = \frac{v_1}{2} + (1+e)$$

此外也可推算出：$u_1 + u_2 = v_1$；$u_2 - u_1 = ev_1$。

现在我们已经可以提前描述出两个槌球相撞后的场景了：主动发起撞击的球的速度分别作用于另一个球和它本身，并使另一个球的速度比发起撞击者原本的速度更快，这个值就是那个原本的速度乘上"恢复系数" e 。举例来说，假设 $e = 0.5$ ，那么两球撞击后，被撞前静止的那个球的运动速度将是主动发起撞击一方原速度的 $\dfrac{3}{4}$，而主动发起撞击方的速度将仅剩自己原本速度的 $\dfrac{1}{4}$。

5. 力与速度

托尔斯泰的《初级读本》里有这样一个故事：

一列火车即将到达铁路上的一个路口，就在这时，火车上的人发现路口处正停着一辆载满重物的马车。赶车的汉子拼命地赶着拉车的马，可是由于车轮脱落了一只，马无论如何也不能使大车移动。乘务员冲司机喊道："快踩刹车！"司机迅速地分析了一下眼前的情形：赶车人不可能将车挪走，火车也不可能立刻停下来。他没有听从乘务员的建议，而是开足马力，让火车以最快的速度全力冲向马车。赶车人吓得飞快地逃离铁轨，火车冲过了路口，大车和马就像木片一样被抛到了路边，但火车本身安然无恙，连一点点震动都没发生，就这样若无其事地开走了。直到这时，司机才对惊呆了的乘务员说："我这样做，撞死了一匹马，撞毁了一辆车。但如果我停了车，不仅你我会丧命，还会搭上整车的人。因为加足马力行驶只会把大车撞开，火车却不会受到震动，但如果降低速度，火车就会发生出轨事故。"

这个故事是可以从力学的角度进行解释的。这其实是两个非完全弹性物体的碰撞，而且被撞击的物体（也就是大车）在被撞击之前是处于静止状态的。我们将火车的质量与速度用 m_1、v_1 表示，将大车的质量与速度用 m_2 和 v_2（值为0）来表示，并使用下面这些已知的公式来计算一下发生撞击后的结果：

$$u_1 = (1+e)u - ev_1 \text{、} u_2 = (1+e)u - ev_2$$

$$u = \dfrac{m_1 v_1 + m_2 v_2}{m_1 + m_2}$$

将第三个公式的分子和分母分别除以 m_1，可变为：

$$u = \frac{v_1 + \dfrac{m_2}{m_1} \times v_2}{1 + \dfrac{m_2}{m_1}}$$

由于马拉的大车的质量与火车质量比起来实在不值一提，所以我们可以将 $\dfrac{m_2}{m_1}$ 看作零，这样就有了 $u \approx v_1$。可见，在发生撞击之后，火车仍旧保持着原速，乘客们也完全没有感觉到火车的速度有什么改变。

那么大车呢？发生碰撞之后大车的速度是 $u_2 = (1+e)u = (1+e)v_1$，这要比火车的速度还快 ev_1。在这次事件里，有一个关键的因素，那就是：火车在撞击前的速度 v_1 的值越大，大车在被撞的瞬间得到的速度也就越大，相应的，大车受到的撞击力也越大，所以，火车如果不想发生出轨事故，就必须克服大车的摩擦，唯一的办法就是使碰撞的力量足够大，如果这个力量不足以克服大车的摩擦，大车就不可能离开铁轨，那么它将对火车的安全构成严重的威胁。

这位火车司机在紧要的关头毅然采取了加快火车速度的做法，这是值得称道的。也幸亏他的这个做法，火车才得以在自身不受任何伤害的情况下将大车撞离铁轨。但在这里我有必要指出，托尔斯泰所写的这个故事是相对他那个时代的火车而言的，那时候的火车速度还比较低。

6. 人体砧板

想必很多读者都曾对这样一个杂技节目感觉心有余悸：表演者仰面躺在地上，两位大力士将一块沉重的大砧板抬过来压在表演者的身上，然后两人各拿一把大铁锤，使足力气往砧板上砸。即使我们原本就知道这是个表演，但还是会被它震惊，一个活生生的人怎么可能在这么大的震动下仍然毫发无损呢？

其实这并不奇怪。弹性物体的碰撞定律有助于我们找到这个现象的原理：砧板比铁锤重得越多，它在撞击中得到的速度就越小，那么人体感觉到的震动也就越小。

读者们应该还记得，当弹性物体碰撞时，被撞方得到的速度可用这样的公式表示：

$$u_2 = 2u - v_2 = \frac{2(m_1 v_1 + m_2 v_2)}{m_1 + m_2} - v_2$$

式中的 m_1 和 m_2 分别是铁锤和砧板的质量，v_1 和 v_2 分别是二者在碰撞前的速度。由于砧板在碰撞前是静止不动的状态，因此 $v_2 = 0$，代入公式可推出：

$$u_2 = \frac{2m_1 v_2}{m_1 + m_2} = \frac{2v_1 \times \dfrac{m_2}{m_1}}{\dfrac{m_2}{m_1} + 1}$$

细心的读者应该已经发现，我们又把公式的分子与分母分别用 m_1 除过了。假设这个表演所用的砧板比铁锤的质量大得多，那么 $\dfrac{m_1}{m_2}$ 的值就会非常小，我们可以将它在分母中忽略不计，这样，砧板在被撞击后的速度表达式就是 $u_2 = 2v_1 \times \dfrac{m_1}{m_2}$。与铁锤的速度 v_1 比较起来，这个速度只是铁锤速度 v_1 的很小一部分[1]。

假设砧板的质量是铁锤的100倍，那么 $u_2 = 2v_1 \times \dfrac{1}{100} = \dfrac{1}{50} \times v_1$，可见它的速度是铁锤速度的 $\dfrac{1}{50}$。

锻工们在工作实践中发现，用轻锤击打不会使敲击的作用传到深处。为什么砧板越重躺在砧板下的表演者越安逸，其原因也在于此，表演者所面临的全部困难就只是安全地承受这个重量而已。

假如砧板的底部能够大面积贴住人体，而不是小部分贴住人体，那么这个杂技表演是不会发生问题的。由于砧板重量分布的面积大，人体每平方厘米所承受的重量就会非常小，如果能在人的身上先铺一层衬垫，然后再压砧板，被压住的人感受到的震动就会更小。

对于表演者来说，在砧板的重量方面是不大可能蒙骗观众的，但在铁锤的重量上却可以掺杂"水分"。或许就是因为这个原因吧，杂技团的铁锤其实并不像看上去那么重。假如铁锤的中心被悄悄设计为空心的，并不会影响它在锤打砧板时带给观众的震撼效果，但却可以因为铁锤质量的减小使砧板的震动成比例地减弱，砧板下的人的安全系数就更高了。

---

[1] 我们将铁锤和砧板看作完全弹性物体，假如读者将其看作非完全弹性物体，通过类似的演算也可以知道，计算结果并没有很大的改变。

第七章

强　度

1. 对海洋深度的测量

海洋的最深处约为11 000米，平均深度约为4 000米左右，但某些地点却要比这个平均值大出一倍或者更多。想要测量这种深度，要往海里垂一条足够长的金属丝。不过，这么长的金属丝，其重量也会很大，它会不会被自己的重量压断呢？这是个颇有意思的问题。

我们假设用来测量海洋最深处深度的是长达11 000米的铜线，如果这根铜线的直径为 D 厘米，它的体积就是 $\frac{1}{4}\pi D^2 \times 1\,100\,000$ 厘米³。我们知道，将1厘米³的铜放在水中，它的重量约为8克，那么这根11 000米长的铜线在水里的总重量就是 $\frac{1}{4}\pi D^2 \times 1\,100\,000 \times 8 = 6\,900\,000 D^2$ 克。

假设铜线直径为3毫米，即 $D=0.3$ 厘米，它在水中的重量就是620 000克，也就是620千克，已经超过了 $\frac{3}{5}$ 吨。那么这根铜线能承受这样的重量吗？在解答这一问题之前，我希望读者能与我一同暂时换个话题，来探讨一下能使金属丝或金属棒断裂的力的问题。

力学中有一个名为"材料力学"的分支，这一学科使我们知道：金属丝或金属棒的材质、截面大小以及施力的方法等因素，决定着能使其断裂的力的大小。相对而言，截面积更容易让人理解：截面积增加几倍，能使金属丝或金属棒断裂的力也会增加几倍。材质方面，现在已经能够确定出拉断各种不同材质的、截面积为1平方毫米的金属丝或者金属棒的力的数据。这些数据我们可以从"抗断强度表"中查到，几乎每一本工程手册中都会附有这样的数据表。图50将这个数据表比较直观地表现了出来，我们可以很清晰地看到，想拉断一条截面积为1平方毫米的铅丝需要2千克的力，而一条截面积同为1平方毫米的青铜丝则需要100千克的力才能拉断，等等。

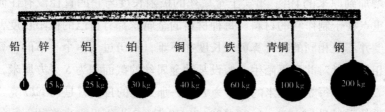

图50　多大力量能拉断不同材料的截面为一平方毫米的金属丝

不过在技术上是根本不可能允许让任何连杆承受这么大的作用力的，如果真的这样做了，只能证明这是一个不安全的装置。因为能使连杆断裂的原因包括材料上出现的哪怕极其微小的、用肉眼根本看不到的小瑕疵，还有由于震动、温度等条件的改变导致的哪怕最微小的过负载现象，等等，而连杆的断裂会直接导致装置的结构受到破坏，所以这里需要一个"安全系数"的存在，通俗地说，就是使力的大小只达到足以导致断裂的负载的几分之几，比如 $\frac{1}{4}$、$\frac{1}{6}$、$\frac{1}{8}$ 等，具体的数值要根据材料的材质及工作条件来确定。

让我们言归正传，回到之前正在进行的计算中来。直径为 D 厘米的铜线，它的截面积是 $\frac{1}{4}\pi D^2$ 平方厘米（或$25\pi D^2$ 平方毫米），使它断裂的力是多少？图50告诉我们，使截面积为1平方毫米的铜线断裂需要40千克的力。经过简单的计算后我们可以知道，使截面积为$25\pi D^2$ 平方毫米的铜线断裂，需要$40 \times 25\pi D^2 = 100\pi D^2 = 3\,140D^2$ 千克的力。

前面我们已经计算出，这根长达11 000米的铜线的总重量为$6\,900D^2$千克，可见能够把它拉断的力还不到这个重量的一半。现在知道了吧？就算不管什么安全系数，也不能用铜线来测量海洋的深度，因为它在被垂入5 000米的深度时，就会被自己拉断了！

2. 悬垂线的长度极限

悬垂线不能无限地延长下去，因为任何金属丝都有长度极限，到了这个长度，它就会被自重拉断。用加粗金属丝的办法是不能解决问题的，直径的加粗虽然能使其可经受的重量增加，但它的自重也增加了。比如每增加1倍的直径可以将它能够经受的重量增加至原来的4倍，也会同时将它的自重增加到原来的4倍。事实上金属丝的极限长度与它的直径没有任何关系，重点在于制作它的材料。每种材料的金属丝都有自己的极限长度，这种长度并不是相同的。计算极限长度并不难，经历过上一个小节的计算之后，相信读者对此已不陌生。假设某种金属丝的截面积为 S 平方厘米，长度为 L 千米，每立方厘米的重量为 P 克，那么它的自重就是$100SLP$克，它能经受的重量是$1\,000Q \times 100S = 100\,000QS$克（$Q$ 为每平方毫米截面积的断裂负载，以千克计）。由于在达到极限时，等式100 000QS=100SLP成立，所以极限长度应该为$L = \dfrac{Q}{P}$千米。这个公式非常简单，用它可以计算出任何材料金属丝的极限长度。我们在上一小节计算出了铜线在水中的极限长度，事实上不在水中的时候，这个长度要更小一些，为$\dfrac{Q}{P} = \dfrac{40}{9} \approx 4.4$千米。

下面还有另外几种金属丝的极限长度：

铅丝·······················200米

锌丝·······················2.1千米

铁丝·······················7.5千米

钢丝·······················25千米

其实这么长的悬垂线在现实中是不被允许使用的，因为这样的长度所要经受的负载也是不被允许的，它们只被允许经受一部分的断裂负载，例如铁丝和钢丝，它们只被允许经受断裂负载的$\dfrac{1}{4}$。在实践中，悬垂铁丝一般不会超过2千米，钢丝一般不会超过6.25千米，就是这个原因。

将金属丝垂入水中会增加其极限长度，比如将铁丝或者钢丝垂入水中，其极限长度会增加$\dfrac{1}{8}$，但用这个长度想要将之垂到海底根本就是天方夜谭。被用来测量海洋的深度所用的金属丝，是用特殊材料制作的坚固钢丝[1]。

3. 最强韧的金属丝

有一种金属材料为铬镍钢，它具有极强的抗断裂强度，使用250千克的力才能把截面积为1平方毫米的铬镍钢丝拉断。

---

[1] 用金属丝探测海洋深度的方法早已被淘汰，现在探测海洋深度利用的是海底回声技术，即回声探测法，本书作者在《趣味物理学》第十章有对这一内容做过详细介绍。

　　图51有助于我们更形象地理解这种金属材料的强度，图中的细钢丝直径只比1毫米略粗一点，但承受一头肥猪的重量对它来说毫不费力。用来探测海洋深度的金属丝就是铬镍钢丝，1立方毫米的铬镍钢在水中的重量是7克，而这种钢在水中每平方毫米的容许负载是$\frac{250}{4}$=62.5千克，铬镍钢丝在水中的极限长度为$L=\frac{62}{7}\approx8.8$千米。

　　但海洋的最大深度要大于这个长度，所以必须使用更小的安全系数，在用它进行深度探测时必须特别小心，以使它顺利到达海底的最深处。

　　事实上，当人们使用带有仪器的风筝探测高空时，金属丝会面临同样的挑战。当风筝顺利地爬上了9千米甚至更高的高空，牵着风筝的金属丝在承受自重的同时，还要承受风作用于风筝以及金属丝的压力（风筝的规格是2米×2米）。

4. 强大的发丝

　　很多人直觉上认为，人的头发也就能和蜘蛛丝比强度，但千万不要这么小看头发，它甚至比很多金属都强大，虽然它的直径只有0.05毫米，但它能承受的重量却是100克。我们可以计算一下1平方毫米的头发的承重量。$D=0.05$毫米，$S=\frac{1}{4}\times3.14\times0.05^2\approx0.002$平方毫米，或者说$\frac{1}{500}$平方毫米。你看，头发只需要用$\frac{1}{500}$平方毫米的面积就能承受100克的重量了，1平方毫米的面积可以承受的重量是50 000克（50千克）。在图50所示的强度排名中，人的头发的强度排在铜和铁之间，铅、锌、铝、铂、铜都不及它，超过它的只有铁、青铜以及钢。

　　这样看来，小说《萨兰博》的作者说，在古代迦太基人心中用来制作

图 51　一平方毫米截面积的铬镍钢丝承受了 250 千克的重量

投掷机拉绳的最理想材料是女人的头发，这么说并非没有道理。

所以我们对图52中的画面应该能够认可：女人的发辫上挂着一辆20吨重的卡车。其实计算一下就能发现，在理论上讲这并不离谱，组成发辫的头发有200 000根，承重20吨对它们来说是能力范围之内的事。

图52 妇女发辫能承载的重量

5. 抗弯的管子

假设一根管子的环形截面积与同等材料的实心杆的截面积相等，谁的强度更大？如果只讨论二者的抗断裂强度和抗压强度，那么结论是旗鼓相当，使它们被拉断或压裂，需要的力是相同的。但如果讨论管子和实心杆的抗弯强度，那么二者的差别就太大了，让实心杆弯曲比弯曲管子容易多了。这是为什么呢？

请原谅我对卓越的科学家、强度学说奠基人伽利略的过分偏爱，我打算在这里再一次引用他的一段话说明这个问题。这段语言优美的描述来自于他的著作《两种新科学的对话》：

我想谈一谈对空心（中空）固体材料强度的意见，这种固体材料被广泛应用于人类技术，在大自然中它们同样被尽情地利用着，它们不必增加自身的重量，却能令人震惊地具有很高的强度。比如鸟儿的骨骼或者芦苇，它们的自身重量都是极轻的，但其抗弯力和抗断力却十分惊人。空心的麦秆撑起了比整根麦秆还要重的麦穗，但如果麦秆是同样物质同样质量的实心杆，其抗弯力和抗断力就要大打折扣了。研究人员已经通过实验证明：无论是麦秆，还是木管或金属管子，都比与其长度和重量都相等的实心体更结实，不过实心体的直径会比空心体的小。这一结论被人类技术应用到制造行业当中，将它们制造成了轻巧结实的空心体。

　　研究横梁在被弯曲时产生的应力，有助于帮助我们弄清空心物体比实心物体更结实的原因。图53中，*AB* 是一根横梁，将它的两端支起，把重物 *Q* 挂在横梁中部，可以看到，重物 *Q* 使横梁向下发生了弯曲。如果将横梁分为若干层来观察，我们会发现这时横梁的上层部分被压缩，下层部分却是被拉伸了，最中间的那层（中立层）没受到任何影响。这时，上层被压缩的部位产生了弹力，以对抗压缩，而下层被拉伸的部位同样产生了弹力，其目的是对抗拉伸，这两个弹力都想使横梁重新变直。在横梁的弹性极限允许的范围内，弯曲程度越大，抗弯力也就越大，弯曲会在力 *Q* 产生的力与应力相等时停止。

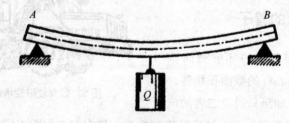

图53　横梁的弯桥

　　可见对抗弯曲能力最强的是横梁的最上层和最下层，越接近中立层对抗的作用就越小。

　　所以理想的横梁截面形状应该是大部分材料要尽可能地距中立层远，比如工字梁和槽梁（图54）。

图54　工字梁（左）和槽梁（右）

　　但这绝不能成为使横梁的梁壁过薄的理由，横梁的梁壁必须保证梁的两个层面不会相互移动位置，并且要保证横梁具有足够的稳定性。

　　在节约材料的角度上看，桁架要比工字梁更完美，桁架（图55）将接近中立层的材料全部去掉了，取而代之的是用弦杆 *AB* 与 *CD* 将杆 *a*、*b*、

c、d、e、f、g、h、k 连接而成的支架，这使桁架的自身重量也相对轻便了起来。根据我们所掌握的知识可以判断，负载力 F_1、F_2 作用于桁架，它的上层被压缩，下层被拉伸。

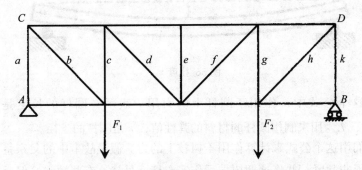

图 55　就强度而言桁架可代替实体的梁

关于为什么管子比实心杆更强的道理，相信读者已然明了。下面有一个数字例子，假设两根圆形梁的长度相等，其中一根是实心梁，另一根是空心管，二者截面积与重量都相等。但这两根梁的抗弯力却具有相当大的差别：计算结果证明，管子梁的抗弯力要比实心梁的抗弯力大112%[1]，超过一倍。

6. 七根树枝的寓言

伙伴们，如果解散一把笤帚，你能一根一根地折断它的枝条；但将这些枝条系在一起，你还能折断它吗？——绥拉菲摩维奇《在夜晚》。

这是大家熟知的关于七根树枝的古老寓言。父亲为了儿子之间的和睦，把七根树枝捆在一起，让他们折断，儿子们无一成功。后来父亲把这七根树枝散开，轻而易举地就把树枝一一折断了。

从力学或者说从强度的角度来研究这个故事，也是非常有趣的。

力学上将杆弯曲的程度用"挠度" x（见图56）进行测量，梁的挠度越大，就越接近折断。挠度的公式为：

---

[1]　仅适用于管子内径与实心梁直径相等的情况。

$$挠度\ x = \frac{1}{12} \times \frac{PL^3}{\pi Er^4}。$$

图 56 挠度 x

在这个公式中，作用于圆杆上的力用 P 表示，圆杆的长度是 L，$\pi = 3.14$，E 为用来制作圆杆的材料的弹性值，r 是圆杆的半径。

我们用这个公式来计算作用于树枝上的力。假设故事中的父亲将七根树枝捆得非常紧，并将这捆树枝看作实心杆。虽然这有些勉强，但反正我们并不需要一个精确的答案。这个"实心杆"的直径大约是一根树枝的 3 倍，现在我们来证明，使单根树枝弯曲（或者说折断）要比使这一整捆树枝弯曲简单多了。如果想使单根树枝与一整捆树枝具有相同的挠度，用于单根树枝上的力 p 与用于整捆树枝上的力 P 之间的比值可以这样求出：

$$\frac{1}{12} \times \frac{pL^3}{\pi Er^4} = \frac{1}{12} \times \frac{PL^3}{\pi E(3r)^4}，可以得出\ p = \frac{P}{81}。$$

现在我们知道，父亲折断树枝用了七次力，但每次用的力与他的每个儿子相比，只是他们的 $\frac{1}{81}$。

第八章

功·功率·能

1. 认识千克米

"千克米是什么？"

"把1千克的物体提高到1米的高度所做的功就是千克米"，人们总会这样说。

很多人认为这样来定义功的单位是相当详尽的，如果再强调一下提升是在地面上进行的，那简直太全面了。但如果你也认同这样的定义，我希望你能看看下面这个问题，这是由30年前一位著名的物理学家在一本数学杂志上提出来的：

"一门大炮垂直向天空发射出一枚重1千克的炮弹，已知炮膛长度约为1米，火药气体的作用只在1米距离内有效，由于炮弹行程中的其余气体压力均为零，所以这些气体只做了1千克米的功，也就是把炮弹提升到了1米的高度，但大炮所做的功是否只有这么一丁点儿呢？"

如果事实的确如此，那就根本没火药什么事儿了，我们用手也能把炮弹向上抛1米高，可见，这个计算中存在错误，但错误在哪里呢？

当我们研究所做的功时，忽略了它的主要部分。其实炮弹走到炮口时已经具有了速度，而这个速度在发射前并不存在。火药气体所做的并非仅仅是把炮弹位置提高了1米，它在把炮弹位置提高了1米的同时，还给了它一个非常大的速度，这个速度能够告诉我们到底有多大的功被我们忽略掉了。假设火药给予炮弹的速度是600米/秒（即60 000厘米/秒），那么对于质量为1千克（即1000克）的炮弹来说，它的动能为：

$$\frac{mv^2}{2} = 1\,000 \times \frac{60\,000^2}{2} = 18 \times 10^{11}\,\text{尔格}$$

那么炮弹存储的动能为18 000千克米。这充分证明，本节开头提到的对千克米的定义是不准确的，这样的定义将这么大的一部分功未计在内。

用下面的语言描述千克米应该就让人很清楚了：

千克米就是在地球表面将原本静止的1千克物体提升到1米的高度所做的功，该物体被提升后的速度不会发生变化。

2. 恰好一千克米的功

我们会这样想：做出1千克米的功简直太容易了，把一个1千克的砝码提升1米的高度就可以了。但是完成这个动作要用多大的力？1千克的力肯定不行，因为使砝码运动的力必须比砝码的重量大，所以必须得用比1千克大的力。在被提升的过程中，由于不断作用的力会使物体产生加速度，那么砝码在被提升后也会有一个不等于零的速度，因此这里所做的功要大于1千克米。

在将1千克重的砝码提升到1米高度时，想使所做的功正好等于1千克米，该怎么做呢？

可以用另一个办法。开始的时候，用大于1千克的力把砝码由下向上推，这会给砝码一个向上运动的速度。接下来减速或停止用力，这样可以使砝码的速度也减小。手停止用力的时机要选好，应该能使砝码在到达1米的高度时恰好将速度降为零。这种方法并不是持续施加1千克的力，这个力是从大到小变换的，先是大于1千克，然后是小于1千克，但这种方法使我们恰好做出了1千克米的功。

3. 功的计算

把1千克重的物体提升到1米的高度，还要保证所做的功恰好是1千克米，真是一件麻烦的事情，所以还是不要用这种看上去好像很简单但实际上却让人费脑筋的定义。

我们用另一个方法来定义千克米就准确多了：假如力的作用与路程的方向相同，那么千克米就是1千克的力在1米的路程上所做的功[1]。

这里有一个完全必要的条件——方向一致，这是个必须得到重视的条

---

[1] 也许有的读者中会对此提出反对意见：在这种情况下，当路程结束时物体也会有一定的速度，那么应该认为1千克的力在1米的路程上所做的功要大于1千克米才对。物体在路程结束时的确会有一定的速度，但力所做的功的目的就是为了给物体一个速度，使它具有恰好为1千克米的动能，否则就会破坏能量守恒定律：得到的能量比消耗的能量少。但如果是将物体垂直提升，就是另外一回事了。将1千克重的物体提升到1米的高度时，物体的位能增加到了1千克米。如果在这之外它还得到了一定的动能,其结果只能是得到的能量大于消耗的能量了。

件，否则会使功的计算出现重大错误。

对发动机的工作能力进行比较，其实是比较它们在同样的时间里所做的功的大小，此时最方便的时间单位是秒。力学中有"功率"一词，它被用来度量工作能力，发动机在1秒钟内所做的功就是它的功率。功率的单位是瓦特，但有时也会用马力为单位，1马力=735.499瓦特。现在来做一道相关的题目：

【题目】有一辆汽车正在以72千米/小时的速度在水平的直线道路上行驶，假设它的重量是850千克，它在行驶过程中受到的阻力是其重量的20%，那么汽车的功率是多少呢？

【解题】汽车在水平的直线道路上匀速行驶，此时使它前进的力与它受到的阻力是相等的，即：$850 \times 0.2 = 170$ 千克，汽车在1秒钟内走过的路程是 $72 \times \dfrac{1\,000}{3\,600} = 20$ 米/秒。

由于使汽车前进的力的方向与汽车运动的方向相同，所以汽车的功率就是它在1秒钟内所做的功，计算出力与汽车每秒走过的路程的乘积即可知：170千克 × 20米/秒＝3 400千克米/秒 ≈ 34 000瓦特。

这个结果可以用马力表示：$\dfrac{34\,000}{735} \approx 46$ 马力。

4. 拖拉机的牵引力

【题目】已知拖拉机挂钩上的功率是10马力，那么当拖拉机分别以2.45千米/小时、5.52千米/小时和11.32千米/小时的速度行驶时，它的牵引力分别是多少呢？

【解题】由于功率是1秒钟所做的功，所以本题中牵引力和每秒钟的路程的乘积就是功率。这里的功率的单位是瓦特，牵引力的单位是牛顿，路程的单位是米。

当速度为2.45千米/小时的时候，功率为：$735 \times 10 = X \times (2.45 \times \dfrac{1\,000}{3\,600})$，解这个方程，可得拖拉机的牵引力 $X \approx 10\,000$ 牛顿。

采用同样的方法可得：当速度为5.52千米/小时的时候，拖拉机的牵引力是5 400牛顿；当速度为11.32千米/小时的时候，拖拉机的牵引力是2 200

牛顿。

在这里，运动速度与牵引力成反比。

5. 活体发动机的优势

1个人能在1秒钟内做出735焦耳的功吗？或者说，1个人能产生1马力的功率吗？一般来讲，人在正常工作条件下产生的功率约为$\frac{1}{10}$马力，这个值介于70～89瓦特之间。但在特殊条件下，人会在短时间里产生非常大的功率。

这里举一个例子：快速跑上楼。我们匆匆忙忙地跑着上楼，这时所做的功就会超过80焦耳/秒（见图57）。假如人的体重是70千克，跑上楼的速度是每秒钟登上6级台阶，每级台阶的高度是17厘米，那么所做的功就是$70 \times 6 \times 0.17 \times 9.8 \approx 700$焦耳，这个值相当于1匹马的功率的一倍半，接近于1马力。

不过，这么紧张的运动，谁也不可能持续不停，所以每过几分钟就要停下来休息片刻，如果把

图 57 此时人可以产生的功率是 1 马力

这些没在工作状态中的休息时间也计算在内的话，那么平均功率还不足0.1马力。

多年前曾有一次90米的短跑比赛，当时曾有运动员发挥出了5 520焦耳/秒的功率，这相当于7.4马力。

马也能提高自身的功率，而且能提高10倍甚至更多。一匹体重500千克的马在1秒钟内跳到1米的高度所做的功是5 000焦耳（见图58），这相当于$\frac{5\,000}{735} = 6.8$马力。由于1马力的功率等于一匹马的平均功率的1.5倍，所以说这匹马的功率已经提高了10倍。

图 58 此时马产生的功率约 7 马力

可见，活体发动机短时间内使功率以整数倍提高的能力的确胜于机械发动机。在平坦的公路上，一辆功率为10马力的汽车会比一辆由两匹马拉着的大车行驶得更好。但如果走在沙土路上就不一样了，汽车会因不断被陷进沙子里而面临重重困难，两匹马却会在此时产生不小于15马力的功率，使汽车头疼的各种困难对这两匹马来说都算不上什么（见图59）。

图 59　这时候活体发动机比机器更有优势

物理学家索第曾经对这一现象发表了自己的看法，他说："从某个角度上来讲，马称得上是一种非常实用的机器，在汽车被发明出来之前，我们还没有体会到它的潜力。马车一般只需要套两匹马就足够应付相对复杂的路况，但汽车却不行，它得至少套上12匹～15匹马，才不至于每遇到一个小沙丘就必须停下来。"

6. 100 匹马与一台拖拉机

在将活体发动机和机械发动机进行对比的时候，要特别注意一个细节：几匹马的总力量并不是把所有马的力量都加在一起。事实上，两匹马的总力量小于一匹马力量的两倍，三匹马的总力量比一匹马的力量的三倍小，依此类推。出现这种现象的原因是由于，当几匹马被套在一起的时候，用起力来很难协调，互相之间甚至还会造成干扰。

下面的表格里列出了不同数量的马套在一起时产生的功率。通过观察你会发现：5匹马套在一起时的力量是一匹马的3.5倍，而不是一匹马的5

倍，8匹马套在一起时提供的牵引力只有一匹马的3.8倍。马的数量越多，这个结果就会越糟糕。这意味着，在实际使用的过程中，15匹马绝对不能代替一台10马力的拖拉机。

马匹数量	每匹马的功率	总功率
1	1.00	1.0
2	0.92	1.9
3	0.85	2.6
4	0.77	3.1
5	0.70	3.5
6	0.62	3.7
7	0.55	3.8
8	0.47	3.8

其实，再多的马匹也无法代替拖拉机，哪怕是代替一台马力很小的拖拉机也不行。

法国有句俗话说："100只兔子也比不上一头大象。"我们也可以说这样的话："100匹马也代替不了一台拖拉机。"

7. 机器仆人

机械发动机曾被列宁称为"机器仆人"，这是相当恰当的说法，遗憾的是我们自己并不十分了解这些"机器仆人"的本事。机械发动机将巨大的功率集中在非常小的体积里，这是它与活体发动机相比最大的优势。古人眼中最强大的"机器"莫过于体格强健的骏马或大象，当需要增加功率的时候，古人就只能想到增加牲畜的数量。而新时代技术所解决的问题，却是将很多匹马的工作能力集中进一台发动机。

在距今一百多年前，最强大的机器是重达2吨的20马力的蒸汽发动机，平均1马力要承担的机器重量为100千克。为便于理解，请允许我暂时假设1马力功率=1匹马的功率。对马来说，1马力要负担的重量是500千克（也就是平均一匹马负担的重量），但对于机械发动机而言，1马力需负担的重量只有100千克，所以说蒸汽机就像一匹拥有5匹马的功率的大马。

对重量为100吨的现代2 000马力的机车来说，每马力的负担小得更多。

而重120吨的4 500马力的机车，其每马力要负担的重量仅是27千克。

　　航空发动机是一个具有重大意义的发明。一台550马力的航空发动机的重量只有500千克，而每马力只需要负担约1千克的重量[1]，这个比值在图60中得到了非常直观的展示。

图60　马头上的涂黑表示 1 马力在各种机械发动机里平均负担的重量

　　而图61则通过大马与小马之间的对比，将钢铁肌肉的重量在马匹强健肌肉的重量面前表现出的微不足道展露无遗。

图61 同等功率下航空发动机与马的重量之比

　　图62将一台小型航空发动机的功率与马的功率的对比展现在我们眼前：一台162马力发动机的汽缸容量只有2升。

图 62　汽缸容量为 2 升的航空发动机的功率是 162 马力

_____

[1]　有些现代航空发动机每马力的重量已经减小到低于 0.5 千克。

　　然而在这场比赛中，现代技术的潜力还没有得到完全的发挥[1]，燃料中所蕴含的能量尚未被全部挖掘出来。现在我们来了解一下1卡热量里面所含的功。1卡热量是指能将1升水的温度升高1°的热量。如果将1卡热量100%转为机械能，可提供4 186焦耳的功，这些功能把427千克重的物体提升1米的高度（见图63）。但是，4 186焦耳只是一个理论值，现代热力发动机的功只有10%～30%是有用功，发动机从每1卡的热量中只能得到约1000焦耳的功。

图63　1卡热量变成机械能后能将427千克重的物体提升1米

　　人类发明了许多产生机械能的能源，在它们当中，功率最大的是射击武器。

　　一支现代步枪的重量约为4千克（当然只有一半的重量是能够实际起作用的有效部分），它在射击时产生的功是4 000焦耳。你也许会觉得这个功并不大，但是要知道，现代步枪的子弹在枪膛里受到火药气体作用的时间只有$\frac{1}{800}$秒，也就是说这个4 000焦耳是$\frac{1}{800}$秒内所做的功，而计算发动机功率使用的是每1秒钟所用的功。计算出火药每秒钟所做的功，你会发现这是个可怕的值：4 000×800=3 200 000焦耳/秒，或者说4 300马力。将这个功率用2千克（也就是步枪的有效部分的重量）除一下，就会再得到一个让人吃惊的结论：在这里，平均每马力要负担的机械重量只有0.5克！这是什么概念？是的，就像一匹体重为0.5克的小马，大概像一只甲壳虫那么大的一匹微型小马，它的功率完全能与一匹真正的高头大马相匹敌！

　　假如我们不讨论重量与功率之间的比，只对绝对功率进行探讨，那么大炮肯定会打破所有纪录脱颖而出。大炮能将重达900千克的炮弹以500米/秒的速度发射出去，它在0.01秒里产生的功约为1.1亿焦耳，而这早已不是人类技术上的最新成就了。

―――――――

　　[1]　现在在这方面最厉害的是火箭发动机，它在非常短的时间里的功率是几十万甚至几百万马力。

图64为我们展示了这个超大的功：图中的轮船重达75吨，这个功相当于把这样一艘巨轮提升到150米高的金字塔的塔顶所用的功。由于产生这个功的时间只有0.01秒，所以这个功率的值相当于110亿瓦特或者1 500万马力。

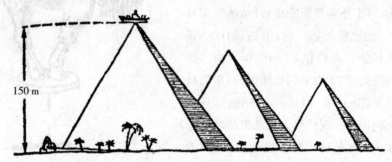

150 m

图 64　大炮发射炮弹所做的功足以将 75 吨的重物提升到最高的金字塔塔顶

图65所展示的是海军巨型炮的能量对比图，这幅图也能充分说明这一问题。

图 65　发射巨型海军炮弹所用能量的热可以融化 36 吨冰

8. 高高的秤杆

有些狡猾的商贩会在称重时耍些手段：他不会把最后一部分货物轻轻地放到秤盘上，而总是从高处摔下去，这时秤杆会忽然向秤盘倾斜，看上去好像重量超了不少的样子，老实的顾客看得满心欢喜，自然也不会较真。但如果有冷静的顾客等到秤杆停下来再看看，就会发现其中缺斤短两的猫腻了。

为什么会出现这种迷惑人的现象呢？原因是相对于物体本身的重量来

说，下落的物体施加于着力点的压力更重。我们假设使一个重10克（0.01千克）的物体从10厘米（0.1米）的高处下落到秤盘上，它落入秤盘时的能量为：

$$0.01千克 \times 0.1米 = 0.001千克米 \approx 0.01焦耳$$

这样的能量消耗会将秤盘向下压，我们假定向下压了2厘米，计算一下作用于秤盘的力 F。根据 $F \times 0.02 = 0.001$，求得：

$$F = 0.05千克 = 50克$$

所以你看，只有10克的货物，从高处落入秤盘的时候还会额外产生50克的压力。顾客满心欢喜地离开，根本不知道手里的货物缺少50克。

9. 亚里士多德的问题

亚里士多德在伽利略奠定力学基础的两千年前就写出了《力学问题》一书，这本书里有36个力学问题，我们选择其中的一个来看一看："在木头上放一把斧头，并取重物压在斧头上，此时木头受到的伤害极小。如果将重物移开，拿起斧头高高举起向下砍在木头上，木头就会被劈成两半。但向下砍的重量远不如之前压在上面的重量大，这是为什么呢？"

亚里士多德没能解答这个问题，其原因在于那个年代的人们对力学的认识极为有限。我们的读者中或许也有人无法解答这一问题，所以接下来我们就对它进行详细的探讨：

斧头砍到木头上时，它的动能包括人举起它时产生的能和将它向下砍时获得的能。假设斧头的重量是2千克，被举的高度是2米，人将它举起时产生的能就是 $2 \times 2 = 4$ 千克米。斧头向下砍的过程在重力和人的臂力的共同作用下完成，如果仅仅只是靠其自身重量的作用，那么这个动能应该等于它被举起时得到的能，也就是说应该等于4千克米。但由于人臂力的作用使斧子的速度加快了，它得到了更多的动能。如果人的手臂在使斧子向下砍时用的力与将其向上挥时用的力相等，那么斧子向下砍时获得的动能就要再加上一个4千克米的能，所以斧子砍到木头上所具有的动能一共是8千克米。

斧子砍到木头上，能砍进去多深？这个深度我们假设是1厘米（即0.01米），这意味着斧子的速度仅在0.01米的距离内就归零了，或者说斧子的动能在0.01米内被全部消耗光。现在我们很容易地就可以对斧子施加于木头的压力 F 进行计算：根据 $F \times 0.01 = 8$，得到 $F = 800$ 千克。也就是说，斧头是用800千克的力量砍木头的，重达800千克的力劈开一块木头简直是小菜一碟，没什么好奇怪的。

我们在解答了亚里士多德的问题的同时，又得到了一个新问题：

人不能仅靠自己肌肉的力量劈开木头，那么他是怎么把那么大的力量传给斧子的呢？重点在于，挥砍斧头的上下运动所经过的长达4米的路程中所得到的全部能量，仅在1厘米的路程中就消耗光了，所以就算不是斧子，而是别的什么东西，有这样的功率也就不再是它自己了，因为这已经相当于"本领"堪比锻锤的机器了。

在工业上，5 000吨的压力机代替了150吨的气锤，600吨的压力机代替了20吨的气锤，等等。上面的分析结果让我们明白了这种替代所带来的工作效率上的巨大提升。

用同样的道理可以解释许多现象，比如骑兵所用的武器——马刀，它的砍劈力度极大。

事实上，尽管刀刃上的面积是极小的，但当力量被集中在刀刃上时，每平方厘米的压力相当于几百个大气压，这个意义是非常重大的。

挥刀的幅度也对砍劈的力度起到了重要作用，在砍到敌人身上之前，马刀的一端挥动的距离约有1.5米，而这1.5米内获得的能量，在马刀砍入敌人身体10厘米左右的深度内就消耗光了，这段距离只是1.5米的 $\frac{1}{10} \sim \frac{1}{15}$，但这也相当于战士们手臂上的力量增加到了原来的10倍~15倍。

另外一个有助于提高杀伤力的因素就是砍杀的方法：马刀的使用方法不仅是砍击，砍击的同时还必须将刀抽回，所以更确切的说法不是砍击，而是砍切。

我们在生活中可以做个小实验，就是在切面包的时候，你试一试砍与切两种方法，看看哪种更容易。

10. 稻草和刨花

为了保护易碎品的安全，避免使其被搬动时产生的震动震碎，我们习

惯使用稻草、刨花、纸条等作为
衬垫物来对易碎的物品进行包装
（见图66）。但你有没有想过，为
什么稻草和刨花这类东西能对易碎
品起到保护作用呢？有的读者会
说："因为它们能在震动的时候能
减缓碰撞啊。"这相当于什么也没
说，只不过是重复了一遍问题，因
为我们想知道的就是为什么它们能
减缓碰撞。

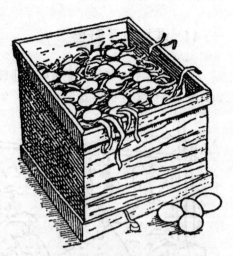

图66 将鸡蛋装箱时要用刨花衬垫

　　这里面有两个原因：第一个
是稻草、刨花等衬垫物使易碎品之
间相互接触的面积加大了。一件棱
角尖锐的物体与另一件物体通过衬垫物接触时，相互之间的接触是片和面
的接触，而不是点和线。通过扩大受力面积的方法，可以达到减小压力的
目的。

　　第二个原因表面上看不出来。当震动发生时，箱子中的每件易碎品
都会开始运动，但邻近的物体互相妨碍，又使这个运动必须马上停止。可
此时运动的能量如何消耗？当然只好消耗在与自己相互挤压撞击的物体上
了。这个消耗能量的距离无疑是极短的，根据能量等于力 F 与距离 s 的乘
积这一定律，挤压与撞击的力量肯定会非常大。

　　衬垫物的作用已经很明显了：它们加长了力作用的距离 s，并因此使
挤压的力 F 减小。我们知道，玻璃或鸡蛋壳的挤压距离只有几十分之一
毫米，超过了这个距离就会破碎。如果不使用衬垫物，力作用的路程也就
会只有这么小，那么易碎品之间真正互相施加的力就会很大。有了衬垫物
后，易碎物之间的力的作用路程被这些衬垫物延长了几十倍，也使力的大
小变成了原来的几十分之一。

　　这就是衬垫物可以对易碎品起到保护作用的第二个原因，也是最重要
的原因。

11. 谁打败了野兽

图67是东非人在丛林中布设的捕兽器，用来捕捉体型庞大的动物，比如大象。当大象在捕兽器下通过时，如果脚碰到了地面上的绳子，就会有

一段带有尖刺的大木头落到它背上，使它被刺伤甚至刺死。图68是另外一种捕兽器，它的设计更加巧妙。当野兽碰到绳子时，会使一张已被拉满的弓放开，这时弦上的箭会立即射向野兽。

这些射向野兽的利器都具有非常大的能量，这些巨大的能量来源于布设捕兽器的人的能量。带尖刺的大木头从高处落下来时所做的功，就是人将它举到高处时消耗的功；弦上的箭射向野兽所用的功，就是猎人将弓拉满时所用的功，是野兽使

图 67　非洲丛林中猎象用的机关

它们贮存起来的这些势能得到了释放。但再次使用这些捕兽器时，还得再次用同样的功提前布设好。

图 68　猎兽用的自动发箭器（非洲）

再来看一个用木头捕兽的装置（见图69），这与大家熟知的那个熊和

木头的故事中提到的装置不大一样。树干
上有一个蜂房，爱吃蜂蜜的熊顺着树干爬
了上去。但垂在树干中部的一块大木头
挡住了熊的路，熊将它推开，它被摆了出
去，又马上摆了回来，还碰到了熊的头。
熊又把它推开，这次用了些力气，但木头
被摆出去后又马上回来了，这次重重地撞
了熊一下。熊生气了，用更大的力推开木
头，它又被更重地撞了一下。于是熊暴怒
着一次又一次与木头搏斗，结果木头每次
都能回来，而且一次比一次更重地砸在熊
的身体上。最后，熊累得筋疲力尽，直接
从树上掉了下来。哪知道祸不单行，地上
竖着一根尖尖的木橛，熊从树上掉下来，
恰好跌坐在这根木橛上。

　　这是个省力的装置，它不需要每捕一
只熊便重新布设一次，可以重复使用，除
了第一次布设之外，不再需要人的参与便

图69　　熊正在与悬挂着的木头较量

可以单独完成捕熊任务。但这样一来，把熊打下树的能来源于哪里呢？

　　这里所做的功来源于野兽自己，是它自己把自己打得掉下树来，使
自己被扎伤的。熊每一次推开木头时，都把自己的肌肉的能量转化为了木
头的势能，接下来这个势能又变成了使木头返回的动能。而熊在爬树的过
程中，把自己肌肉的能量转化为了提升自己身体所处位置高度的势能，最
后，就是这个势能变成了使它掉下树并跌坐在尖木橛上的能，所以整个过
程就可以描述为这样一幕悲剧：熊爬上树，和自己打了起来，把自己打得
掉到了树下，又把自己扎在了尖木橛上。

　　最主要的是，爬上树的野兽越凶猛，它的下场就越惨。

12. "自动"机械

　　有一种能够自动记录步行次数的小仪器，名字叫计步器，它的外形

和怀表差不多，能放在口袋里随身携带。图70展示了它的刻度盘和内部构造，固定在杠杆 AB 一端的重锤 B 是它的主要部分，杠杆 AB 能绕 A 轴转，重锤 B 停留在图中的位置，一个软的弹簧使它不能到达下半部分。计步器被放在人的口袋里，随着人走路时身体的上下运动一起运动。不过在此时，重锤 B 由于惯性的作用不会立刻随计步器一起向上运动，它会与弹簧的弹性进行对抗，向下半部分运动。而当计步器开始向下运动时，重锤 B 又会向上半部分运动，所以人走一步，杠杆 AB 要摆两次，这个摆动会通过小齿轮使表盘上的指针走动，从而记录人的步数。

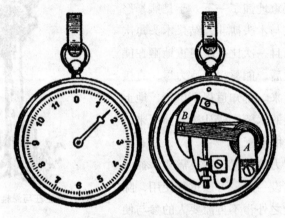

图 70　计步器以及它的构造

试想一下，使计步器运动的能源来自哪里？读者们一定会脱口而出，来自人的肌肉所做的功。但有的人并不这么认为，他觉得计步器并不需要走路的人专门为它多消耗能量，因为人反正是在走路的，有没有计步器都要走路，所以并没有为计步器费什么力气。这种想法实在是大错特错，事实上，步行者的确需要多用些力气去克服重力与将重锤 B 控制在上半部分的弹簧的弹力，同时使计步器提升到一定高度。

依据计步器带给人的灵感，一种可以由人的日常动作带动的表被发明出来，并且已经投入了使用。这种表只要戴在人的手腕上，就不需要人再为它操心了，日常生活中手的动作会在不经意间帮它把发条上紧。只要在人的手腕上待几个小时，它就能准确无误地走上一昼夜。这种表让人们感觉非常方便，因为手表必须随时将发条紧到一定程度，才能走得准，而它的发条始终是上好的，不需你分神去照顾它。当然也正因为如此，它的表壳上没有任何开孔的地方，灰尘和水不可能进得去。表面看上去，这种手表对钳工、裁缝、钢琴家，特别是打字员等经常进行手部动作的人来说应该是非常适用的，然而对脑力劳动者来说似乎就有些不适合了。这种想法无疑太片面了，作为一种装配细致的表，它有一个重要的性能，那就是只要很小的脉冲就能让它走动起来。其实手部的两三个动作就足以促使重锤带动发条了，这可以让表走上三四个小时呢。即使是脑力劳动者，也不大可能在三四个小时里完全保持静止状态。

那么是不是可以认为这种表的主人完全不用为它消耗任何能量呢？不能这样想。其实这种表对主人肌肉力量的需要并不比普通的表少，甚至于，戴有这种表的手臂为它消耗的能量要比普通表的主人上发条时消耗的能量还要多，因为必须付出一部分力克服弹簧的弹力。

美国有一家店铺的老板设计出一种"自动"做家务的装置，这种装置像手表一样，需要上紧发条才能工作。这位老板让这个装置与商店大门的开关连在一起，通过门的开关运动就能为这个装置上紧发条，从而"自动"地去做一些有益的家务活儿。在他看来，反正顾客进店出店总是要开门关门的，这样的设计等于拥有了免费的能源。但事实上，这位老板是在强迫顾客们为他做家务，因为每个进入他的商店的人都不得不多花些力气克服弹簧的弹力。

严格地说，无论是靠手臂动作上发条的表，还是靠顾客开关门上发条的装置，都不算是自动机械，最多也不过是使人们在不必特别关照的情况下用自己的肌肉能量为机器上了发条而已。

13. "欺骗人的"摩擦取火

我们在书本上看到的摩擦生火似乎非常容易，看上去操作起来特别方便。但实际做起来绝对与想象的不一样。马克·吐温就有过在模仿书本上的方法进行摩擦生火时惨遭失败的经历，他是这样描述这件事的：

我们在大冷天里，每人拿了两根小棒卖力地将它们互相摩擦。结果两个小时过后，我们已经快冻僵了，小棒也被冻得冷冰冰的。我们狠狠地咒骂那些据说曾这样成功过的印第安人和猎人，以及那些告诉我们这种办法可行的书本。

　　《老练的水手》的作者杰克·伦敦也在作品中提过同样的事：

　　我读过不少曾经在困境中成功脱险的人写的回忆录，我发现他们都曾经尝试过摩擦生火，但是没有人成功。这让我想起在朋友家遇到过的一位曾在阿拉斯加和西伯利亚旅行的记者，他极其风趣地向我们讲述了他在野外尝试摩擦取火却以失败告终的经历，最后他总结说："可能南方海岛上的居民更擅长做这个吧，或者马来人也能做到。但是说实话，他们在这些方面可比白人强多了。"

　　在小说《神秘岛》中，儒勒·凡尔纳也表达了同样的观点，下面是小说中的老水手潘克洛夫与青年人赫伯特的一段关于摩擦生火的对话：

　　"我们可以像原始人那样用两块木头来摩擦取火呀。"
　　"好吧，孩子，那你就来试试看，看看除了得到两只磨出血的手，还能得到什么别的结果。"
　　"可是太平洋的很多岛屿上的人都流行用这个方法呀……"
　　"我不想和你争论这件事，"潘克洛夫说道，"不过我觉得，那些土著人可能在这方面有什么特别的本事吧，反正我是不行的。我尝试过很多次，一次也没成功，我还是坚决主张用火柴。"
　　尽管嘴里这样说着，潘克洛夫还是找了两块干木头回来，和年轻人一起试着用摩擦的方法取火。如果他和纳布能把这两块木头摩擦出火所付出的能量全部转化为热量的话，这些热量足够将一艘横渡大西洋的轮船上的锅炉烧开。不过很遗憾，他们费了这么大的力气，结果只是使两块木头稍微有了些温度，但这点温度还不如他们的体温高。
　　于是，用一个小时的时间累了一身汗的潘克洛夫气呼呼地把木头扔到一边去了，他懊恼地说："我宁可相信大冬天里能有比夏天还热的日子，也不再相信原始人能用这东西摩擦出火来，把手搓得冒出火来也比干这个容易！"

我们来分析一下他们为什么会失败。其实很简单：方法不对。要知道大部分的原始人并不是只用两根木棒随便摩擦就摩擦出火来的，准确地说，正确的方法叫作"钻木取火"，就是用一根削尖的木棒在木板上钻孔。我们对比研究一下这两种方法的不同。

图71中有两根呈十字形摆放的木棒，分别是 AB 和 CD。用两手握住 CD 的两端，用力在 AB 上来回移动（即摩擦），每移动两次的距离是25厘米。木头与木头之间的摩擦力是施加于互相摩擦的两根木棒的压力的40%，这是一个力学常识。我们随意假

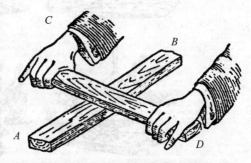

图71　本书中介绍的摩擦取火的方法

设一个近似值，假设手给木棒带来的压力是2千克，那么这里实际的摩擦力是 $2 \times 0.4 \times 9.8 \approx 8$ 牛顿，这个摩擦力在50厘米内所做的功是 $8 \times 0.5 = 4$ 焦耳。如果把这部分功全部转化为热能，这些热能会使多大面积的木头发热呢？我们知道，木头的导热能力是很差的，所以这些热量只能传到木头表面非常浅的一小层里面。我们假设这层薄薄的受热层的厚度是0.5毫米[1]，两根木头的接触面的宽度是1厘米，可以计算出互相摩擦的面积为：$50 \times 1 \times 0.05 = 2.5$ 立方厘米。

也就是说，摩擦产生的力量可以使木头受热的体积变为2.5立方厘米，一块拥有这种体积的木头的重量大约是1.25克。由于木头的热容量是2.4克，体积为1.25克的小木头可以被这种摩擦增加 $\dfrac{4}{1.25 \times 2.4} \approx 1℃$。

可以理解为，在不造成热量流失的前提下，互相摩擦的木棒的温度提升情况大约是每秒钟1℃。但是木棒肯定会受到空气的冷却作用影响，而且整根木棒都会受到这种作用影响，这个作用还不小呢，所以马克·吐温摩擦了两个小时，木棒不仅没变热，相反变成了冷冰冰的，这是符合事实的。

但如果用的方法不是摩擦生火，而是钻木取火（见图72），那结果可

---

[1]　读者从下面可以看到，这个数值就算假设得再大一些，也不会使结果有很大变化。

图 72　钻木取火

就不一样了。

　　假设旋转的木棒尖端直径1厘米，并钻入木头里1厘米深的位置，钻弓的长度是25厘米，每秒钟拉动一个来回，拉动钻弓所用的力是2千克，在这种情况下，每秒钟做的功还是 $8 \times 0.5 = 4$ 焦耳，产生的热量也和前面是一样的。不过这一次木头受热的体积只有 $3.14 \times 0.05 = 0.15$ 立方厘米，这种体积的木头也只有0.075克重。这两个数值都比摩擦取火要少，因此木棒尖端钻出的凹坑里的温度理论上每秒钟会升高 $\dfrac{4}{0.075 \times 2.4} = 22℃$。

　　这样的升温幅度是非常有可能出现的。钻木的时候，木头受热部分的热量并不容易丢失，而木头的燃点只有250℃，只要坚持钻下去，只需要

$$\dfrac{250}{22} \approx 11$$秒的时间就可以使木头燃烧了。

　　根据民族学家的考证结果，在非洲黑人中有专门的钻火人，这些有经验的钻火人只用几秒钟的时间就能钻出火来[1]，这说明我们刚刚证明出来

---

　　[1] 原始人的取火方法并非只有钻木取火一种，其他的方法还有很多，比如使用"火犁"和"火锯"，用这两种方法都能避免木头的受热部分（即木屑）被周围的空气冷却。

的数据是与现实相吻合的。

我们知道，大车车轴如果没有做好润滑就会经常被烧坏，导致这个结果的原因与我们刚才分析过的也是一样的。

14. "消失"的能量

当你把一个钢制的弹簧弯曲的时候，你为此所做的功就转化成了这个钢制弹簧的弹性势能。如果你用这个弯曲着的弹簧去举重物或者转动车轮，你会重新得到为其付出的能。在这个过程中，能量被分成两个部分，一部分成为有用功，另一部分的任务是去克服摩擦阻力。自始至终，你最初付出的能量全都发挥了作用，没有损失掉一个尔格。

但如果你没用这个弯曲了的弹簧去举重物或者转车轮，而是把它放进了硫酸里，它就会被溶解掉。弹簧带着你给它的动能消失了，没有谁能把这个动能还给你，这看上去好像是把能量守恒定律破坏掉了。

事实是否真的这么令人悲观呢？当弹簧从眼前消失的时候，我们以为一切都化为乌有，但其实有很多事情被我们忽略了。弹簧是一点一点被硫酸腐蚀掉的，当它断裂的瞬间，它的能量可以转化成动能，从而推动周围的硫酸液体；它的能量还能转化成热量，使硫酸的温度得到升高，当然，这个升高的数值不会太大。我们假设弹簧被弯曲后，它的两端比平时被拉近了10厘米（即0.1米），弹簧的应力是2千克，换句话说，假设使弹簧弯曲的力平均数值为1千克，那么弹簧的势能就是$1 \times 0.1 = 0.1$千克米。这么少的热量也就只能为全部硫酸的温度提高几分之一度，显然是很难被察觉的；但除了这种可能性，它的能量还可能转化为电能或化学能。如果转化为化学能，或许可以加快弹簧的腐蚀速度（前提是这种化学能可以促进钢的溶解），也或许能减慢弹簧的腐蚀速度（前提是这种化学能可以阻滞钢的溶解）。究竟哪一种分析更有可能发生？只有做了实验才会知道。

这种实验早就有人做过了。像图73那样，取两个一模一样的玻璃容器，将两根玻璃棒固定在左侧玻璃容器的底部，保证两棒之间的距离是半厘米，然后把一片钢片弯曲，卡入两根玻璃棒之间（见图73左）。拿一片同样的钢片，直接放在右侧的玻璃容器里（见图73右）。先向左侧的玻璃容器注入硫酸，会发现钢片立刻开始溶解，并很快断裂成两段，渐渐地这两段全都被溶解了。需要注意的是，从钢片接触到硫酸直到完全溶解掉，这个过程所用的时间必须认真记录下来。然后在完全相同的条件下，使右侧容器里没有张力的钢片浸入硫酸。实验结果显示，没有张力的钢片被完全溶解的时间较短。

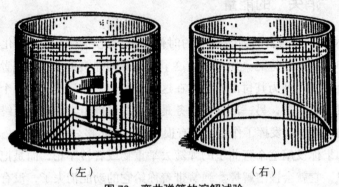

（左）　　　　　　　　　　　　　（右）

图73　弯曲弹簧的溶解试验

这说明具有张力的弹簧比没有张力的弹簧更耐腐蚀。这个实验告诉我们，被弯曲的弹簧的能量也被分成了两部分，一部分转化成了化学能，另一部分变成了弹簧断裂开时运动部分的机械能，所以你看，即使钢片被放进硫酸里腐蚀掉，你给予它的能量也没有平白地消失。

我们还可以解答一个类似的问题：把一捆木柴拎上四楼，毫无疑问，它的势能得到了增加。那么当我们在四楼的灶台里将这些木柴点燃的时候，它增加的这部分势能去哪里了呢？

相信读者们只要略加思考就能想通这个问题，木柴充分燃烧后所留下的产物就是由木柴的物质变成的，这些产物在距离地面有一定高度的位置上形成，能比它在地面上形成时具有更大的势能。

第九章

摩擦和介质阻力

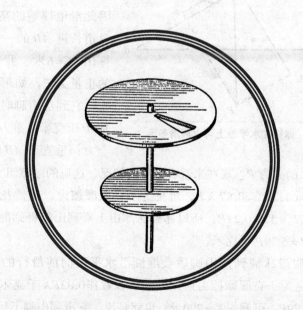

1. 停不下的冰橇

【题目】一个冰橇从冰山滑道上滑下来，到达山脚后继续沿水平面向前滑行，请问它要滑多远才能停下来？滑道斜度30°，长度为12米。

【解题】如果冰橇在冰道上滑行的时候没有摩擦，它会一直滑下去，永远也不会停下来。但一点摩擦都没有是不可能的，只不过很小罢了。冰橇底部的铁条与冰面之间的摩擦系数为0.02，当冰橇在水平面上因为克服摩擦而耗尽了它从山上滑下来时得到的全部能量的时候，自然就会停下来了。

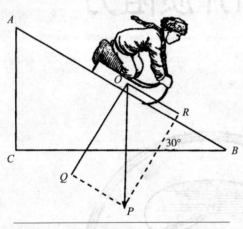

图74 冰橇在水平面上可以再滑多远

我们有必要计算一下这个路程是多远。先来计算一下冰橇从山上滑下来得到了多少能量（见图74），由于角对应的直角边的长度是弦长的一半，因此滑道顶端的高度 AC 等于滑道长度 AB 的一半，可以计算出 $AC=6$ 米。我们假设冰橇的重量为 P，如果没有摩擦阻力，它到达山脚时获得的动能是6P 千克米。重力 P 可分为两个力：垂直于 AB 的分力 Q 与平行于 AB 的分力 R。现在来看有摩擦的情况，这里的摩擦阻力是 $0.02 \times Q$。由于 $Q = \cos 30° = 0.87 \times P$，可见为了克服摩擦力，冰橇花费的能量是 $0.02 \times 0.87P \times 12 = 0.21P$，所以冰橇从冰山上滑到山脚得到的实际动能是 $6P - 0.21P = 5.79P$ 千克米。

我们假设冰橇到达山脚后会继续沿水平面向前滑行的路程长度为 X，那么它为了克服摩擦力所用的功可以看作 $0.02PX$ 千克米。列方程式 $0.02PX = 5.79P$，可解得 $X \approx 290$ 米。也就是说，它滑到山脚下后会继续在水平滑道上滑行约300米。

2. 关闭发动机

【题目】汽车以72千米/小时的速度行驶，假设运动的阻力是2%，那么如果这个时候将发动机关闭，汽车还能向前走多远？

【解题】这是一个与前面相似的问题，不过本题中汽车的能量要用另外的数据来计算。

汽车动能的公式为 $\dfrac{mv^2}{2}$，其中 m 为汽车质量，v 代表汽车速度。设汽车在发动机关闭后继续走的路程为 X，也就是说，能量 $\dfrac{mv^2}{2}$ 会在路程 X 上消耗光。

在这段时间里，汽车的阻力是 $P \times 2\% = 0.02P$，可列出方程式 $\dfrac{mv^2}{2} = 0.02PX$。由于汽车重量的公式为 $P=mg$（g 为重力加速度），所以该方程也可以写为：$\dfrac{mv^2}{2} = 0.02mgX$，解方程可得 $X = \dfrac{25v^2}{2}$。

根据方程的解，可知发动机关闭后，汽车行驶的距离便与其质量没有关系了。我们将已知的数值 $v = 20$ 米/秒与 $g = 9.8$ 米/秒²代入上式，可以得到这个路程的长度约为1 000米。也就是说，发动机关闭后汽车还可以向前走大约1 000米。

显然，我们得到的这个数字比较大，这是由于空气阻力没有被计算在内，空气的阻力的大小与速度成正比。

3. 不一样大的车轮

大多数马车的前轮既不负责转向任务，又不必置身于车下，却都设计得比后轮小，这是什么原因？严格地说，这个问题应该换一个问法：为什么后轮要比前轮大？

前轮比后轮小是有好处的：前轮小，轴线就低，能使车辕和挽索具有一些倾斜度，这有助于应付糟糕的路况。当车陷进路上的坑洼时，这种结构能帮助马顺利地把车拖出来。

在图75的左图中，当车辕 AO 倾斜的时候，马的拉力 OP 可以分解成两个力——向上的力 OR 和向前的力 OQ，负责将车从坑洼里拖出来的是力 OR。但如果车辕是平的（见图75右图），就不会有向上的力可以分解出来了，只有向前的力，这样的话把大车从坑洼中救出来难度就比较大了。

图 75　为什么前轮要造得比后轮小

我们现在的汽车与自行车都是前后轮一样大的，这是因为现在的道路大多路况较好，没有坑坑洼洼的地方，不必放低前轮轴也一样可以行驶得非常平稳。

我们再从后轮的角度看一看，为什么后轮做得比较大呢？因为对于滚动的物体来说，它的摩擦力与半径成反比，半径越大，摩擦力越小，所以大轮子比小轮子受到的摩擦小。现在你应该知道，马车的后轮做得大一些也是合理的。

4. 能量的去处

机车和轮船把自己的能量用于自身的运动，这是按照力学"常识"总结出来的。但事实上这个说法并不准确，机车的能量并没有完全用于自身运动，它只在最早的 $\frac{1}{4}$ 分钟的时间里用了一些能量启动自己，并带动整列火车起动，但也只有这 $\frac{1}{4}$ 分钟而已，接下来的时间它的其他能量就全部忙于克服摩擦力和空气的阻力了（仅限于在水平道路上的行驶）。

比如电车，它的电能几乎全部都用于加热城市的空气了，因为它的大部分电能都用于克服摩擦与阻力，而用于克服摩擦的功转为了热能。假如没有影响火车速度的阻力，那么火车只需要用10秒～20秒的时间就可以使自己运行起来，然后就会在惯性的作用下沿水平线一直跑下去了，根本不需要消耗什么能量。

我们前面曾经提到过，进行匀速运动不需要力的参与，因此也不会消耗能量，如果产生了力量的消耗，必定是用于克服运动的阻力了。

轮船用大功率的机器来克服水的阻力，它在水中遇到的阻力可比机车在陆地上遇到的阻力大多了。不仅如此，这个阻力与速度的平方成正比，所以速度越快，阻力也越大。水上交通工具的速度没办法与陆地交通工具的速度相比，也是出于这个原因[1]。

一位划艇手使它的小艇速度达到6千米/小时简直太容易了，但如果想再增加1千米/小时，那就必须竭尽全力。在参加比赛的时候，想使一只轻便的赛艇的速度达到20千米/小时，得有八名技术一流的划艇手全力配合奋力划桨才能做到。

此外，水的携带能力同样与速度成正比，速度越大，携带能力也就越大。在下面这道题里，我们举一个这方面的例子。

5. 顺水而走的石头

河水在冲刷河岸的过程中，不仅能将河底的泥沙碎块带到河床边，就连河底的石头也能推走。河底的石头往往块头很大，水是怎么把它们带走的呢？当然，要施展这个"威力"也要看是哪条河里的水，不是所有的河水都有这个力气的。平原上的河水流速慢，最多不过是带走一些细沙。不过，只要水的流速增加，河水的能力就会大很多。如果河水的流速增加到一倍那么多，就可以把大块的卵石带走了。山涧的急流流速又要增加一倍（见图76），冲走大于1 000克的大石头也不是问题，怎样解释这个现象呢？

流体力学中有一个"艾里定律"，这个定律可以证明，当水的流速增加 n 倍时，水流可带动的物体的重量就会增加到 n^6 倍。

自然界中罕见的六次方比例出现在这里，不免让人觉得好奇，这个比例是怎么来的呢？

---

[1] 滑行艇的速度不被包括在内，这种船是在水的表面上滑行的，并不浸到水里，水对它的阻力非常小，因此它的速度也就特别快。

图76　山涧急流使石块滚动

我们假设河底有一块边长为 a 的立方体石块（见图77）。河水流动过程中，水流的压力 F 作用于石块侧面 S，想要使石块以边 AB 为轴向前滚。但与此同时，石块在水中的重力 P 向它施加了反作用，阻碍石块做翻转运动。水流与石块陷入了僵持状态，石块怎样才能被水流成功翻转呢？根据力学定律，当力 P 与力 F 对轴 AB 的力矩相等时，石块才能保持平衡。某个力和它本身与轴之间的距离的积就是力对轴的力矩，力 F 的力矩是 Fb，力 P 的力矩就是 Pc。由于 $b = c = \dfrac{a}{2}$，所以只有当 $F \times \left(\dfrac{a}{2}\right) \leqslant P \times \left(\dfrac{a}{2}\right)$ 的时候，或者说当 $F \leqslant P$ 的时候，石块才能保持平衡。接下来我们要使用公式 $Ft = mv$，其中力作用的时间为 t，t 秒钟内作用于石块的水的质量为 m，水流的速度为 v。

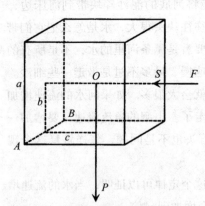

图77　石块在水流中受到的作用力

根据流体动力学的定律，水流施加于与水流方向垂直的平面上的总压力与平面面积成正比，与水流速度的平方成反比。用公式表示为：

$F = ka^2v^2$。从石块的体积a^3与其比重d的乘积中减掉同样体积的水的重量，就等于石块在水中的重量（阿基米德定律），用公式表示为：

$$P = a^3d - a^3 = a^3(d-1)$$

因此可以将$F \leqslant P$变换为$ka^2v^2 \leqslant a^3(d-1)$，可推出$a \geqslant \dfrac{kv^2}{d-1}$。

我们知道，能与速度为v的水流抗衡的石块，它的边长要与水流速度的二次方成正比，而石块的重量与它的边长a的三次方成正比即$(v^2)^3 = v^6$。六次方就是这样出现的，被水流冲走的石块的重量与水流速度的六次方成正比。

这就是艾里定律，我们借助于一块正方体的石头证明了这一定律。不过这并不能说明只有借助立方体才能做这个证明，其实用别的形状的物体证明也是一样的，最终的结论之间差别不大，并且每种结果都足以说明问题，而现代流体力学还有很多更加有说服力的论证。

我们再来更加形象地对这一定律进行一下理解。假设有三条河流，河流2的流速是河流1的两倍，河流3的流速是河流2的两倍，或者说，这三条河流的流速之比是1：2：4。那么根据艾里定律，这三条河流能带走的石块重量之比是$1 : 2^6 : 4^6$，即1：64：4 096。根据这个比值，我们可以总结出：如果流速比较平缓的河流能带走$\dfrac{1}{4}$克的细沙粒，那么流速相当于它的两倍的河流就可以带走16克重的沙石，而流速相当于它的四倍的河流就很恐怖了，它能使重达几千克的大石块翻滚着跟它走。

6. 有趣的雨滴运动

不知道你有没有在坐火车时遇到下雨的经历，如果有的话，你一定见过雨水落在行驶中的火车车窗上形成的一条条倾斜的雨线，图78使这个有趣的现象在我们眼前重现。

由于雨滴在下落到车窗上的同时还参与了火车的运动，所以发生在我们眼前的其实是两个按照平行四边形的规则运动的合成运动（见图78）。注意，这个合成运动是直线的运动，构成它的两个运动之一的火车运动是匀速进行的。而力学定律也告诉我们，在这种情况下，它的伙伴，也就是构成这个合成运动的另外一个运动——雨滴下落的运动，也应该是匀速的。物体下落的运动居然是匀速运动，这个结论的确令人吃惊。如果它不是匀速的，而是加速度的，或者说如果雨水下落运动是匀加速的，它应该形成抛物线，那么车窗上的雨线应该是曲线。而事实是，车窗上那些雨线是斜线！斜的直线！只有匀速运动才会出现的直线！

图 78　车窗上雨水形成的斜线

所以雨滴的下落和石块的下落不一样，它不是加速落下，而是匀速落下的，原因是加速而产生的雨滴的重量被空气阻力完全平衡了。

如果空气不能做到这一点，不能对雨滴形成阻力，那我们简直就要生活在恐惧之中了。如果那样的话，积雨云就会经常在离地面1 000米～2 000米的高空聚集着，这就会使我们的头上随时有雨水落下来。可怕的是，雨滴从2 000米的高空毫无阻力地落下来，它的速度可以达到：

$$v = \sqrt{2gh} = \sqrt{(2 \times 9.8 \times 2\,000)} \approx 200 \text{米/秒}$$

这是什么？这是手枪子弹的速度！就算只是水，不是子弹，就算它的动能只有子弹的十分之一，但时不时地就被这种雨滴密集扫射，想想也是非常恐怖的。

那么事实上雨滴下落的速度是怎样的呢？接下来我们就研究一下这个问题，不过在这之前还是要先说明雨滴匀速运动的原因。

物体下落的时候受到的空气阻力在整个下落过程中并不是总相等的，

空气的阻力随下落的速度的增加而加大。最初下落时速度极慢[1]，受到的阻力小到可以完全忽视。接下来，速度加快了，空气阻力也相应增加[2]。这个时候，物体还是做加速度运动，但这个加速度比之前自由下落的时候小。再接下来，加速度越来越小，一直小到零。从加速度变成零的那一刻开始，物体的运动就变成匀速运动了。由于速度停止了增加，所以阻力也停止了增加，这使匀速运动得以保持，不会再变成加速运动，当然也不会再变成减速运动。

因此，在空气中下落的物体会从下落后的某一个时刻开始做匀速运动，只不过雨滴的这一时刻来得比较早。经过测量，我们发现雨滴落下来的末速度特别小，越细小的雨滴末速度越小。这里有几个数据：重量为0.03毫克的雨滴的末速度为1.7米/秒，重量为20毫克的雨滴的末速度为7米/秒，最大的雨滴重量为200毫克，它的末速度也只不过是8米/秒。这是目前发现的雨滴的最快速度了。

测量雨滴的仪器非常巧妙。如图79所示，将两个圆盘——其中的一个圆盘开有一个狭窄的扇形缝隙，另外一个铺着吸墨纸，将它们一上一下固定在一根垂直轴上。下雨的时候，在雨伞的保护下，将这个仪器放到室外，然后将它快速地旋转起来。做好这一切后，将雨伞移开，天上落下的雨滴将会从上面圆盘的缝隙处落入下面的圆盘上。由于仪器处于旋转状态中，当雨滴从上盘的缝隙落入下盘时，圆盘已经转了一定的角度，所以

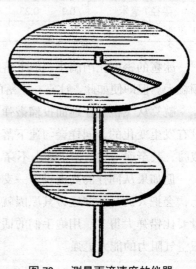

图 79　测量雨滴速度的仪器

雨滴落在下面圆盘上的位置并不是上面圆盘缝隙的正下方，要比正下方对应的位置略靠后。

我们假设这个位置与缝隙正下方的位置之间的距离是圆盘周长的

---

[1]　比如在最初的十分之一秒内，自由落体只下降了5厘米。

[2]　当下落的速度从每秒几米增加到每秒200米的时候，空气阻力的增加与下落速度的平方成正比。

$\dfrac{1}{20}$，圆盘的转速是20转/分钟，上下两个圆盘之间的距离是40厘米（0.4

米），那么雨滴下落的速度就很容易计算了。雨滴走过0.4米所用的时间与

圆盘转 $\dfrac{1}{20}$ 周的时间相等，这个时间是 $\dfrac{1}{20}:\dfrac{20}{60}=0.15$ 秒，则雨滴下落的速

度是 $\dfrac{0.4}{0.15}=2.6$ 米/秒。用这个方法来计算子弹的速度也没问题。

　　雨滴的重量也可以计算出来，计算依据就是雨滴在吸墨纸上浸湿的面
积，不过这需要在实验前测定出每平方厘米的吸墨纸能吸收的水的重量。
下面的表格列出了雨滴的重量与它的下落速度之间的关系，可为大家提供
一些基本的参考数据：

雨滴重量 / 毫克	0.03	0.05	0.07	0.1	0.25	3	12.4	20
半径 / 毫米	0.2	0.23	0.26	0.29	0.39	0.9	1.4	1.7
下落速度米 / 米·秒$^{-1}$	1.7	2	2.3	2.6	3.3	5.6	6.9	7.1

　　冰雹的密度比雨滴小，但下落的速度比雨滴快得多，原因在于冰雹的
颗粒大。但即便如此，冰雹在下落的过程中接近地面时也是匀速的。

　　就算从飞机上往地面投榴霰弹，这些小铅弹在到达地面时的速度也是
没有发生变化的，同样会匀速下落，并且速度还特别慢，所以几乎不构成
威胁，甚至连柔软的帽子都击不穿。

　　但如果从同样的高度投下一支铁箭可就麻烦大了，它如果落在人的身
上，会把人的身体穿透，其原因就在于每平方厘米的箭尖截面上得到的质
量要比铅弹大得多。用炮手们的话说，箭的截面负载比子弹大，所以它克
服空气阻力的能力更强。

7. 下落之谜

　　物体下落几乎是最常见的现象了，但它让我们感受到了习惯性概念与
科学概念之间存在的巨大分歧。对力学知识不太了解的人，会想当然地认
为重的物体要比轻的物体拥有更快的下落速度。

　　这个观点最早是由亚里士多德提出来的，尽管在几个世纪的时间里，
人们对这个观点的认识都存在分歧，但一直到17世纪才有人站出来正式推

翻了它，这个人就是现代物理学奠基人伽利略。

作为一名伟大的自然科学家，伽利略为科学普及做了大量的工作，他无比睿智地说：

根本用不着做实验，我们只需做出简单且极具说服力的推论就能证明，认为同种物质构成的物体当中，较重的物体会比较轻的物体下落速度更快的观点并不正确……比如有两个自然速度不同的物体下落，如果将它们连接起来，原本下落速度快的物体的运动会受到阻碍，而下落速度慢的物体的速度却略有提高。如果真的会这样，我们假设一个速度单位"度"，并假设一块大石头的下落速度是8"度"，一块小石头的下落速度是4"度"，那么当两块石头被绑在一起时，应该得到小于8"度"的速度。但实际上这两块石头合在一起之后，成了一个比原来速度为8"度"时体积更大的物体。这无疑意味着较重的物体的运动速度要慢于较轻的物体，但这与我们上面的假设是相反的。通过这个推导的过程，我从"较重物体比较轻物体运动更快"这个观点中推出了另一个截然不同的结论：较重物体比较轻物体的运动速度慢。

我想读者们已经清楚地知道，所有物体在真空中的下落速度都相等，但在空气中的下落速度却不同——这是因为空气中有空气阻力的存在，因此产生了一种推论：既然与空气阻力有关的只有物体的大小和形状，那么对两个大小和形状都相等，只是重量不相等的物体来说，它们下落的速度应该是相等的。它们不仅在真空中有相等的运动速度，在空气中因空气阻力而减少的速度也应该相等。这意味着，直径相同的木球和铁球下落的速度应该相等。这个推论看上去有理有据，但结论显然与实际不符。

于是理论与实践之间的分歧产生了，那么该怎样解决这个分歧呢？

解决这个问题，有必要借用第一章的"风洞"来帮忙。这次我们把风洞竖起来用，将两个同样大的球——木球和铁球悬挂在工作舱里，并使它们静止不动。让风从下端吹上来，在风洞中形成空气流。这个实验观察的不是哪个球先下落，而是哪个先被风吹得向上运动。结果很明显，虽然作用于两个球的力相等，但它们得到的加速度却不一样，根据公式，较轻的木球得到的加速度比较大。现在我们将视角"颠倒"回去，还是继续研究向下落的问题，会发现较轻的木球在下落的时候会落在较重的铁球后面，这证明铁球在空气里比相同体积不同物质的木球下落得更快。我们在前面小节提到了炮手们所说的"截面负载"，其实刚刚分析的这些也帮我们弄明白了所谓的"截面负载"就是炮弹受到空气阻力后每平方厘米面积上得到的质量。

再来举一个大多数读者都应该有亲身体会的例子。闲暇的时候站在高处往低处扔石子，你应该有过这样的经历吧？不知你当时有没有注意到，大石子总是比小石子飞得远。为什么会这样呢？因为人石子和小石子在空中遇到的阻力相等，但大石子的动能比较大，所以比较容易克服所遇到的空气阻力，而小石子却不行，同样的阻力足以影响它的运动。

在计算人造卫星使用寿命的时候需要非常重视截面负载的大小。在其他条件相同的前提下，人造卫星每平方米截面积上平均得到的质量越大，空气阻力对它的运动的影响就越小，那么它在环地球飞行的轨道上运行的时间就越久。例如，苏联第三颗人造卫星与第二颗人造卫星的轨道差不多，但第三颗围绕地球运行的时间比第二颗的时间长很多。

当人造地球卫星进入轨道后，它会脱离最后一级运载火箭，脱离后，最后一级运载火箭就会以独立的人造卫星的身份绕地球运行。尽管它们在脱离后有相同的运行轨道，但相对来讲，最后一级运载火箭绕地球运动的时间一定不如载有各种仪器的真正的人造卫星运行的时间长。这是由于，与卫星脱离时，负责将它送入轨道的运载火箭的燃料也已经用尽了，所以空载的火箭的截面负载一定比装满各种仪器的人造卫星小。

大多数人造地球卫星在轨道中绕地球飞行的时候，它的截面负载并不是始终不变的。由于卫星在运行的过程中不可能保持固定不变的姿势，所以它垂直于运行方向的截面积经常在不断变化，截面负载当然也会相应地不断变化。截面负载始终不变的卫星是球形卫星，它特别适合帮助人们对高空的大气密度进行研究。值得一提的是，苏联的第一颗人造卫星就是球形卫星。

8. 船比水快

物体从河面上顺水而下与在空气中下落的情况极为相似，对于这一点，恐怕很多读者会感到意外。人们在意识里一般会觉得，没人划桨也没挂船帆的小船在河上顺水漂流的时候，它运动的速度一定就是水流的速度，但这又是个错误的观点。

小船的速度会比水流的速度快，快多少呢？这取决于它的重量，越重的船速度越快。对于这个结论，有经验的木筏上的工人都会认同，因为他们非常熟悉这种现象。但是很遗憾，很多学习物理学专业的人对此却一无所知，说实话，就连我自己也才知道没多久。

我们还是来仔细地研究一下这件怪事儿吧。

对于一些人来说，这个观点乍一看的确不太好理解。小船顺着水流而下，速度怎么会比浮载着它的水流还快呢？其实，河水的水面都是倾斜的，小船顺流而下，相当于物体在斜面上加速下滑。

但水不一样，水流受河床摩擦力的影响一直在做着一定的匀速运动，所以说，一定会有某一个瞬间，小船在加速下滑的过程中超过了水的流速。但也就是从这个瞬间开始，就像空气会对空气中下落的物体产生阻力一样，河水也会开始对小船的运动产生制约，其结果当然也像空气中下落的物体一样，运动着的小船获得了一个末速度，然后这个速度就再也不会改变，小船就一直做匀速运动了。

不过，顺水漂流的不论是小船还是别的什么，重量越轻，这个末速度就来得越早，末速度的数值也就越小。而越沉重，末速度就来得越晚，末速度的数值也就越大。

从河里漂流的小船上掉下来的船桨肯定会落在小船后面，原因是小船比船桨沉得多。小船、船桨、水流三者比赛，小船和船桨一定都比水流跑得快，但沉重的小船一定比船桨更快。这种说法并没有错，越是在水流湍急的河上，这种现象就越明显。

我们可以从一位旅行家的描述中更清楚地感受这种现象：

我加入了赴阿尔泰山区旅行的队伍。有一次，我们乘着木筏沿比耶河顺流而下，从河的发源地捷列茨科湖到比耶斯克城去，一共用了五天的时间。出发前有人问木筏上的工人："木筏上载这么多人，会不会超载？"

"不会的，这样更好，我们能跑得更快些。"那位老人这样回答他。

"难道我们和水流的速度不一样吗？"我们感到惊讶极了。

"我们比水流快，木筏越重跑得越快。"他回答。

我们全都持怀疑态度。于是老人让我们准备一些木片，等木筏开动了就扔进水里。我们照他说的做了，并亲眼看到木片很快就落到了我们后面。

乘木筏时，老人的话像真理一样在实践中得到了最有效的验证。

一个地方，我们落入了旋涡。刚被困住的时候，一个木槌从木筏上掉进了水里，很快就漂到旋涡外面的河面上去了。

没事儿，我们比它重，能追上它。"老人若无其事地说。

我们在旋涡里耽搁了很久才摆脱出去，但老人的预言再一次实现了。

在另外的一个地方，我们看到了一个空木筏，它上面没有人，所以比我们的木筏轻，我们很快追上了它，并且超过了它。

8. 船舵

小小的舵可以操纵着巨大的船只出海远航，它怎么会有这么大的威力？

假设有一只船正在发动机的作用下向箭头所示的方向运动（见图80）。当我们研究船体和水流的相对运动时，把船看作静止的，这时水流的运动方向与船前进的方向相反。水压向舵 A 所用的力是 P，力 P 使船绕重心 C 转动，船与水的相对速度越大，舵起到的作用就越大。如果船相对于水来说是静止的，那么舵就不起作用了。

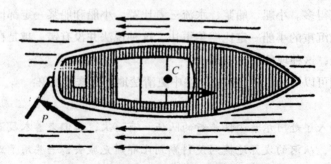

图80　用发动机驱动的船，舵安装在船尾

伏尔加河上曾有一种操控大型平底船的巧方法，这种用来运木头的大平底船不靠动力，是自己顺水漂流的。如图81所示，它的舵 A 装在船头的位置上，当船需要转弯的时候，就将一条系着重物 B 的长索抛进水里，有了这个重物坠在下面拖着，大船就可以操控了。这是由于装满木材的平底船比河水的速度慢，船的运动方向与河水和船的相对运动方向相同，所以河水对舵所产生的压力的方向，就与那些船上装有发动机或船运动得比水流快的情况相反。

这个聪明的设计来自于劳动人民。

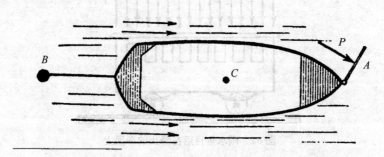

图 81　当船的速度比水流速度慢的时候，舵必须安装在船头

10. 淋得更湿

【题目】我们在这一章里探讨了很多与雨滴下落有关的话题，在这一章的结尾到来的时候，我想向读者们提一个与本章的主题没有直接关系，但与雨水下落的力学关系密切的问题。这个问题看似简单，但却非常有意义：

雨水垂直下落的时候，你戴着帽子在雨中站立不动一段时间，或者用同样的时间在雨中奔走，哪一种情况会让你的帽子湿得更厉害？

如果我把这个问题换一个问法，会更容易回答一些：

雨水垂直下落的时候，车停在原地，或者在雨中行驶，哪一种情况下，每秒钟落到车顶的雨水更多？

我曾向很多研究物理学的专业人士提过这个问题，当然是用这两种不同的形式，但得到的答案却不一样。有的人建议还是在雨中安静地站着好，他们认为这样能保护帽子，但有的人却建议要尽可能地快速奔跑。

哪一种是正确的呢？

【解题】我们先来研究雨水落在车顶上的问题。

当车在雨中静止的时候，每秒钟下落的雨水是以雨滴的形式落在车顶上的，它们合在一起有着直棱柱体一样的形状，车顶是它的底，竖直落下的速度 V 就是它的高（图82）。

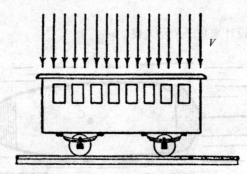

图 82　雨水垂直落在静止的车顶上

计算落在行驶中的车顶上的雨量就有些难度了，我们假设车厢的移动速度是 C，相对地面来说，雨滴落下来的方向与车厢运动的方向相反，但二者的速度相等。如果将车厢看作静止的，那么雨滴相对静止的车厢就做着两种运动，一种是以速度 V 垂直下落，一种是以速度 C 向与车厢运动相反的方向做水平运动，它们的合成速度 V_1 的方向与车厢的顶部形成倾斜角，就好像车厢静止在倾斜落下的雨水里一样（见图83）。

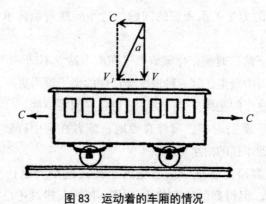

图 83　运动着的车厢的情况

现在的情况已经很明显。如图84所示，一个倾斜着的棱柱体内包含着每秒钟内落在运动着的车顶上的全部雨滴，无论是它的底还是车厢顶，它的每条侧棱与垂直线之间都有夹角 α ，长度是 V_1 ，它的高是 $V_1\cos\alpha = V$ 。

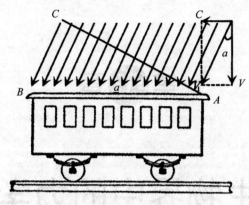

图84　落在运动的车顶上的雨水

我们一共提到了两个棱柱体，一个是雨滴垂直落下时的直棱柱体，一个是雨滴倾斜落下时的斜棱柱体。它们的底相同（都是车顶），高相等，所以它们的体积是相等的。这意味着，在相等的时间内，无论是人还是车，无论是在雨中站立不动半个小时，还是在雨中狂奔半个小时，你的帽子被雨水淋湿的程度应该是没有什么差别的。

第十章

生物界中的力学

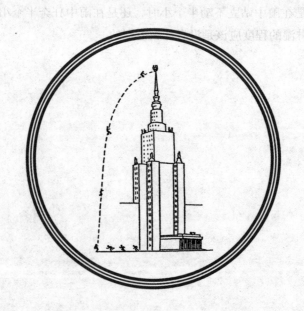

1. 斯威夫特的笨巨人

斯威夫特在《格列佛游记》中提到了巨人国，说巨人国里的巨人们的身高是我们普通人的12倍。你在读到这个内容的时候会不会觉得巨人的力量也是我们普通人的12倍？这么想也很正常，你看就连作者也将这些巨人们描写成力大无穷的样子。不过这种看法是不符合力学原理的，因为如果真的有身高相当于正常人身高12倍的巨人，那么他们的力量不仅不可能是我们的12倍，甚至都不比我们更强壮。

我们不妨来进行一些计算。假设格列佛与巨人并排站在一起，同时将右手向上举起。我们假设格列佛的手臂重量为 p，巨人的手臂重量为 P，二人将右手举起后，格列佛的手臂重心高度为 h，巨人的为 H。那么格列佛所做的功就是 ph，巨人所做的功是 PH。究竟 ph 与 PH 之间有着什么样的关系呢？二人手臂的重量之比应该等于体积之比，也就是说，巨人的体积应该是普通人体积的 12^3 倍。已知巨人身高是普通人的12倍，所以 H 就是 h 的12倍。由于：$P = 12^3 \times p$，$H = 12 \times h$，可计算出 $PH = 12^4 \times ph$。可见，巨人将手臂举起来所做的功是普通人做同样动作所用的功的 12^4 倍。

接下来我们再看两个人的力量，但在这之前，还是先来看一看福斯特的《生理学教程》中的相关文字[1]：

> 对于肌肉是平行纤维的手臂而言，肌肉纤维的长度关系到手臂举起的高度，肌肉纤维的数量与可举起的重量有关，原因在于重量是分布在每一条纤维上的。我们把两个人的胳膊看作相同质地的两根肌肉条，那么在长度相等的前提下，截面积较大的那根做的功较大，在截面积相等的前提下，长度更大的那根做出的功较大。如果截面积不相等，长度也不相等，那么体积较大的那根做出的功较大。

将这段话作为依据来进行我们的计算无疑是非常适用的。我们可以根据这段话得出这样的结论：两人的做功能力之间的比值等于他们肌肉的体积之比，所以巨人的做功能力是格列佛的 12^3 倍。接下来我们将格列佛的做

---

[1]　福斯特的《生理学教程》。

功能力写为 w，将巨人的做功能力写为 W，可以得到公式 $W = 12^3 w$。

总结我们得到的全部计算结果，巨人举起右手所做的功是格列佛的 12^4 倍，但他的工作能力却只是格列佛的 12^3 倍，这意味着，巨人在做抬手动作的时候，要比格列佛困难12倍。我们可以认为，巨人要比格列佛弱12倍，所以说，如果我们想要战胜一个巨人，并不需要1 728（即 12^3）个普通人，只要144个就足够了。

如果斯威夫特的本意是想让巨人像我们一样行动自如，那他的肌肉体积必须是按照与正常人的比例计算出来的体积的12倍才行。但如果是这样的话，巨人肌肉的粗细就必须是按比例计算出的粗细的 $\sqrt{12}$（约3.5）倍。这就很可怕了。想要支撑住那么粗大的肌肉，巨人的骨骼也得相应地更粗才行。斯威夫特哪里能够料到，他想象出的巨人拥有这样的重量，以及如此笨拙的动作，这哪里是巨人，这根本就是河马嘛！

2. 河马为什么那么笨

我并不是偶然想起河马的，事实的确像我们在上一节分析过的一样，身躯庞大却行动矫健的生物在自然界中不可能存在。我们可以试着将身长4米的河马与身长15厘米的小型旅鼠进行一下比较，之所以选择这两种动物，原因是它们的外形大致相同。

但就像我们知道的那样，相似体形但大小不同的动物不可能同样强壮或者同样动作灵活。如果河马的肌肉与旅鼠的肌肉在几何外形上相似的话，那么旅鼠就一定比河马强壮 $\frac{400}{15} \approx 27$ 倍。但是如果河马真的像旅鼠那样行动灵活呢？首先它的肌肉体积得是按二者比例计算出来的体积的27倍。或者说，它的肌肉的粗细必须加大到 $\sqrt{27}$ 倍，也就是5倍多。那么相应的，骨骼也要加粗到足以支撑那么粗的肌肉才行。现在你应该明白为什么河马的体型那样粗大笨重，并且骨骼也那么粗壮了吧。

下面这个表格为我们展示了不同动物的骨骼重量在体重中所占的比例，它向我们证明了一个在动物世界普遍存在的真理：动物身材越大，骨骼在体重中所占的比例也越大。

哺乳类动物	骨骼重占比 /%	鸟类	骨骼重占比 /%
鼩鼱	8	戴菊鸟	7
家鼠	8.5	家鸡	12
家兔	9	鹅	13.5
猫	11.5		
狗（中等体形）	14		
人	18		

图85将河马的骨骼缩小到与旅鼠相同的尺寸，将二者放在一起进行对比，我们立刻就能看出河马的骨骼存在不成比例的现象，比较直观地向我们展示了这里所讨论的话题。

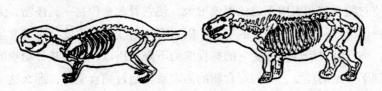

图 85　河马的骨骼（右）与旅鼠的骨骼（左）比较

3. 陆地生物的构造特点

动物的四肢的工作能力与其四肢长度的三次方成比例，动物用来控制四肢所需要的功与其四肢长度的四次方成比例。这是一个简单的力学定律，可以解释陆地生物在构造上的许多特点，比如动物的身体越庞大，它的四肢（脚、翼、触角）就越短小。

陆地生物中拥有较长四肢的都是身材极小的动物，比如盲蜘蛛。当然，力学定律并不否定有些动物的外形与盲蜘蛛相似，但前提是它们的身体要非常小，至少不能大到像狐狸那样，否则不可能有类似的外形。因为如果身体有那么大或者比那还要大，长长的脚不仅支撑不住身体的重量，还会失去功能。如果你想要看到长长的四肢且身体庞大的动物，只能去海洋里找，因为水的排斥作用会平衡动物身体的重量，比如深水蟹，它有半米的庞大身躯和3米长的腿。

这个定律在一些动物的发育过程中也存在。有些动物发育成熟后，它的四肢会比胎儿时期短。为了建立起肌肉和运动所需要的功之间应有的对应关系，它们的身体的发育程度会超过四肢的发育程度。

伽利略的《两种新科学的对话》奠定了力学的基础。作为最早研究这些有趣的力学现象的人，他在这本书里提及了身体庞大的动物和植物，以及巨人和海洋生物的骨骼，还有水生动物可能有的身躯大小等问题，我们在这本书的末尾会专门提到这些内容。

4. 巨兽注定会灭绝

力学定律无疑为动物身体的尺寸规定了界限，要想使动物的绝对力量增加，使它的身体更庞大，只有两种可能，一种是使行动灵活性降低，一种是使它的骨骼和肌肉不成比例地增大，使它看起来像是一只怪物，无论是哪种情况，都会影响到它的生存。因为身体的变大首先就会带来食量的增大，而行动灵活性差会使它的捕食能力下降，所以，如果某种动物的身体大到了一定的程度，它们对食物的需求就会超过捕食能力，那么这个物种就会面临灭绝的危险。这并非耸人听闻，我们非常了解的是：许多活跃于古老地质年代的巨大的动物接连绝种（见图86），退出了生物生存的舞台。大自然塑造出数不胜数的巨兽，但直到今天依然存在于自然界的已经寥寥无几。那些巨大的动物，比如巨大的爬行动物，大多生存能力较弱。导致远古时代的巨大动物灭绝的原因有很多，但我们这条力学定律所给出的是最主要的原因之一。当然，鲸不能算在内，鲸是在水中生活的动物，水的压力平衡了它的体重，所以我们刚刚所提到的那些并不适用于它。

图 86　将古代的巨兽搬到现代都市的大街上

很多人都会问一个问题：既然过于庞大的身体会威胁到动物的生存，那为什么动物没有在进化的过程中逐渐缩小身体呢？其实体形庞大也不是一无是处，尽管身体庞大的动物不如身材矮小的动物灵活，但它毕竟比矮小的动物更强壮有力。我们再次回过头来看《格列佛游记》中的巨人，尽管他们举起一只手都要比格列佛困难12倍，但他们能举起的重量是格列佛的1728倍。巨人的肌肉能承受的重量是多少？用这个值除以12就可以计算出来了。计算结果相当于格列佛的144倍，所以说，凡事都有优势，体形庞大的动物在与身材小的动物争斗的时候有非常大的优势，但在其他的方面（比如在获取食物等方面）常常深受其身体庞大的拖累。

5. 人与跳蚤比跳跃

跳蚤能跳40厘米高，相当于它身长的100多倍，这着实让很多人感到惊讶。常有人说，如果人能跳出比自己身高高100倍的高度（比如1.7米×100 = 170米），才算能和跳蚤较量（见图87）。

好在力学计算保护了人类的声誉。为了更方便计算，我们假设跳蚤与人的身体形态相似。对于一只体重为 p 千克、能跳 h 米高的跳蚤来说，它每跳一次所做的功是 ph 千克米。而对于一个体重为 P 千克、能跳 H 米高（确切地说是身体重心升起的高度是 H 米）的人来说，每跳一次所做的功是 PH 千克米。正常人的身体的长度约为跳蚤身体长度的300倍，所以人的体重就可以看作 $300^3 p$，人跳起所做的功就是 $300^3 pH$，这相当于跳蚤所做的功的 $300^3 \times \dfrac{H}{h}$ 倍。我们可

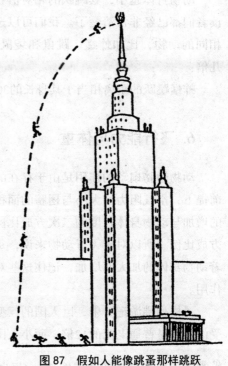

图87　假如人能像跳蚤那样跳跃

以认为，人的做功能力是跳蚤的300^3倍，所以我们有权主张自己付出的能

相当于跳蚤的300^3倍。这样一来，则等式 $\dfrac{人做的功}{跳蚤做的功} = 300^3$ 成立。根据

$300^3 \times \dfrac{H}{h} = 300^3$，可得出 $H = h$。

现在你看，即便人跳的高度（或者说将重心提高的高度）与跳蚤一样高，都是40厘米，人的跳跃能力也不输跳蚤。可人跳这个高度是毫不费力的，跳蚤却要竭尽全力，所以说人的跳跃本领完全不比跳蚤逊色。

当然，你有可能会认为这个计算的说服力有些不足，但你要知道，跳蚤跳40厘米时提升的重量只是自己那不值一提的体重，而人跳40厘米时提升的重量却相当于跳蚤的300^3倍，也就是27 000 000倍！换句话说，人跳起时所提升的重量，得由2 700万只跳蚤同时起跳才能提升得动。由2 700万只跳蚤组成的大军才有资格与一个人对阵，其结果仍然是人会赢，因为人能跳的高度远不止40厘米。

动物身体越小，其跳跃的相对值就越大，这个结论中的道理我想现在读者们都已经非常清楚了。我们可以选几种跳跃功能（这里指后肢构造）相同的动物，比如蚱蜢、跳鼠和袋鼠，来看看它们跳跃的距离是身长的几倍：

蚱蜢跳跃的距离相当于其身长的30倍，跳鼠是15倍，袋鼠是5倍。

6. 飞行能力与体重

动物翅膀扇动的作用是由于存在的空气阻力而产生的，在速度相等的前提下，空气阻力的大小与翅膀的面积有关。动物身体增大时，翅膀面积的增加与动物身体长度的二次方成比例，而体重的提升与动物身长的三次方成比例。所以对于飞行动物来说，每平方厘米翅膀上所承受的负载会随着动物身体的加大而增加，记住这些对于正确比较飞行动物的本领有参考作用。

《格列佛游记》中，巨人国的巨型老鹰的每平方厘米的翅膀上能够承受的负载是普通老鹰的12倍，而小人国的迷你老鹰每平方厘米的翅膀上能够承受的负载是普通老鹰的$\dfrac{1}{12}$。与小人国的迷你老鹰比起来，巨人国的

巨型老鹰简直是太低能了。

现在还是让我们脱离想象中的动物，将思路转回现实的动物中来。下面的表格里列举了几种飞行动物的体重以及它们每平方厘米的翅膀上能够承受的负载：

种类	名称	体重 / 克	每平方米翅膀可承受负载 / 克
昆虫类	蜻蜓	0.9	0.04
	蚕蛾	2	0.1
鸟类	金丝燕	20	0.14
	隼	260	0.38
	鹰	5 000	0.63

从这个表中可以看出，能在空中飞行的动物的身体越大，每平方厘米的翅膀上承受的负载就越大。而鸟的身体大小是有限度的，超过了上限，鸟就很难飞起来了，所以我们看到一些没有飞行能力的大型鸟，这并不是稀罕事儿。鸟的世界里也有"巨人"，比如有像人一样高的食火鸟，身材高达2.5米的鸵鸟（图88），还有更大的、现在已经灭绝了的马达加斯加隆鸟，它的身高能够达到5米，等等，这些大型鸟就没有飞行能力。如果向

图88　鸡（左）、鸵鸟（中）和已经灭绝的马达加斯加隆鸟（右）的骨骼比较

上追溯它们家族的祖先，就可以知道，早在很久很久以前，它们的身材还比较小的远祖其实是能飞的，只不过后来由于疏于练习，飞行的本领渐渐退化，但是与此同时，身体却变得越来越大了。

7. 昆虫的安全降落

在我们看来跳下去会有危及生命安全的高处，昆虫却敢毫不犹豫地往下跳，并且安然无恙。有些昆虫在躲避追赶的时候，经常从高高的树枝上

往地上跳，身体完全不会受损，这个现象又怎么解释呢？

事实上，对于体积很小的动物来说，当它遇到障碍的时候，构成其肌体的各部分会马上停止运动，因此不会有身体的一部分被另一部分挤压的情况发生。但体积巨大的动物下落的时候可就没有这么安全了，当大体积的动物遇到障碍的时候，构成其肌体的各部分并不是同时停止运动的，下面的组成部分会因为撞到了障碍而停止运动，但上面的组成部分没有遇到阻碍，还是在继续运动着，这就给下面造成了非常大的压力，所以这部分就会感觉到巨大的"震动"，并且产生肌体受损伤的后果。

假设有 1 728 个小人国的居民分别从树上掉下来，他们每一个人都不会受到什么严重的损伤。但如果他们是一群人成堆落下来的话，那么先落下的人就会被后落下的人砸伤。按照《格列佛游记》中的比例，一个普通人的身材与 1 728 个小人国的居民相等。

昆虫平安地从高处落下还有另外一个原因，那就是它们身体的柔韧性比较好。我们知道，越薄的板子在受力时的柔韧性就越好。与大型的哺乳动物相比，昆虫的身体只是它们的几百分之一，但昆虫的身体遇到碰撞的时候可以增加几百倍的弯曲程度（根据弹性公式），用这长了几百倍的距离来消耗碰撞带来的作用，会使破坏程度以同样的倍数减小。

8. 树木不能顶到天

德国有句有趣的谚语："多亏了大自然的关照，不然树木就会顶到天了。"那么大自然是怎样"关照"树木的呢？

我们选一株牢固的树干作为研究的对象，假设它的直径增加了 100 倍，同时高度增加了同样的倍数，那么树干的体积和重量也会同时增加到 100^3 倍，即 1 000 000 倍。树干的截面积决定了其抗压能力的大小，现在树干的抗压能力增加了 100^2 倍，其每平方厘米面积的截面要承受 100 倍的负载。可见，如果树干高度增加的同时，其几何形状却仍旧是老样子，它就会被自己的重量所压倒[1]。外形完整高大的树木，它的高度和粗细的比值要比矮树的比值大。但由于树干的不断增粗会导致整棵树"体重"的上升，这也就意味着树干下部所承受的负载的加大，所以树木并不是无休止

[1]　除非树干的上端变细，呈所谓的"等抗力杆"的形状。

地长高的，它应该有个高度极限，超过了这个高度极限的树木，就会被自己压坏，这就是为什么树木不可能"顶到天"的原因。

麦秆的强度非比寻常，比如黑麦。黑麦的麦秆有多粗？非常细，只有3毫米，但它却有1.5米那么高。我们知道，在建筑物中，最细最高的是烟囱，它的平均直径是5.5米，高度却达到了140米。但烟囱的高度是直径的26倍，黑麦秆的高度却是直径的500多倍。当然，我们并不能因此就说大自然的产物比人类技术的产物更完美、更优秀。通过一系列复杂的计算我们可以得知，如果让大自然建造一根像黑麦秆一样的管子，其直径也应该在3米左右（见图89），只有这样，才能使这根管子的强度与黑麦秆一样，这与通过人类技术建造的烟囱并没有太大区别。

9. 伽利略著作摘录

请让我在这一章的结尾，再为读者摘录几段来自于力学奠基人伽利略的著作《两种新科学的对话》中的内容：

萨尔维阿蒂：无论是人类还是大自然，谁都不能使自己创造的物体的尺寸毫无限度地增长。

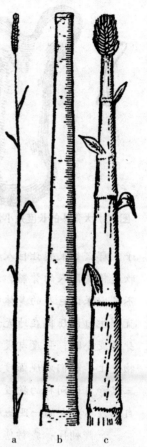

图89　a是黑麦秆，b是工厂烟囱，c是假想出的高140米的麦秆

比如，人类不可能建造出庞大的船只、宫殿或恢宏的庙宇，并且让桨、桅杆和梁、铁箍等所有构件牢固地维系在一起。而大自然也不可能造出特别巨大的树木，因为这种树木的枝丫在无法承受自己的巨大重量时一定会断裂。同样的道理，我们也不能认为人、马或者其他的动物能有过分巨大并且能持续发挥其功能的骨骼。动物想要承受超乎想象的庞大身躯，就必须拥有比一般的骨骼更坚韧和结实的骨骼，甚至通过改变骨骼的形状以达到使其更强壮的目的，但这会使动物的结构和外形过分庞大粗壮。

观察力敏锐的诗人阿里奥斯托在《疯狂的罗兰》中就曾用这样的观点

图90 大骨头的长度是小骨头的三倍

描写巨人：

他高大的身躯使他的四肢变得特别粗壮，让他看上去像一个怪物。

对于我刚才的观点，这张图（见图90）可以作为最好的例证。图中有一块大骨头和一块小骨头，尽管大骨头的长度是小骨头的3倍，但如果想让大骨头像小骨头稳固地支撑小动物的身躯那样去支持大动物的身躯，它必须使自己的直径不断增加，所以我们看到了，这块大骨头粗大成了什么样子。那么如果想让巨人的四肢比例和正常人一样，就必须找到另外的一种物质构成巨人的骨骼，这种物质必须比人的骨骼更方便、更坚固，否则是不足以保证巨人的身体强度的，那样的话，巨人的身体就会变得无限大，直到把自己压倒在地无法站立。但我还有另外一个有趣的发现，那就是当身体变小时，强度却没有一起成比例地减小，甚至在一些身体比较小的动物身上，我们发现强度反而是相对增加的。比如一只小狗，让它驮起两到三只和自己同样的狗没有什么问题，但是一匹马，它要是能驮起哪怕是和自己差不多大的一匹马那就是件怪事了。

辛普利丘：我对您的观点持否定态度，并且有足够的理由推翻它。有一些鱼类，比如鲸鱼[1]，它的身躯有十头大象那么大，但它的骨骼可以毫不费力地支撑起巨大的身躯。

萨尔维阿蒂：辛普利丘先生，感谢您，使我记起了刚刚遗漏掉的一个条件，这是个能使巨人以及其他大型动物不仅能够生存，还可以像小型动物一样身体灵活自如的条件。最好的方法不是增加用于支撑身体重量的骨骼或其他连接部位的粗细与强度，而是改变骨骼和结构的比例，以减轻骨骼的重量以及其支撑着的身体各部分的重量。大自然用这种最好的方法创造了鱼类，它使鱼类的骨骼和身体的各部位都变得很轻甚至完全失去重量。

---

[1] 在伽利略时代，人们把鲸鱼归为鱼类，而实际上鲸属哺乳类动物，用肺呼吸。应该注意的是，鲸是水生动物。

辛普利丘：我想我明白您的意思，您是说水自身的重量可以抵消浸入其中的物体的重量。而鱼在水里生活，构成其身体的物质的重量被水抵消了，所以不需要骨骼的帮助身体也可以支撑得住，但我并不认为这足以说明问题。就算我们假设鱼类不需要用骨骼支撑身体的重量，但骨骼本身也是有重量的，鲸鱼的肋骨犹如粗梁一般，谁能说它们没有相当可观的重量呢？怎样证明它们就不会在海水中沉底呢？要是按照您的观点，世上根本就不应该存在像鲸鱼这么大的动物。

萨尔维阿蒂：我可以更有力地对您的观点进行反驳。在这之前，我想向您提一个问题，您是否见过这样的场景：鱼在平静的死水中漂着，动也不动，既不沉到水底，也不浮上水面？

辛普利丘：当然，这个现象谁都见过。

萨尔维阿蒂：这个众所周知的现象恰恰可以证明，鱼的整个身体的比重接近于水。既然，鱼的身体的某些部分比水重，那也就意味着，鱼的身体中肯定有另外一部分比水轻，平衡就这样形成了。既然鱼的骨骼比水重，那么它的肉或其他器官就会比水轻，这些肉或器官抵消了鱼的骨骼的重量。所以说，生活在水中的动物和我们谈到的陆地上的动物的情况完全相反：陆地上的动物必须用骨骼来支撑肌肉与骨骼的重量，而水里的动物却是用肌肉来支撑肌肉和骨骼的重量，因此，大型动物在水中生存容易，在陆地上（也就是在空气中）生存难，这种现象不足为奇。

沙格列陀：我对辛普利丘先生的论述和他提出的问题非常感兴趣，同时我也非常喜欢萨尔维阿蒂先生做出的解答。我从中得出了一个结论：如果将刚刚提到的那条大鱼拖到岸上，它撑不了多长时间。因为在它的骨骼之间起联系作用的那些结构很快就会断裂，这样的话，它的整个身躯就垮塌了[1]。

---

[1]　关于这个问题请参看本书作者的《生活中处处有物理学》一书中"为什么鲸生活在水里"一节。